家畜遗传资源学

姜勋平　刘永斌　宋天增　著

科学出版社

北京

内 容 简 介

本书清晰地向读者展现出家畜品种资源的起源与现状、演变趋势与变化动力，以及如何对宝贵的遗传资源加以管理与运用。同时，重点讨论在自然和人工选择压力作用下，动物种群遗传演变动力学中基因发生的适应变化模型。进而以科学的视角呈现当前家畜养殖的整体格局，提供全新的思路与方法，为推动我国家畜遗传资源事业的进步以及当代家畜遗传资源科学的深入发展作出贡献。

本书适合畜牧学或生物学相关专业的师生，以及畜牧产业相关的从业人员阅读参考。

图书在版编目（CIP）数据

家畜遗传资源学 / 姜勋平，刘永斌，宋天增著. —北京：科学出版社，2024.11

ISBN 978-7-03-072734-3

Ⅰ. ①家… Ⅱ. ①姜… ②刘… ③宋… Ⅲ. ①家畜–遗传性–动物资源–研究 Ⅳ. ①S813.1

中国国家版本馆 CIP 数据核字（2022）第 124549 号

责任编辑：罗　静　岳漫宇　尚　册 / 责任校对：郑金红
责任印制：肖　兴 / 封面设计：无极书装

科学出版社 出版
北京东黄城根北街 16 号
邮政编码：100717
http://www.sciencep.com
北京天宇星印刷厂印刷
科学出版社发行　各地新华书店经销
*

2024 年 11 月第 一 版　开本：720×1000　1/16
2024 年 11 月第一次印刷　印张：16
字数：323 000

定价：168.00 元
（如有印装质量问题，我社负责调换）

　　本书由绵羊种质创新工程（2023A02004）、高性能肉羊核心种源系统选育项目（2023BAA029）和国家现代农业产业技术体系项目（CARS-38）资助出版。

序

在当今世界，随着人口的增长和人民生活水平的提高，人们对食品的需求，特别是对高质量动物蛋白的需求日益增长。家畜遗传资源作为畜牧业的基石，承载着丰富的遗传多样性，对于满足育种需求、保障食品安全、促进农业经济和文化传承具有不可替代的作用。然而，面对全球化和工业化的挑战，家畜遗传资源的保护和可持续利用成为一个亟待解决的问题。

在这样的背景下，《家畜遗传资源学》一书的出版，无疑是对这一领域的重要贡献。该书由姜勋平教授领衔撰写，凝聚了华中农业大学研究团队及国内外众多同行和专家的智慧与心血。作为一位长期从事畜牧学研究的学者，我对该书的出版表示热烈的祝贺，并强烈推荐给畜牧学或生物学相关专业的师生以及畜牧产业的从业人员。

该书全面系统地介绍了家畜遗传资源学的基本概念、理论、方法和实践，从家畜的起源与现状、动物种群遗传演变动力学、家畜遗传多样性特征的评测方法，到家畜品种资源调查、家畜遗传资源保护、动物种质资源保护新技术以及遗传资源利用与保护，每一章节都深入浅出，结合最新的科研成果和实际案例，为读者提供了一个全面的视角。

特别值得一提的是，该书不仅注重理论的阐述，更强调实践的指导。书中详细介绍了家畜遗传资源保护的意义、内容、目标和方法，以及动物种质资源保护的新技术，如配子冻存、人工授精、胚胎移植和动物克隆等，对指导实际工作具有很高的参考价值。

此外，该书还对家畜遗传资源的未来进行了展望。随着生物技术的不断进步，我们对家畜遗传资源的理解和利用将达到新的高度。该书不仅提供了一个知识平台，更希望能够激发读者对家畜遗传资源保护和利用的思考，促进相关领域的学术交流和技术创新。

总之，《家畜遗传资源学》是一部集理论性、系统性、实用性于一体的专著，对推动我国家畜遗传资源保护和可持续利用具有重要的意义。我衷心希望该书能够成为广大畜牧学工作者的重要参考书籍，为我国乃至全球的畜牧业可持续发展作出应有的贡献。

陈焕春

陈焕春

中国工程院院士

华中农业大学

2024 年 4 月 28 日

自　序

　　家畜遗传种质资源是畜牧业的"芯片"。家畜遗传资源包括遗传资源材料及其对应的遗传资源信息。家畜遗传资源材料主要包括承载具体遗传功能的家畜品种（群）、个体、胚胎、配子和其他材料（器官、组织、细胞等）；家畜遗传资源信息是指利用家畜遗传资源材料产生的数据等信息资料，它们携带有充足的遗传性变异以满足育种需求，所以具有实际或潜在的畜牧学价值。值得注意的是，广义的"动物遗传资源"包括各类动物在物种水平的基因资源与承载它们的个体和群体。本书论述和探讨的重点在于家畜品种资源的保护与开发利用。家畜遗传资源学是研究、调查、保护、管理和开发利用家畜遗传资源的科学。家畜遗传资源学综合应用遗传学、育种学、生物统计学和计算生物学的原理，吸收这些学科的深厚内涵和方法，系统整合了分子进化学说、系统发育学说的研究成果。

　　家畜遗传资源的首要性质就是遗传多样性。作为生物多样性的一个方面，遗传多样性的特征化和信息化是家畜遗传资源学的重要研究内容。遗传多样性参数是在性状变异的基础上，在不同遗传变异层次或者变异系统下描述种群特征的参数。准确且全面的遗传多样性参数是调查、研究乃至保护和开发利用遗传资源的基础。

　　作为生物资源的一部分，家畜遗传资源是不断演进的。研究各个时间尺度上家畜品种（群）演变规律的科学就是家畜品种（群）遗传演变动力学。其中，家畜品种（群）是物种内具有亲缘关系的群体的总称。种群是有层次结构的，包括品种、品系、类群、地域群等。种群是不断发展的，遗传特性的演变就是遗传资源的变化。研究种群遗传演变动力学能够推测家畜品种（群）演变历史并预测种群演变趋势，使家畜遗传资源保护和管理有的放矢。

　　为了更好地认识和保护家畜遗传资源，需要对其进行系统分类。系统分类是品种资源评价的基础性工作。家畜遗传资源调查的基本方法是抽样调查，在符合调查技术规范的前提下，对家畜遗传资源进行合理评估。遗传资源调查和分类是品种资源保护与开发利用的基础，其意义在于能更有效地评估家畜品种种质资源现状，为制订保持、恢复或利用品种的规划提供客观依据。

　　开发利用家畜品种种质资源的前提是对其进行有效的保护。家畜遗传资源的保护任务是保护起源系统、地域来源、生态类型、经济用途和文化特征的多样性。自20世纪初起，由于起源于西欧的少数良种家畜长期占据主流市场，一些国内固有的地方品种（群），虽然有自己的特点和潜在利用价值，但是在特定的产业形态和市场背景下，地方品种（群）因产量或产品价值相对较低，受到高产品种的遗传侵袭，在强大的遗传胁迫条件下面临着灭绝的危险。保护这些品种或地方群体是目前保持家畜遗传多样性的关键。我国畜牧法和农业农村部相关规定指出，家畜品种资源的保护遵循属地原则，即当地政府负责资助和监管，具体执行的保种机构包括公立或私立的保种场等单位。基因库保种是家畜遗传资源保护的重要方法，由配子冻存、人工授精、胚胎移植、克隆等一系列新技术支撑。

只有对家畜品种合理地管理和开发利用，才能充分发挥它们的经济价值。遗传资源开发利用过程是将各个层次的遗传资源向社会财富方向转化的过程。目前，家畜遗传资源开发利用主要包含两个方面的基本内容：野生种群在现代条件下的驯化利用，现有品种（系）、地方群体、生态型和特定变异类型等的开发利用。遗传资源的开发利用对保护生物多样性的拓展、促进畜牧业可持续发展具有十分重要的意义。

基于上述对家畜遗传资源保护重要性的深刻理解，我深感有必要将这些知识和理念系统化、条理化，并以书籍的形式传播给更广泛的读者。因此，我编写了这本《家畜遗传资源学》，旨在提供一个全面的视角，不仅涵盖家畜遗传资源的保护，还包括其开发利用的策略和实践。本书将详细介绍家畜遗传资源的分类、评估、保护措施以及如何通过科学的方法进行合理开发，以实现资源的可持续利用。

通过这本书，我希望能够帮助读者更好地理解家畜遗传资源的价值，认识到保护这些资源对于生物多样性和畜牧业可持续发展的重要作用。同时，我也期望能够激发读者对于家畜遗传资源学的兴趣，鼓励更多的专业人士和政策制定者参与到家畜遗传资源的保护和管理中来。最终，我们的目标是促进家畜遗传资源的长期保护，并为未来的研究和应用奠定坚实的基础。

姜勋平　教授

华中农业大学

2024 年 4 月 28 日

前　　言

在撰写这篇前言时，我深感荣幸能与您分享我们对家畜遗传资源学这一重要领域的认识和理解。家畜遗传资源学是一门古老而又充满活力的学科，它不仅是现代畜牧业可持续发展的关键，更关系到人类文明的延续。本书旨在深入探讨家畜遗传资源的起源、现状、保护、管理和开发利用，以期为畜牧学或生物学相关专业的师生以及畜牧产业的从业人员提供一本全面、系统的参考书籍。

家畜遗传种质资源作为畜牧业的"芯片"，承载着丰富的遗传多样性，是满足育种需求、保障食品安全、促进农业经济和文化传承的重要基石。在全球化和工业化的背景下，家畜遗传资源面临着前所未有的挑战，如遗传侵蚀、生物多样性的丧失以及地方品种的灭绝等风险。因此，对家畜遗传资源的系统研究、合理保护和科学利用显得尤为重要。

本书共分为 7 章，从家畜的起源与现状、动物种群遗传演变动力学、家畜遗传多样性特征评测方法，到家畜品种资源调查、家畜遗传资源保护、动物种质资源保护新技术以及遗传资源利用与保护，每一章节都力求深入浅出，结合最新的科研成果和实际案例，为您提供一个全面的视角。

第一章将带您回顾家畜驯化的历史长河，探索不同家畜品种的起源和现状。

第二章深入分析动物种群遗传演变动力学，包括介绍遗传漂变、始祖效应、瓶颈效应等关键概念。

第三章介绍家畜遗传多样性特征的评测方法，包括遗传标记、遗传多样性参数和杂合度参数等。

第四章着重介绍家畜品种资源的调查技术，包括抽样方法、普查技术规范等。

第五章讨论家畜遗传资源的保护，包括保护的意义、内容、目标以及方法等。

第六章介绍动物种质资源保护的新技术，如配子冻存、人工授精、胚胎移植和动物克隆。

第七章探讨遗传资源的利用与保护，包括现代野生动物的驯化利用、现有种质资源的提高和利用，以及动物遗传资源利用与保护的关系。

随着生物技术的不断进步，我们对家畜遗传资源的理解和利用将达到新的高度。本书不仅旨在提供一个知识平台，更希望能够激发读者对家畜遗传资源保护和利用的思考，促进相关领域的学术交流和技术创新。

在本书的编写过程中，我们获得了国内外众多同行专家的宝贵意见与支持。在此，我要向他们表示最诚挚的感谢。同时，我也期待读者能提出宝贵的意见和建议，以便我们不断改进和更新这一领域的知识体系。

最后，愿本书能成为您探索家畜遗传资源学这一迷人领域的向导，让我们一起为保护和利用这一宝贵资源而努力。

姜勋平　教授

华中农业大学

2023 年 6 月 29 日

目　　录

第一章　家畜的起源与现状

　　家畜遗传资源是具有实际或潜在畜牧学价值的遗传材料，它们主要包括承载具体遗传功能的家畜品种（群）、个体、胚胎、配子和其他材料。在特定的社会经济和技术背景下，家畜遗传资源能广泛用于家畜育种事业，也能满足社会物质和文化需求。遗传资源的形成是经过世世代代长期培育和保护的过程，依存当地生态环境，与当地居民生活方式、习惯做法和生产实践密切相关。研究家畜遗传资源的起源，有助于理解家畜品种（群）的演变历史，预判遗传资源衰变方向；研究家畜遗传资源的现状，有利于统筹规划家畜遗传资源的保护与开发利用。本章从世界家畜遗传资源的起源开始，通过猪、绵羊、山羊、黄牛、水牛、马、驴等几个主要家畜物种，分类讲解了家畜的驯化历史和遗传资源现状。近年来随着研究的深入，学界日益觉察到，中国可能是世界主要家畜品种驯化和早期育种的中心地之一。因此，本章特地详细讲解了中国家畜遗传资源的起源和现状。

　　家畜遗传资源和家畜品种资源是畜牧业中的两个核心概念，它们之间既有联系又有区别。家畜遗传资源是指家畜个体中含有的基因，这些基因决定了家畜的性状、生命力、繁殖能力等特征。这些资源是家畜品种改良和遗传多样性的基础。家畜品种资源是指经过人类长期驯化和选择的家畜群体，它们具有一定的经济价值、生物学特性和遗传稳定性。

　　家畜遗传资源强调的是基因层面，关注的是家畜体内的遗传物质；而家畜品种资源则更注重群体层面，强调的是经过人工选择和驯化的家畜群体。家畜遗传资源是家畜品种改良的基础，为品种的培育和改良提供了可能；而家畜品种资源则是畜牧业生产中的实际利用对象，为人们提供肉、蛋、奶等产品。

　　家畜品种的形成是基于遗传资源的，没有丰富的遗传资源就没有多样化的品种。家畜品种的改良也需要依赖遗传资源，通过选择和杂交等方法，可以使品种的特性更加优越，满足人们的不同需求。从这个意义上讲，家畜品种资源是遗传资源的一部分，是正在或已经在畜牧生产上应用的遗传资源部分；还有一部分遗传资源可能在将来的畜牧生产上派上用场，成为新的品种资源。

　　我国是一个畜禽资源丰富的国家，拥有多种地方品种、培育品种及配套系、引入品种及配套系。为了更好地保护和利用这些资源，国家畜禽遗传资源委员会组织整理、汇编了《国家畜禽遗传资源品种名录》，并对其进行了不断的修订和完善。这既体现了我国对畜禽遗传资源的重视，也为我国的畜牧业发展提供了战略支撑。

第一节 家畜驯化历史和过程

在动植物驯化之前，人类已迁移到每一个可居住的大陆，但当时人口规模很小，过着游牧和采摘的生活。农业出现前全球大约有 600 万人，农业和耕作的发展使全球人口增加至 80 亿，仍在持续增加[1]。实际上，理解这一伴随并部分推动人口暴增的驯化过程是理解社会起源和发展的关键。驯化的重要性及其对进化和人口变化模型的价值，吸引了来自考古学、古生物学、人类学、环境科学、植物学、动物学和遗传学等学科的科学家。过去 20 年产生的驯化新数据量是巨大的，解释这些数据结果很困难，特别是驯化的时间、地点、过程，甚至驯化定义的基本问题仍然存在争议[2]。

尽管基因序列数据的可用性和分辨度呈指数增长，但由于各种原因，它们对人们理解驯化的作用仍然有限。这源于两方面的原因：①使用现代家养动物的研究，即使是那些已经确定了大量核基因组标记的动物，实际上也无法推断出最早驯化步骤的特征。其主要原因是野生物种和家养物种内部之间的长期基因流动，以及过去两个世纪高强度的繁殖实践，模糊了现代种群与其早期祖先的共同点，弱化了用当今数据准确推断过去的能力[3]。②试图通过从古代样本中生成 DNA 来克服这一障碍的研究，往往集中在线粒体基因组上。但是利用这个基因组进行复杂统计学计算的能力是有限的[4]，因为人类驱动的迁移、混合和高强度的特定性别的繁殖实践等影响了进化史。

一、驯化过程的定义

驯化研究中使用的术语通常缺乏一致性，包括"驯化"这个词本身的定义也不明确[5]。实际上，驯化和任何进化过程一样，是长期和持续的，是动态和多样的变化，驯化的定义几乎和物种的定义一样多[6]。虽然"野生"和"家养"代表了进化过程中较早与较晚的时间点，但不是简单的一前一后的二分关系。事实上，家畜的进化是持续的，驯化过程有开始但并没有结束。目前已经建立了各种各样

[1] Bocquet-Appel J P. When the world's population took off: the springboard of the Neolithic demographic transition. Science, 2011, 333(6042): 560-561.

[2] Zeder M A, Bradley D, Emshwiller E, et al. Documenting Domestication: New Genetic and Archaeological Paradigms. California: University of California Press, 2006.

[3] Larson G, Karlsson E K, Perri A, et al. Rethinking dog domestication by integrating genetics, archeology, and biogeography. Proc Natl Acad Sci U S A, 2012, 109(23): 8878-8883.

[4] Ballard J W, Whitlock M C. The incomplete natural history of mitochondria. Mol Ecol, 2004, 13(4): 729-744.

[5] Zeder M A. The domestication of animals. Journal of Anthropological Research, 2012, 68: 161-190.

[6] Hausdorf B. Progress toward a general species concept. Evolution, 2011, 65(4): 923-931.

的标准来提供对家畜驯化的精确定义，但是所有关于一种动物在动物学意义上何时可以被贴上"驯养"的标签的决定看起来可能是主观的，但这些标准在实际应用中仍然是有价值的。在史前时代，这一驯化过程要几个世纪甚至几千年才能达到。二分法的观点中也经常使用"事件"这个术语，因此它意味着有意识的人类行为，这种行为可以很容易地被复制。

这些术语含蓄地排除了驯化过程中长期进化变化的可能性，从而限制了我们对这一过程的全面理解。它们也模糊了过渡形式和复杂的潜在普查的存在，从而阻碍了我们对驯化过程的真正理解。较新的驯化模式正在抛弃动物驯化的静态定义，转而关注驯化过程中不同阶段的特征和人类环境驯化发生的地方[1]。这是理论的进步，这些发展有利于理解影响现代家养种群的遗传和表型特征的因素以及理解动物驯化何时、何地，甚至如何开始。

二、动物驯化的过程

达尔文[2]认识到将家畜与其野生祖先区分开的一些特征具有普遍性。大多数家畜与其野生祖先在毛色和质地上有所不同，在繁殖周期上也有变化。许多动物还有其他特征，包括致密的牙齿和耷拉的耳朵。很容易假设这些特征都是狩猎采集者和早期农民独特选择的结果。德米特里·别利亚耶夫（Dmitry Belyaev）认为这些特征具有相关性，他能在银狐身上复制它们。银狐是一种以前从未被驯化的动物。从 1959 年开始，Belyaev 通过测试银狐对靠近并进入笼子里的手的反应，选择了最温顺、最不具攻击性的个体进行繁殖。他的工作假设是：选择一种行为特征，它也可以影响后代的表型，使它们看起来更像家养的[3]。在接下来的 40 年里，他成功地培育出了具有从未被直接选择的特征的狐狸，包括花斑皮毛、松软的耳朵、上翘的尾巴、缩短的口鼻部和发育时间的缩短。赫尔穆特·赫默（Helmut Hemmer）在 20 世纪 80 年代使用了一种更直接的方法，他使用一套行为、认知和可见的表型标记，如毛色，在几代内培育出家养的观赏鹿[4]。

除家养动物表型性状可以通过行为性状的选择而产生之外，有些实验还提供了一种机制来解释动物驯化过程是如何在没有人类深思熟虑和行动的情况下开始

[1] Fuller D Q, Allaby R G, Stevens C. Domestication as innovation: the entanglement of techniques, technology and chance in the domestication of cereal crops. World Archaeology, 2010, 42(1): 13-28.

[2] Darwin C. 1868. The Variation of Animals and Plants under Domestication. Cambridge: Cambridge University Press.

[3] Trut L, Oskina I, Kharlamova A. Animal evolution during domestication: the domesticated fox as a model. Bioessays, 2009, 31(3): 349-360.

[4] Hemmer H. Neumühle-Riswicker hirsche: erste planmässige zucht einer neuen nutztierform. Naturwiss Rundsch, 2005, 58: 255-261.

的。例如，当狼被早期人类营地产生的废物所吸引时，实际上狗的驯化就开始了。那些最不害怕人的狼会最大程度地利用人类的垃圾，这种最初无意的驯服选择是漫长过程的第一步。这一过程的延续在几千年后导致了数百种现代犬种的发展。换句话说，天生警惕人类的动物仍然被人类创造的生态位所吸引，利用人类创造资源的能力是动物被驯化的第一步[1]。当时人类可能已经认识到表型之间的相关性，如毛色变异和温顺行为的关系，这有助于人们更容易和有意识地选择温顺的特征。当然，当时的人类对毛色一类的表型是否有偏好尚难断定，但是对温顺的偏好是肯定的，其实人类偏好温顺的这个特点一直持续到今天。

多阶段模型最近被两个研究小组正式化了。其中第一种观点认为，动物驯化经历了一个连续的阶段，从野生、共栖、控制野生动物、控制圈养动物、广泛繁殖、密集繁殖，最后成为宠物[2]。这种观点允许人类和动物之间缓慢而逐渐加强关系，尽管每一步都不需要沿着固定轨迹继续前进。第二种观点认识到并非所有的动物都以同样的方式与人类建立驯养关系，此观点认为动物驯化模型描述了 3种不同的驯化途径：共生途径、猎物途径和定向途径。这些观点很重要，不仅使我们对动物驯化过程有更深的理解，还因为其推理了解每个物种的历史，可以用遗传数据和统计推断来检验假说与种群模型。

三、动物驯化的途径

早期阶段驯化的统计学推断需要选择合适的模型来有意义地估算感兴趣的种群的遗传参数值。认识到并非所有的动物都遵循相同的驯化轨迹，本书团队整理了 3 种不同的驯化途径，并做了详细描述（图 1-1-1）。这些一般途径是根据早期捕获期的持续时间、瓶颈的存在以及潜在祖先种群的数量与地理分布来定义适当种群模型的关键。

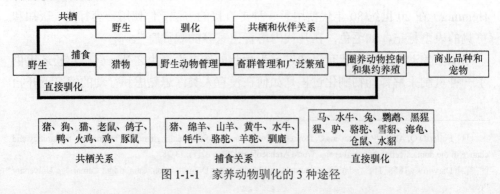

图 1-1-1　家养动物驯化的 3 种途径

[1] Smith B D. A cultural niche construction theory of initial domestication. Biol Theory, 2011, 6(6): 260-271.

[2] Vigne J D. The origins of animal domestication and husbandry: a major change in the history of humanity and the biosphere. C R Biol, 2011, 334(3): 171-181.

尽管直接途径是从捕获到驯服，但其他两条途径不是以目标为导向的，考古发现表明它们发生在更长的时间框架内。例如，在安纳托利亚（Anatolia）的日出（地名），猪白齿大小的演变过程跨越了 3000 多年（从 12 000 年前到 8300 年前），研究揭示了猪白齿的长度呈逐渐减小、宽度呈突然减小的趋势[1]。这些数据可以作为一个分阶段过程的证据。在这个过程中，猪的扎根行为改变了，因为它们开始利用人类住区的垃圾，然后在畜牧业的初始阶段受到人口变化的影响。尽管直到大约 8300 年前的地层序列末端，猪才出现现代形态学标准的被驯化迹象，但是确定猪成为真正家养动物的时间必然是不唯一的[2]。这种长期的变化模式在绵羊、山羊和牛这 3 种近东家养动物的考古发现中也很明显。奇怪的是，动物形态在驯化环境中的变化不比在野生环境中快[3]。这表明，动物的共生和猎物驯化过程需要一个相当长的时间来适应人类的生态位与相应的选择压力。

四、混合和渐渗在形成家养动物基因组中的作用

在农业社会里，一旦驯化的植物和动物开始一起出现，人们经常带着这些家养伙伴离开驯化中心。随着人类的迁移，驯化的动植物经常会遇到野生动植物种群（同种和/或姊妹种），进而能够繁殖后代。家养种群通常比周围的野生种群小，并且两者之间的重复杂交最终导致家养种群变得与其原始的家养来源种群在遗传上差异更大[4]。这一过程能解释诸多看似矛盾的现象，例如，尽管欧洲几乎不存在独立驯化猪的有力考古证据，但现代欧洲家猪与欧洲野猪有着线粒体亲缘关系。对安纳托利亚和东南欧猪的古 DNA（ancient DNA，aDNA）研究表明，大约 8000 年前第一批进入欧洲的家猪具有仅在安纳托利亚发现的线粒体单倍型。尽管具有安纳托利亚和/或近东特征的猪在远至西方的巴黎被发现，但是所有的近东血统在 5900 年前被欧洲特征所取代。一项 aDNA 研究表明，来自安纳托利亚东南部日出的猪与在安纳托利亚西部发现的猪具有不同的血统，这些猪后来被运送到欧洲。基于以上情况，有证据表明家猪的线粒体特征被新地区的野猪线粒体特征所取代，这可能是通过重复杂交实现的。

[1] Özdoğan M, Başgelen N, Kuniholm P. The Neolithic in Turkey: new excavations & new research: volume 1, the tigris basin. Archaeology and Art Publications, 2011, 37(2): 185-269.

[2] Ervynck A, Dobney K, Hongo H. Born free? New evidence for the status of "Sus scrofa" at Neolithic Çayönü Tepesi(Southeastern Anatolis,Turkey), Eastern Anatolia. Paléorient and CNRS Editions, 2001, 27(2): 47-73.

[3] Purugganan M D, Fuller D Q. Archaeological data reveal slow rates of evolution during plant domestication. Evolution, 2011, 65(1): 171-183.

[4] Currat M, Ruedi M, Petit R J, et al. The hidden side of invasions: massive introgression by local genes. Evolution, 2008, 62(8): 1908-1920.

　　东亚猪的驯化细节与欧洲猪几乎相同。虽然猪的驯化过程在中国贾湖遗址的考古上是可见的[1]，但南岛语族在向太平洋地区扩张时所伴随的家猪特征并非源自中国，而是在东南亚本地的野猪身上发现的[2]。与欧洲和安纳托利亚西部相似，东南亚没有长期驯化过程的考古证据。相反，这些研究表明，线粒体谱系渗入的发生是最初驯化过程发生的核心区域种群与以外地区的野生种群不断混合的结果。尽管在迁徙种群和定居种群杂交过程中，线粒体 DNA（mtDNA）可以被快速替换，但核基因组将在更长的进化时间尺度上保留渐渗特征。显然，更大规模的古基因组分析对研究渐渗对家畜种群的形成很有意义。

　　这些猪的案例研究不是特有的，本地野生种群和引进的家养种群之间的杂交是常见的。例如，大多数非洲牛都是"混血"，事实证明它们具有欧洲黄牛线粒体遗传标记和印度黄牛 Y 染色体特征[3]。其他牛科物种包括野牛、牦牛、班腾牛和野牛之间的可育杂交也经常发生。混合的悠久历史也不是动物独有的，植物种内和种间的杂交与渐渗也对家养和野生种群产生了巨大的影响。这表明最初的驯化过程和随后的迁移以及家养与当地野生种群的混合之间存在显著差异。尽管家养与当地野生种群的混合可能导致容易被误解为独立驯化的遗传特征，但这两个过程是完全分开的。猪、葡萄和苹果最初都不是在欧洲被驯化的，尽管这些物种的现代家养种群与欧洲本土种群共享着重要的遗传成分。

五、mtDNA 的极限

　　从考古遗存的样本中提取 aDNA 进行测序，可以对尚未经历与其现代同类一样的多轮基因渗入的生物的古基因组进行表征。然而，历史上多数 aDNA 研究仅从线粒体基因组产生数据。这些数据足以区分广泛定义的种群，并追踪大陆范围内的种群移动情况。由于线粒体基因组是母系遗传的非重组单基因座，所以其数据不足以精确量化种群间混合程度的能力。

　　尽管线粒体 DNA（mtDNA）在考古学中被广泛用于追踪古代种群，但其母系遗传的特性限制了它在量化种群混合程度上的能力。最近的核基因组研究揭示了更复杂的种群历史，表明 mtDNA 数据可能无法完全反映古代人类种群的混合和进化。因此，核基因组数据提供了更全面的视角来理解这些复杂的遗传过程。

　　[1] Cucchi T, Hulme-Beaman A, Yuan J, et al. Early Neolithic pig domestication at Jiahu, Henan Province, China: clues from molar shape analyses using geometric morphometric approaches. J Archaeol Sci, 2011, 38(1): 11-22.

　　[2] Larson G, Cucchi T, Fujita M, et al. Phylogeny and ancient DNA of Sus provides insights into Neolithic expansion in island southeast Asia and Oceania. Proc Natl Acad Sci U S A, 2007, 104(12): 4834-4839.

　　[3] Hanotte O, Bradley D G, Ochieng J W, et al. African pastoralism: genetic imprints of origins and migrations. Science, 2002, 296(5566): 336-339.

群体遗传学理论认为系统发育树或网络是遗传过程的随机结果。因此，像mtDNA 这样的单一指标不可能准确而完整地反映复杂的历史统计学数据。当然mtDNA 与核基因组数据相比有其独特的优势，特别是已经有了丰富的世界范围的数据集和明确的非重组标记集的假设检验建模方法[1]。因此，尽管有其局限性，但古代 mtDNA 数据集具有无法忽视的价值。

六、DNA 数据生成新技术

传统上 A 型 DNA（A-form DNA）的低拷贝数和碎片化性质限制了对富含信息的核基因组的研究。最近的方法突破是使用平行选择和扩增大量基因座的技术来克服这些限制。靶富集杂交捕获法使用独特设计的引物来分离内源 DNA 的片段，然后将这些片段进行高通量测序（high-throughput sequencing），可产生超过 2亿个序列。或者，通过鸟枪法测序可以从古老的骨骼和牙齿中获得大规模的 DNA数据集，之后可使用软件工具从外源 DNA 测序数据中分离出内源 DNA[2]。但这些方法还没有达到经典聚合酶链反应（polymerase chain reaction，PCR）技术的灵敏度，它们只应用于少数保存完好的骨骼或牙齿。然而，随着 DNA 数据量的增加和分析技术的进步，我们对古代样本的遗传变异有了更直接的了解。这些进步将极大地提升我们描绘群体多样性、结构和群体间混合程度的能力。

七、分析数据的新方法

相比于其他生物学领域，群体遗传学领域已经发展出了一个坚实的理论框架。对于驯化研究而言，常使用分析理论或空间显式模拟方法来调查种群扩展和迁移的进化与统计学方面的问题[3]。先前的工作使用空间显式合并模拟来证明当一个扩展的种群迁移到另一个种群占据的区域时，不对称渐渗会有规律地发生。对细胞器基因组来说尤其如此，如 mtDNA，基因渗入的方向总是从常驻群体进入扩展群体。这解释了近东猪引进到欧洲后 mtDNA 被当地野猪的 mtDNA 所取代的原因。然而，在奶牛中，欧洲野牛的典型 mtDNA 很少（＜1%）在家养的牛中观察到[4]，细胞器

[1] Anderson C N K, Ramakrishnan U, Chan Y L, et al. Serial SimCoal: a population genetics model for data from multiple populations and points in time. Bioinformatics, 2005, 21(8): 1733-1734.

[2] Skoglund P, Malmström H, Raghavan M, et al. Origins and genetic legacy of Neolithic farmers and hunter-gatherers in Europe. Science, 2012, 336(6080): 466-469.

[3] Slatkin M, Excoffier L. Serial founder effects during range expansion: a spatial analog of genetic drift. Genetics, 2012, 191(1): 171-181.

[4] Stock F, Edwards C J, Bollongino R, et al. Cytochrome b sequences of ancient cattle and wild ox support phylogenetic complexity in the ancient and modern bovine populations. Anim Genet, 2009, 40(5): 694-700.

DNA 替换的不对称模式预示着即使低的渗入率也会导致这个比例增加。因此，这一现象表明，家公牛被有意地与雌性欧洲野牛分开，以防止其杂交的发生[1]。

尽管有研究在驯化理论和建模方面取得了一些进展（包括整合了大量重组标记的方法的发展），但许多研究继续使用标准的系统地理学方法，根据系统发育树和网络中的分支模式进行推断，但该方法在家养动物中的研究并没有得到认可。迄今为止，显式假设检验推理方法仅应用于少数与归化相关的研究中。例如，一些研究已经揭示了欧洲长沫蝉和舞毒蛾等物种的种群扩张特征，这些特征被认为是冰川后种群数量增长的结果。这些发现强调了在研究家养动物的起源和演化时，需要采用更加精确和系统的方法。

另一项研究使用联合模拟的遗传多样性模式和近似贝叶斯因子，比较了山羊、牛和马的不同驯化模式。对于山羊，该研究得出的结论认为，山羊祖先种群的地理结构是解释其遗传多样性所必需的。假设单一群体膨胀的替代模型得到的支持相对较少，对于马来说，最佳模型假设祖先种群数量不变，并且在驯化过程中没有种群瓶颈。这与最近的另一项研究相似，该研究采用了空间显式近似贝叶斯计算框架（ABC），使用现代地理位置上不同的马的微卫星标记，首先推断马的驯化起源于欧亚大陆西部，其次，家养马经历了野生马向其分布区的显著渗入[2]。最后，一项使用古代和现代牛 DNA 的研究在一系列联合模拟与 ABC 的基础上得出结论，现代牛种群可能是从仅仅 80 头雌性野牛的捕获和繁殖中产生的[3]。

一般地，分析方法包括显式建模技术，可以测试和量化混合物。这种方法使用基因和考古数据，可以用来开发和测试关于家养植物与动物的起源和随后的迁移的假设。建模方法有时产生的结果不如对种系发生树分支模式的解释那样直观。然而，在统计上采用固定的假设检验方法是必要的，因为它们更有可能揭示实际的进化历史。计算机模拟方法已被证明在测试不同的进化和群体模型方面是有效的。通过比较模拟结果与实际观察到的遗传变异模式，如通过 ABC，可以在特定群体模型下对观察数据集的参数值进行估计。通过这种方法结合古代和现代来源的二代测序（next-generation sequencing，NGS）生成的多位点 DNA 数据，将能够严格评估不同的驯化场景，从而深入探讨与驯化过程本身相关的许多悬而未决的问题。

[1] Bollongino R, Elsner J, Vigne J D, et al. Y-SNPs do not indicate hybridisation between European aurochs and domestic cattle. PLoS One, 2008, 3(10): e3418.

[2] Warmuth V, Eriksson A, Bower M A, et al. Reconstructing the origin and spread of horse domestication in the Eurasian steppe. Proc Natl Acad Sci U S A, 2012, 109(21): 8202-8206.

[3] Bollongino R, Burger J, Powell A, et al. Modern taurine cattle descended from small number of Near-Eastern founders. Mol Biol Evol, 2012, 29(9): 2101-2104.

八、奶畜对育成人类基因库的贡献

事实上，动物驯化过程对人类的遗传也产生了显著影响，且影响是相互的。例如，人类基因组中正选择的最强标志之一与成年后能够大量饮用牛奶而不出现消化问题的能力有关。在包括人类在内的大多数哺乳动物中，乳糖酶的产生通常在断奶后下调。这种酶负责将二糖乳糖水解成单糖，从而使牛奶更易于消化。牧民利用家养动物的奶，发明了奶酪和酸奶。因为天然细菌的作用降低了这些产品中的乳糖含量，牧民可以从牛奶的营养优势中受益而不会遭受乳糖不耐受的后果。

最近发现 C 到 T 突变(−13 910*T)，涉及调控乳糖酶在成年人体内的持续表达，在欧洲人群中广泛存在，尤其是在欧洲大陆的北部和西北部地区。引人注目的是，−13 910*T 等位基因的发生频率在早期牧民的骨骼中非常低，在现代人类群体中该等位基因发生频率为 50%～80%。为了解释这种新石器时代以来的快速增长，结合 ABC 方法进行了空间显式计算机模拟。这项研究的结论是，大约 8000 年前，自然选择首先在中欧东南部开始提高该等位基因的发生频率，在正选择的帮助下，该等位基因频率在新石器时代主要向北和西北扩张的波阵面上进一步增加。这一推论与早期牛和牧民向中欧与北欧扩散的考古学和古遗传学证据相一致[1]。

家畜和乳品文化与乳糖酶持久性的共同进化，导致了乳糖酶持久性在非洲及中东各种地理上隔离的牧民和农业群体中的独立上升，这是趋同进化的一个显著例子[2]。这一特性的历史证明了可产奶的奶牛或山羊是如何对相当一部分全球人口的基因库产生巨大影响的[3]。

九、家畜的驯化与人工选择

无论是最近驯化的动物彼此之间还是其与它们的野生祖先之间的毛色都有巨大的差异。迄今为止，已经确定了 300 多个基因位点和 150 个与毛色变异相关的基因。了解与颜色相关的突变，有助于证明马可变毛色的出现与其驯化时间之间的相关性。其他研究表明，人类主导的选择是如何导致猪的毛色等位基因发生变异的。在驯化之前自然选择已经将变异控制在最低程度，新毛色一旦出现在管理

[1] Burger J, Thomas M G. Palaeopopulationgenetics of man, cattle, and dairying in Neolithic Europe//Pinhasi R, Stock J. Human Bioarchaeology of the Transition to Agriculture. New York: Wiley-Liss, 2011: 371-384.

[2] Tishkoff S A, Reed F A, Ranciaro A, et al. Convergent adaptation of human lactase persistence in Africa and Europe. Nat Genet, 2007, 39(1): 31-40.

[3] Leonardi M, Gerbault P, Thomas M G, et al. The evolution of lactase persistence in Europe. A synthesis of archaeological and genetic evidence. Int Dairy J, 2012, 22(22): 88-97.

种群中，人类就会积极地选择这些特征[1]。

现代动物基因组学研究使用选择性扫描检测、候选基因研究和其他工具评估形成遗传变异的进化力量，从而深化了我们对驯化过程中起关键作用的选择性基因和遗传区域的理解[2]。例如，研究已经确定了影响猪肌肉生长的遗传基础，并且发现了对鸡驯化起源有显著影响的所谓"驯化基因"。此外，高密度芯片技术的应用使得我们能够量化商业鸡群与非商业品种之间遗传变异的差异[3]，这反映了驯化过程中可能发生的选择性压力和遗传变化。

遗传分析工具成功地描述了野生动物和家养动物之间的差异，突显出在理解家养动物起源方面仍然存在不足之处。然而，这一现状即将转变。通过更全面地评估不同驯化途径和混合种群的关键遗传影响，我们将能够形成更精确的科学假设。测序技术能够生成现代和古代样本的大规模基因组数据集，全基因组数据的新建模方法能够有效地分析这些数据，二者双重发展将有可能在包含遗传、考古、气候和人类学数据的合理统计框架内测试上述假设。有了这些方法和工具，人们将很快开始发挥基因研究的潜力来回答动物驯化方面悬而未决的主要问题。当然，许多问题已经利用遗传数据成功地解决了，包括驯化发生的地点、时间和次数等基本问题，还有许多问题尚待研究。例如，在过去的 200 年里，狗舍俱乐部和封闭育种线的建立，创造了数百种既具有统一表型特征又具有长单倍型区块的狗品种。这种基因组结构简化了使用全基因组关联研究来识别众多表型性状及疾病背后的编码和调节的突变的过程[4]。

家畜源于其野生种，由人类驯化而来[5]。这已是没有异议的基本共识。驯化是动态的复杂过程，混合和渐渗在形成家畜基因组过程中有重要作用[6]。

第二节 家猪的起源和现状

猪属（Sus）动物主要包括家猪和野猪，现代家猪起源于欧洲野猪和亚洲野猪的多个亚种，其驯化事件发生在约 1 万年前[6]。对于猪的驯化来说，单中心假说

[1] Hemmer H. Domestication: The Decline of Environmental Appreciation. Cambridge: Cambridge University Press, 1990.

[2] Rubin C J, Megens H J, Barrio M A, et al. Strong signatures of selection in the domestic pig genome. Proc Natl Acad Sci U S A, 2012, 109(48): 19529-19536.

[3] Muir W M, Wong G K S, Zhang Y, et al. Genome-wide assessment of worldwide chicken SNP genetic diversity indicates significant absence of rare alleles in commercial breeds. Proc Natl Acad Sci U S A, 2008, 105(45): 17312-17317.

[4] Karlsson E K, Baranowska I, Wade C M, et al. Efficient mapping of mendelian traits in dogs through genome-wide association. Nat Genet, 2007, 39(11): 1321-1328.

[5] Darwin C. The Variation of Animals and Plants under Domestication. London: John Murray, 1868.

[6] Larson G, Burger J. A population genetics view of animal domestication. Trends in Genetics, 2013, 29(4): 197-205.

已被多中心假说取代，显然现在人们更有理由并愿意相信它们是在东亚和近东独立驯化的[1]。

一、家猪的起源

（一）亚洲家猪的起源

基因序列分析和考古学证据都证明了东亚是家猪的驯化地之一。据推测，东亚地区最早的猪驯化事件发生在全新世早期的黄河流域和内蒙古一带，之后在中国长江流域（包括湖南、四川、江西等多个省份）又发生了一系列驯化事件。在河南贾湖遗址发现的我国最早家猪化石，距今大概有 8600 年的历史；在浙江河姆渡遗址和江西仙人洞遗址发现的家猪骨头，距今估计有 7000 年的历史。这是这些地区可能发生的驯化事件的有力证明。还有研究表明，西藏高原是另一个猪驯化中心。

目前，学界对南亚家猪的驯养历史知之甚少。由于印度和巴基斯坦相对缺乏古代猪骨骼化石，针对该地区家猪起源和驯化的考古学研究进展缓慢。在巴基斯坦迈赫加尔地区发现的少量历史久远的猪骨骼化石，其年代大约为公元前 4000 年，当地可能曾有较为庞大的猪群体，但目前还没有详细的形态学证据来证明这些遗骸是家猪。然而，基因序列证据表明，现代印度家猪是从当地野猪进化而来的。在大约公元前 5 世纪末，中南半岛第一批定居农业型文明出现，现今所发现的猪驯化证据都出自此年代。遗传学证据表明，该地区的现代家猪中存有部分当地野猪和从中国中部引进的家猪的血统。在历史上有几次农业人口向中南半岛的扩张，这个过程可能会带入来自中国中部的家猪。

（二）非洲家猪的起源

由于缺乏足够的考古学和遗传学证据，非洲家猪的起源尚有争议。目前，最为学界所接受的假说是：西非地区的家猪可能来自欧洲，特别是葡萄牙等西欧国家；东非地区的家猪则可能来自东亚地区，特别是中国及其周边地区。mtDNA、Y 染色体和微卫星多态性研究发现，贝宁和尼日利亚等西非国家的家猪种群属于欧洲家猪血统，这些品种可能是 15 世纪葡萄牙殖民时期传入非洲的。根据 mtDNA 和 Y 染色体单倍型研究，肯尼亚和津巴布韦等东非国家的家猪可能是从东南亚或东亚引进的。但是，亚洲家猪的到来是否早于欧洲对非洲大陆东海岸的殖民还尚无定论。

也有学者提出，非洲家猪可能在 1 万年前来自近东地区。该地区的家猪通过陆路穿越西奈半岛，或通过船只经埃及进入非洲大陆。后来，这些猪可能被当地

---

[1] Groenen M A, Archibald A L, Uenishi H, et al. Analyses of pig genomes provide insight into porcine demography and evolution. Nature, 2012, 491(7424): 393-398.

驯养的其他家猪品种所替代。这就解释了为什么现存的非洲家猪品种中没有广泛的近东特征。关于非洲家猪品种起源的另一种可能的解释是，它们是在本地独立驯化的。然而，支持非洲本地驯化的证据较少。

（三）欧洲家猪的起源

相关研究通过分析欧洲内陆家猪单倍型群体的分布，部分解答了新石器时代欧洲猪的驯化途径问题。首先，对罗马尼亚、德国、法国和克罗地亚的新石器时代家猪群体的单倍型分析表明，欧洲本地猪可能是由来自近东地区的猪传入欧洲并驯化而来的，它们传入欧洲的路径至少有两条。其次，考虑到最初引进近东家猪的时间和首次出现源自欧洲野猪的家猪的时间，欧洲猪的驯化可能不是一个真正独立的事件，而是古代农民将近东家猪引入欧洲的直接结果。尽管有学者提出欧洲也是猪的独立驯化地，但学界多数人认为，与牛和羊一样，猪是在新石器时代由来自近东的农民带入欧洲的。系统发育学研究已经发现了 3 个不同的猪 mtDNA 序列簇，包括一个亚洲群体和两个欧洲群体，其中一个欧洲群体仅由意大利野猪组成。用分子钟估算，亚洲和欧洲的家猪群体的分化明显早于猪的驯化。这表明猪是多起源的，其在欧洲和亚洲的驯化是两个独立事件，欧洲和亚洲家猪来自不同的野猪血统。

二、家猪的现状

猪具有繁殖能力强、生长快、饲料利用率高、食性广等特点。养猪已成为世界农业生产中一个重要的组成部分。猪肉营养丰富、细嫩味美，是人类主要肉食品之一，还可以进一步加工成火腿、腌肉、香肠和肉松等产品。猪皮、猪鬃和猪肠衣可作为工业原料。猪血和猪骨可制成血粉与骨粉等产品以作饲料用。猪的内脏和腺体可以提制多种医疗药品。猪还是很好的实验动物，可以作为人类疾病模型动物和器官供体动物。

在世界范围内有文献记载的家猪品种有 300 多个，其中我国家猪品种有 153 个，约占全世界的一半。但目前，在国际上分布广且影响较大的只有十多个品种，这些品种主要产于欧洲和北美洲，特别是英国、美国、丹麦和俄罗斯等国的猪种，数量较多、历史较久、影响较大，其中又以兰德瑞斯（Landrace，又名"长白猪"）、约克夏（Yorkshire，又名"大白猪"）、汉普夏（Hampshire）、杜洛克（Duroc）、皮特兰（Pietrain）等几个品种较为突出。在亚洲，各国均有不少适应于当地自然条件的地方猪种。中国地方猪品种众多，根据品种资源调查及 2021 年国家畜禽遗传资源委员会审核，中国猪遗传资源包括地方品种 83 个，培育品种 25 个，培育配套系 14 个，引入品种 6 个，引入配套系 2 个。越南有 20 个猪品种，其中地方品种 14 个，缅甸有 4 个猪品种，日本有 3 个猪品种，菲律宾有 3 个猪品种。大洋洲和非洲家猪数量不多，猪品种则大部分由欧美国家输入。

猪品种的分类方法很多，归纳起来大致有如下 6 种：①按用途分为瘦肉型、脂肪型与肉脂兼用型；②按毛色分为白猪、黑猪、黑白花猪和棕猪；③按体成熟迟早分为早熟种、中熟种和晚熟种；④按体型大小分为大型猪、中型猪与小型猪；⑤按耳型大小分为大耳猪和小耳猪；⑥按脸型分为大花脸、二花脸和小花脸。目前，使用最多的分类方法是按用途划分的，即分为脂肪型、瘦肉型和肉脂兼用型 3 种。脂肪型：这类猪在养猪历史上出现较早，体躯宽厚，体长与胸围几乎相等，腿短，大腿丰满，臀部宽；皮下脂肪的厚度达到 4cm 以上；胴体瘦肉率低于 40%。例如，广东的大花白猪、梅花猪，福建的槐猪，云南的滇南小耳猪，以及英国的巴克夏猪等均属此类型。瘦肉型：又称肉用型或腌肉型，体长比胸围大 15~20cm，腿高，胴体瘦肉率高达 60% 以上，皮下脂肪的厚度为 1.5~3.5cm。例如，长白猪、杜洛克、大白猪和我国的三江白猪等均属此类型。肉脂兼用型：体型介于脂肪型和瘦肉型之间，体宽深而不长，背腰厚，腿臀发达，皮下脂肪的厚度为 3.5~4.5cm，胴体瘦肉率在 50% 左右。例如，上海白猪、北京黑猪、哈尔滨白猪、中约克夏猪等均属此类型。

近年来，猪种的资源开发利用、遗传育种与繁殖等方面均有了长足的发展，为今后养猪业的迅速发展提供了充足的条件。世界家猪品种资源的保存和利用存在着两种现象：①发达国家，人们对蛋白质食品的需求量一直较高，在家畜育种方面，一直将高瘦肉率和高生长速度作为选种的主要目标，高产品种或专门化品系大量涌现，应用人工授精技术进行大规模杂交改良，致使原有地方品种迅速减少；②发展中国家，虽然有较丰富的猪种资源，但由于保种不当和盲目引进外来品种并与地方品种杂交，也造成原有品种数量锐减和质量下降。这两种倾向都可能导致世界性的品种资源危机。

第三节　家绵羊的起源和现状

家绵羊（*Ovis aries*）在社会中发挥着重要作用，不仅可以作为肉、奶、毛和皮革的来源，还常具有文化和宗教等方面的功能。它是新石器时代以来农牧社会的主要组成部分之一。目前学界普遍认为，绵羊驯化始于中东新月沃地，尤其是底格里斯河和幼发拉底河的上游地区（距今 8000~9000 年前）。全世界有多个野生绵羊种，其中的摩弗伦羊（Mouflon, *O. musimon*，又称欧洲盘羊）、盘羊（Argali, *O. ammon*）、维氏盘羊（Urial, *O. vignei*，又称东方盘羊）、阿卡尔羊（Arkar, *O. orientalis* var. *alkal*）与家绵羊的起源有关。根据野生绵羊和家绵羊的 mtDNA 序列，维氏盘羊、盘羊、阿卡尔羊与现代家绵羊的遗传差异较大。因此，通常认为摩弗伦羊是家绵羊的直系始祖。其他 3 个野生种和现代家绵羊之间不存在繁殖障碍。

从这个意义上讲,它们也可能都曾对家绵羊有过血统贡献。

一、家绵羊的起源

(一)亚洲家绵羊的起源

包括中国在内的亚洲地区有数量众多的绵羊品种,其祖先直接来自中东新月沃地地区。盘羊曾广泛分布在中国境内,其与家绵羊的杂交后代都有正常的生殖能力。根据野生绵羊种群的形态和分布,研究推测中国家绵羊来源于盘羊。然而,分子系统发育分析排除了盘羊是家绵羊的母系祖先。西藏西部也曾经有维氏盘羊的分布。因此,中国家绵羊可能是盘羊、维氏盘羊和摩弗伦羊的混血后代,其中的盘羊,特别是盘羊的蒙古亚种和西藏亚种对中国家绵羊的血统有较大的影响。中国家绵羊大致分属于3个起源系统:①蒙古羊以及华北和太湖流域的脂尾型绵羊,在血统上和盘羊的蒙古亚种关系密切;②藏系瘦尾型绵羊,包括汉中黑耳羊和西南地理文化区部分品种,其起源与盘羊的西藏亚种有关;③哈萨克系肥臀型绵羊,它们受维氏盘羊血统的影响较大。

(二)非洲家绵羊的起源

据考古学研究,非洲绵羊可能与欧洲和亚洲绵羊有着共同的祖先。mtDNA 溯源分析表明,所有非洲绵羊具有共同的母系起源。而常染色体和 Y 染色体 DNA 序列的某些特征表明,撒哈拉沙漠以南的绵羊有单独的遗传历史,它们的祖先群体可能都起源于东非地区。现在所发现的非洲最古老的家绵羊残骸出自尼罗河三角洲、东撒哈拉,其年代为公元前 7500~前 7000 年。学者推测,这些家绵羊可能起源于西奈半岛,绵羊残骸表明至少约公元前 7000 年之前该地区就已经发生了绵羊驯化事件。历史上第一批绵羊通过苏伊士地峡和西奈半岛南部进入非洲。可能是为了躲避黎凡特地区的极度干旱等不良气候,这些来自西亚的绵羊群体迁徙至非洲大陆。在红海山的洞穴中也发现了绵羊遗骸,经放射性碳测定,其年代为公元前 7100~前 7000 年。非洲绵羊群体的陆上扩散路径包括利比亚(公元前 6800~前 6500 年)、尼罗河河谷中部(约公元前 6000 年)、撒哈拉中部(约公元前 6000 年),于约公元前 3700 年到达西非地区。历史上发达的地中海海上贸易可能导致了绵羊群体散落分布在北非的沿海地区。之后又有一批绵羊通过东北非和非洲之角引入非洲。

(三)欧洲家绵羊的起源

欧洲短尾羊广泛分布在东至俄罗斯、西至冰岛的广大区域。从 8 世纪末到 11 世纪中叶,由于北欧海盗的活动,短尾羊逐渐扩散至东欧、西欧国家。通常来说,大部分欧洲短尾羊品种仅分布于与原产国接壤或邻近的国家。然而，自 20 世纪 60 年代以来，一些品种的分布区域大幅扩大，尤其是芬兰绵羊和罗曼诺夫绵羊。大多数纯种欧洲短尾羊都是在北欧的一些国家和/或地区形成的，它们多数是这些国家和/或地区固有的地方品种（群）。例外的情形也是有的，有些绵羊品种分布在数个国家和地区，特别是在斯堪的纳维亚半岛地区和英国，本地绵羊和 20 世纪早期从冰岛进口的冰岛绵羊构成了格陵兰羊的主体。也有些短尾羊，如芬兰绵羊和罗曼诺夫羊，起源于欧洲大陆边缘地带，并在低温恶劣的环境条件下繁衍生息，若在较温和的气候环境下饲养，同样表现出良好的生产性能。

二、家绵羊的现状

绵羊是世界上分布最广的家畜之一，用途多，对环境的适应性强。世界上的绵羊品种众多，但是只有少数能够广泛传播。世界范围内分布最广的是萨福克羊（Suffolk）、美利奴羊（Merino）和特克塞尔羊（Texel），其次是考力代羊（Corriedale）和巴巴多斯黑腹绵羊（Barbados Black Belly）。

源自欧洲的绵羊品种在世界上分布最广。世界前 10 位的绵羊品种中，有 5 个是欧洲的品种。前文所提到的分布范围超过 10 个国家的 59 个绵羊品种中，有 35 个欧洲的品种。前三大绵羊品种都起源于欧洲，包括萨福克羊（产自英国东部的肉毛兼用品种，分布范围超过 40 个国家）、特克塞尔羊（产自荷兰的肉用品种，分布范围超过 29 个国家）、美利奴羊（产自西班牙的毛用品种）。如果加上美利奴羊所有的衍生品种，那么美利奴羊的分布范围位居世界第一。有欧洲绵羊血统的 8 个品种来自英国南部和东部地区，3 个起源于法国，其他则是来自芬兰、德国、荷兰、俄罗斯和西班牙。欧洲的绵羊品种已经遍布世界上众多国家，主要案例有美利奴羊（纯种美利奴羊出口到非洲 11 个、亚洲 6 个、拉美和加勒比地区 5 个国家）和萨福克羊（出口到非洲 5 个、亚洲 4 个、拉美和加勒比地区 12 个国家）。克里奥罗绵羊（Ciollo）起源于欧洲，如今已经遍布于拉美和加勒比地区的各个国家。在过去的 3~4 个世纪，全世界培育出了 440 多个混血品种，欧洲品种参与了其中许多品种的培育。欧洲和非欧洲混血品种中，分布最广的有巴巴多斯黑腹绵羊和杜泊羊。

非洲绵羊品种的分布范围仅次于欧洲品种。世界上分布范围超过 10 个国家的绵羊品种中，非洲品种（或它们的后代）有 11 个。西非矮小羊（West African Dwarf）分布于 24 个国家，其中非洲 17 个、欧洲 3 个、加勒比地区 4 个。产自索马里的黑头波斯羊（Black Head Persian）传播到了 18 个国家，其中包括 13 个非洲国家，而且还从南非出口到了加勒比地区。产自非洲的绵羊品种同样参与了世界上其他地区绵羊新品种的育成。最成功的就是巴巴多斯黑腹绵羊，是于 15 世纪中期在加勒比海巴巴多斯岛育成的毛用品种。现在它已经分布到了加勒比地区、南美洲、欧洲与东南亚国家（如马来西亚和菲律宾）。杜泊绵羊是南非的第二大常见品种，其分布范围超过 25 个国家，主要是在非洲和拉美地区。卡塔丁绵羊是西非毛绵羊（West African Hair）和威尔特有角羊（Wiltshire Horn）杂交而成的品种，于美国育成，它被广泛出口到了拉美地区。圣克鲁斯羊（Santa Cruz sheep）起源于西非毛绵羊（或者可能是威尔特有角羊×克里奥罗羊的杂交品种），它在美属维尔京群岛育成，之后出口到了包括美洲地区在内的一些地方。其他非洲绵羊品种的分布则只局限于非洲大陆，比如主要分布于西非的富拉尼羊（Fulani，10 个国家）、乍得湖周边的乌达羊（Uda，9 个国家）和毛里塔尼亚的黑毛尔羊（Black Maure，6 个国家）。

尽管亚洲绵羊的存栏量高达全世界的 40%，但是只有极少数产自亚洲的品种扩散到了原产地之外，包括卡拉库尔大尾绵羊（Karakul）和阿瓦西羊（Awassi）。卡拉库尔大尾绵羊是产自土库曼斯坦和乌兹别克斯坦的古老品种，如今它们在非洲南部也有大量分布，并且还扩散到了印度、澳大利亚、巴西、美国以及欧洲等国。阿瓦西羊起源于伊拉克，于 19 世纪 60 年代在以色列得到改良，随后扩散到了欧洲南部和东部、中亚、澳大利亚与中近东地区的 15 个国家。

北美和西南太平洋地区国家（包括澳大利亚、新西兰等国）也有一些育成绵羊品种。这些地区培育的 3 个品种散播得很广，包括考力代羊、卡塔丁绵羊（Katahdin，以非洲品种和欧洲品种的杂交为基础育成）与无角陶塞特羊（Poll Dorset）。这些品种都带有欧洲绵羊的血统。

第四节　家山羊的起源和现状

山羊（*Capra hircus*）是人类首先驯化的家畜。它遍布五大洲，群体规模约有 10 亿只。它们是适应能力最强、地理分布最广的家畜品种之一，其广泛分布在世界各地，甚至在喜马拉雅山脉等高海拔地区、荒漠戈壁以及沿海地区也有分布。有考古学家认为，贝佐尔山羊（Bezoar）即捻角野山羊（*Capra aegagrus*）是家山羊的野生祖先。山羊驯化历史可追溯到约 10 000 年前新石器时代的新月沃地（Fertile Crescent）。山羊极强的适应性和耐寒性有利于其在亚洲迅速扩散，分别到达伊比利亚半岛和南部非洲。基于线粒体染色体、Y 染色体或其他核染色体标记的系统发育研究表明，山羊有一个主要的线粒体单倍型组 A 与 5 个稀有的单倍型组 B、C、D、F 和 G[1]。持单起源假说的风险很可能是把考古证据保存地和考古发现的偶然性与实际起源直接画等号，而忽略了另外两种可能，即尚未发现之地或不适合保存之地，这恰恰是持多起源假说者看重的。

---

[1] Colli L, Milanesi M, Talenti A, et al. Genome-wide SNP profiling of worldwide goat populations reveals strong partitioning of diversity and highlights post-domestication migration routes. Genetics Selection Evolution: GSE, 2018, 50(1): 58.

山羊提供肉、奶、毛（绒）和皮等产品，它是联合国粮食及农业组织认定的"五大"畜种之一（"big five" livestock species，即牛、绵羊、山羊、猪和鸡），重要性不言而喻。山羊在人类文明特别是早期文明的农业、经济和文化中都扮演着重要角色。在驯化事件发生之后，在人的参与下，野生山羊与家山羊的演化路径出现了巨大的分化（图1-4-1）。家山羊在西亚驯化后先后形成以下3个分支，①原始型：即捻角型，刀状角，立耳等，多数是小型品种，广泛分布于亚、欧、非大陆；②旱原（Savanna）型：旋角（两侧对旋或顺旋），主要分布于亚非两洲干旱地带；③努比亚（Nubian）型：罗马鼻，大垂耳，卷角或无角，多为大型乳用品种，分布于北非和南亚。

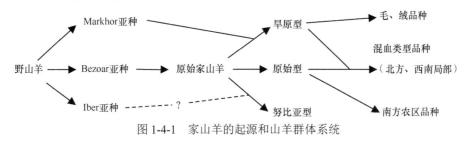

图 1-4-1　家山羊的起源和山羊群体系统

一、家山羊的起源

（一）亚洲家山羊的起源

在亚洲，山羊最初通过两条主要途径进行传播。第一条途径是来自近东的山羊通过古贸易等方式，越过开伯尔山口，到达南亚次大陆，并且经陆路或海路传播到东南亚。在印度洋沿岸，连接阿拉伯、东非和亚洲的古贸易也是山羊传播的可能途径。第二条途径是连接中东、蒙古国和中国北部的欧亚草原带。包括中国在内的东亚地区最早的山羊养殖遗迹是磁山文化遗址（河北武安），其年代为约8000年前。对中国山羊起源和群体演化史的研究多从现代山羊的分布出发，系统发生学研究表明，中国本土山羊可能有两个母系起源祖先（A 和 B 系），另有mtDNA 序列研究在中国山羊群体中发现了 A～D 系的 4 种不同 mtDNA 类群。种种迹象显示，中国山羊可能是多母系起源的。能够确定的是，B 系群体起源于东亚地区。在 A～D 系类群中，我国分布有其中的 A 系和 B 系以及两系的混血类型。A 系主要分布在中国的东南地区和湘鄂赣地理区域与部分西南地区，早在新石器时代，该群体的半驯化先祖已传入我国。B 系主要分布在东北、内蒙古、新疆、青藏地理区域。这 4 个地理文化区同时存在一些混血类型群体，其余品种也多为混血类型。20 世纪 80 年代以后，关于血液蛋白型的研究结果吻合家山羊单起源学说，其系统分化是人类选择的结果。

（二）非洲家山羊的起源

考古数据表明，家山羊首先是从西南亚引入非洲大陆的。仅在 7000 年前撒哈拉沙漠东部和红海山的非洲考古记录中才开始出现明显可辨认的山羊遗骸。用放射性碳法测定的来自北非沿海地区各个考古地点的山羊遗骸的年代与撒哈拉沙漠东部地区的相近，这表明来自西南亚的山羊在公元前 7000～前 6000 年传入北非，其传播路线可能是通过西奈半岛和撒哈拉沙漠经陆路扩散，也可能是沿着地中海沿岸传播。考古学证据还表明，山羊在公元前 6500～前 5000 年从近东迅速扩散到撒哈拉沙漠中部和埃塞俄比亚高地。气候和环境的变化导致撒哈拉的沙漠化与采采蝇带的南退，促使山羊养殖者在约 4000 年前迁移到萨赫勒、白尼罗河上游和肯尼亚等非洲南部地区。

（三）欧洲家山羊的起源

在欧洲，家山羊可以追溯到约公元前 7000 年的欧洲西南部与约公元前 6000 年的西欧、中欧和北欧。

在新月沃地山羊被驯化后，山羊通过多瑙河和地中海走廊进入欧洲。约 6500 年前，在希腊和保加利亚出现了山羊养殖区域。随后，山羊养殖业沿着多瑙河向北和向东扩展，最终在约 4000 年前扩张到斯堪的纳维亚半岛和不列颠群岛。可能早在 9000～10 500 年前，塞浦路斯就被新石器时代的殖民者殖民，殖民者带来了4 种主要的牲畜（猪、绵羊、山羊和牛）与某些狩用动物。后来，新石器时代的殖民者遍布地中海盆地，包括希腊（约 8500～9000 年前）、意大利（约 7600～8100 年前）、伊比利亚半岛（约 7300～7700 年前）以及利比亚和阿尔及利亚（约 7000 年前）。这些地区的土著居民可能从这些后来者那里习得了农业技能，放弃了他们原本的狩猎采集生活方式。通过分析欧洲和近东山羊常染色体微卫星变异，结果可以检测到这些人类介导的迁徙事件造成的遗传痕迹，如变异位点的逐渐减少和东欧地区山羊群体的高度分化。

二、家山羊的现状

山羊的突出优点是对环境的适应能力强、耐粗饲。因此，其对于生态边远地区（如旱地和山脉）的小型饲养者有重大的经济价值，因为在这些区域难以饲养其他家畜。不过，相较于猪、牛和绵羊等常见家畜，山羊还有诸多缺点，如产肉率低、难以集约化养殖等。正因如此，在环境较为优渥的农业产区，山羊的养殖规模非常有限。在世界范围内较为成功的山羊养殖产业有中欧的高产乳用山羊（以瑞士地区的乳用品种为基础育成）和中近东地区的波尔山羊等肉用山羊品种。

除了少数几个分布较广的品种，山羊品种的分布范围远远小于牛和绵羊。分布范围超过 24 个国家或地区的品种有 8 个：萨能奶山羊（Saanen dairy goat）、英国努比亚山羊（Anglo-Nubian goat）、波尔山羊（Boer goat）、吐根堡山羊（Toggenburg goat）、阿尔卑斯山羊（Alpine goat）、西非矮山羊（West African Dwarf goat）、安哥拉山羊（Angora goat）和克里奥尔山羊（Creole goat）。然而，排在这八大品种后面的品种的分布范围就大为缩减，扩散到产地之外的山羊品种比较少，如萨赫勒山羊（Sahel goat）仅分布于 14 个国家，并且其中有 13 个都在西非。另外，只有 3 个品种（萨能奶山羊、英国努比亚山羊和吐根堡山羊）在世界 7 个主要农业区域都有报道。

欧洲品种的山羊仅占前 25 个品种中的 6 个。它们大多数起源于阿尔卑斯山脉，或者是由这个地区的品种培育而成，包括萨能奶山羊、吐根堡山羊和其他阿尔卑斯山羊品种。安哥拉山羊也是位居前列的品种（排第 7），它是来自现代土耳其、安哥拉周边的马海毛品种。排名前 6 位的欧洲品种在欧洲以外都有分布。其中，萨能奶山羊是分布最广泛的品种，它在 81 个国家和世界上 7 个主要农业区域均有分布。欧洲山羊同样为衍生品种的培育提供了育种材料，如英国努比亚山羊、波尔山羊、克里奥尔山羊和克里奥罗山羊。

非洲品种占了分布最广的 25 个体型较大的山羊品种中的 7 个。它们分成两大群体：混血品种和非洲本土品种。混血品种通常是用欧洲品种进行杂交培育的，普遍分布于非洲之外，包括英国努比亚山羊（在英国由不列颠、非洲、印度的山羊杂交育成，在 56 个国家均有分布）、波尔山羊（在南非由南非土著羊、欧洲羊和印度羊育成，分布于 53 个国家）、克里奥罗山羊（用非洲羊和欧洲羊育成的一个品种）。非洲本土品种包括：西非矮山羊（分布于 25 个国家）、萨赫勒山羊、东非小山羊（East African dwarf goat）和柏柏尔山羊（Berber goat）。它们也被出口到其他国家，作为实验群体或由业余饲养爱好者进行小规模饲养。

亚洲中部和西南部的山区是山羊的起源地，现今在这些地区仍有野山羊（Bezoar 种）和捻角山羊（Markhor 种）的存在。其他来自这一区域的品种还包括安哥拉山羊（在上文被列入欧洲品种）、克什米尔山羊（Kashmir goat）、大马士革山羊（Damascus）、叙利亚山羊（Syrian goat）、俄罗斯中亚粗毛羊（Soviet Mohair）。大马士革山羊是在塞浦路斯育成的，它是国际公认的热带和亚热带地区的优良品种。南亚有两亿只山羊，占世界总数的 1/4。但是南亚品种主要分布在亚洲，其中只有亚姆拉巴里奶山羊（Yamrabari dairy goat）、比陶奶山羊（Beetal goat）和巴巴里山羊（Barbary goat）分布范围相对较广。东亚山羊的群体规模也占全球的约 1/4，但其分布范围都较小。

第五节　家黄牛的起源和现状

在分类学上，黄牛属于偶蹄目（Artiodactyla）反刍亚目（Ruminantia）牛科（Bovidae）牛亚科（Bovinae），其种群非常庞大。自从其在新石器时代被驯化以来，家黄牛广泛参与人类文明的历史进程。最新的研究表明，现代家黄牛可能起源于新月沃地，其遗传组成可能有南欧野牛种群的贡献。伴随着人类的迁徙，家黄牛种群逐渐分散到亚洲、非洲、欧洲等地区。它们适应不同的环境，在外貌和性能上都发生了很大的分化。几乎所有见诸报道的现代家黄牛的 mtDNA 序列都属于单倍型 T，根据线粒体染色体 D 环上长约 240bp 的序列的区别，单倍型 T 可进一步细分为 5 种常见的单倍型（T、T1、T2、T3 和 T4）。

一、家黄牛的起源

（一）亚洲家黄牛的起源

家黄牛驯化遗迹最早可以追溯到公元前 8800～前 8300 年的新月沃地，以及公元前 7300～前 6800 年的印度河流域。在东北亚地区，最早的家黄牛出现在公元前约 3000 年。亚洲黄牛主要有 4 种不同的 mtDNA 单倍型（T、T1、T2 和 T3）类群。单倍型 T3 广泛存在于欧洲黄牛群体，在欧洲发现的新石器时代牛 DNA 中也发现了此单倍型。欧洲北部和中部的野牛只具有与之不同的单倍型 P。因此，这些野牛不是欧洲家黄牛的母系祖先。相比之下，亚洲西南部的野牛携带着在现代家黄牛群体中广泛存在的 mtDNA 序列标记，这符合家黄牛起源于新月沃地的观点。作为东亚黄牛种群驯化遗传标记的单倍型 T4 与 T3 也具有很高的序列相似度。这表明黄牛在西南亚被驯化之后，逐渐扩散到非洲和东亚，并在这些地区发生了进一步的群体分化。

和世界各地一样，在中国的家黄牛的驯化是一个漫长和渐进的过程。通过对 236 份华南地方牛样品中 31 个血液蛋白标记的遗传变异分析，结果表明中国地方牛品种具有较高的遗传多样性。黄河中下游流域是亚洲原牛（*Bos namadicus*）和纳马迪牛（*Bos primigenius namadicus*）的早期驯化中心。在 8000～10 000 年前的新石器时代，这两个野生牛种在当地的分布区域有所重叠。据考古学证据估计，前者当时可能占据了从黑海沿岸到蒙古高原和黄河上游流域的广阔地区，后者的分布中心可能在澜沧江中游地带。就物种层次而言，这两个野生群体是中国的家黄牛的基本血统来源。驯化中的混血群体在向黄河上游流域和北方传播的过程中，不断地与亚洲原牛群体融合。同时，欧洲原牛（*Bos p. primigenius*）的血统也渗入到这些地区的家黄牛群体中。汉江和淮河流域是最早受到黄河中、下游流域养牛文化影响并饲养半驯化群体的地区。大约在有历史记录的时期前后，家黄牛群体进一步向南扩散。在向南扩散的过程中，家黄牛陆续融合了瘤原牛和大陆爪哇牛（*Bos javanicus birinanicus*）的一部分血统。根据地域和血统，可以将中国家黄牛分为三大类：北方牛（以亚洲原牛血统为基础，略含瘤原牛、欧洲原牛的血统）、中原牛（以亚洲原牛和瘤原牛的血统为基础）、南方牛（以瘤原牛、亚洲原牛血统为基础，部分品种融合了大陆爪哇牛血统）。

（二）非洲家黄牛的起源

对于 9000 年前非洲是否已发生黄牛驯化事件，目前学界尚有争议，但有诸多化石记录可以证明在公元前 6000 年非洲已经出现了家黄牛。在非洲家黄牛中，mtDNA 的 T1 单倍型群体是优势群体。单倍型 T1 与 T3（亚洲西南部家黄牛群体单倍型）在序列上的差别只有两个突变位点。因此，二者的同源性很高。这表明黄牛在西南亚被驯化之后，逐渐扩散到非洲和东亚，并在这些地区发生了进一步的群体分化。

近年来，部分学者指出，部分非洲家黄牛可能起源于非洲本土。目前所发现的最早的非洲牛驯养遗迹在南埃及，据测定，其年代为公元前 11 000～前 6000 年，远早于现今已发现的亚洲黄牛驯化事件。在西非采采蝇区的家黄牛群体中几乎没有东亚、中东或欧洲的黄牛的血统。亚洲黄牛血统融入非洲黄牛可能最早开始于公元 7～8 世纪，在现今的东非和萨赫勒地区的家黄牛群体中可以清楚地发现这种迹象。有考古学家认为，在亚洲的黄牛通过非洲之角传播到非洲南部之前，当地就已经有黄牛群体的存在。基于非洲南部桑加地区家黄牛的基因分析也印证了此观点。

（三）欧洲家黄牛的起源

在更新世，古代欧洲野牛种群的分布区域随着间冰期和冰期的出现而分别扩大与缩小。在约 11 000 年前最后一次冰消作用之后，除斯堪的纳维亚半岛北部、俄罗斯北部和爱尔兰之外，几乎整个大陆都有古代欧洲野牛的分布。虽然考古数据表明，近东和印度河流域是牛的主要驯养与传播中心，但考虑到欧洲野牛在古代欧洲的广泛分布，欧洲作为黄牛驯化中心的可能性也是存在的。

根据对不列颠群岛、斯堪的纳维亚半岛、北欧、中欧、南欧、近东、非洲和东亚的现代家黄牛种群的大量研究，欧洲和中东的家黄牛群体的 mtDNA 序列都属于单倍型 T。因此，欧洲黄牛最可能的驯化中心是近东地区。在不列颠群岛的旧石器时代古代欧洲野牛遗迹表明，当时存在一个高度分化的 mtDNA 单倍型群体——单倍型 P 群体，而现代家黄牛群体中已不存在此群体。单倍型 P、T 的线粒体染色体 D 环区域的差异核苷酸数仅为 8bp。任何现代欧洲野牛群体中都没有检测到单倍型 P，结合欧洲和中东的单倍型 T 群体的系统发育学研究，可以分析得知欧洲的家黄牛是其近东祖先的后裔。

二、家黄牛的现状

在世界前十大黄牛品种中欧洲有 8 个，前 82 个品种中有 42 个（分布于 5 个或更多国家的品种）。世界范围内分布最广泛的黄牛品种是荷斯坦奶牛，它至少在 128 个国家有报道，并且在几乎所有主要农业区域都有分布；其次就是娟姗牛（Jersey cattle，乳用，分布于 82 个国家）、西门塔尔牛（Simmental cattle，乳、肉、役兼用的大型品种，分布于 70 个国家）、瑞士褐牛（Brown Swiss cattle，乳、肉、役兼用型，分布于 68 个国家）和夏洛莱牛（Charolais cattle，肉用，分布于 64 个国家）。

较成功的欧洲牛种几乎都起源于欧洲西北部，主要是英国（前 47 个品种中的 11 个）、法国（6 个品种）、瑞士和荷兰。较少数来自欧洲大陆的南部和东部。这些品种许多是以传统品种为基础的，这些传统品种在中世纪或更早时候就已出现，通常由贵族、富人或修道院资助进行培育。伴随着种畜登记簿和育种协会的形成，这些品种在 19 世纪被进一步规范。有几个重要的品种是在小岛上或者偏远的山脉地区培育的，如娟姗牛（Jersey cattle）、更赛牛（Guernsey cattle）、西门塔尔牛（Simmental cattle）、瑞士褐牛（Brown Swiss cattle）、安格斯牛、皮埃蒙特牛（Piedmontese cattle）、加洛韦牛（Galloway cattle）和高地牛（Highland cattle）。欧洲品种主要在美国和澳大利亚得到了进一步的发展，其肉产量和奶产量通常超过了它们原产地的生产水平。它们也是培育能够适应温带地区的新品种的基础，如美国的无角海福特牛（Polled Hereford cattle）、红安格斯牛（Red Angus cattle）和乳用德温牛（Milking Devon cattle）。前五大欧洲品种（荷斯坦牛、娟姗牛、西门塔尔牛、瑞士褐牛和夏洛莱牛）在 11 个以上的非洲国家、16 个拉美和加勒比地区及 5 个以上的亚洲国家都有报道。在拉美和加勒比地区，殖民者将欧洲牛种进一步培育成多个不同的品种，其中占主导地位的是克里奥尔牛（Creole cattle）。欧洲品种已经和多个热带地区的品种杂交产生新的品种，以能够更加适应热带环境。

亚洲品种在世界上的分布范围仅次于欧洲牛。亚洲品种主要包括婆罗门牛（分布于 45 个国家）、沙希华牛（Sahiwal cattle）（29 个国家）、吉尔牛（Gir cow）、辛地红牛（Red Sindihi cattle）、印度-巴西牛（Indo-Brazilian cattle）、格什拉特牛（Guzerat cattle）和内罗门牛（Nellore cattle）。这些品种都是有肩峰的瘤牛（*Bos indicus*），而不是无肩峰的普通黄牛（*Bos taurus*）。在原产地以外，亚洲品种在同属热带的拉丁美洲和非洲分布最广。沙希华牛起源于巴基斯坦和印度，它已经被引入到 12 个非洲国家。在一些发达国家，纯种亚洲品种的分布范围很小。然而，基于亚洲品种血统的培育品种对美国热带地区和澳大利亚北部地区有重要影响，这些地区的黄牛主要是肉用品种，其主要代表有婆罗门牛，起源于印度，在美国得到改良，分布于拉丁美洲 18 个国家和非洲 15 个国家。分布于其他热带地区的杂交品种，同样具有很大程度的亚洲家黄牛血统，如圣格鲁迪牛（Santa Getrudis cattle），由短角牛与婆罗门牛杂交培育而来，分布于 34 个国家；布郎格斯牛（Brangus cattle），或译布兰格斯牛，由安格斯牛与婆罗门牛杂交培育而来，分布于 16 个国家；肉牛王牛（Beef Master cattle），由短角牛和海福特牛与婆罗门牛杂交培育而来；西门婆罗牛（Simbrah cattle），由西门塔尔牛与婆罗门牛杂交培育而来；婆罗福特牛（Braford cattle），由婆罗门牛与海福特牛杂交培育而来；抗旱王牛（Drought master cattle），由短角牛与婆罗门牛杂交培育而来；夏白雷牛（Charbray cattle），由夏洛莱牛与婆罗门牛杂交培育而来；澳大利亚弗里斯兰沙希华牛（Australian Friesian Sahiwal cattle），由荷斯坦牛与沙希华牛杂交培育而来。还有些品种主要分布于其亚洲原产地，分布于两个以上的亚洲国家的品种包括：哈里亚纳牛（Hariana cattle）、斯里牛（Siri cattle）、孟加拉牛（Bengali cattle）、伯哈格那瑞牛（Bhagnari cattle）、堪噶亚姆牛（Kangayam cattle）和康科雷其牛（Khilari cattle）。亚洲的品种这部分没有提中国品种。

非洲家黄牛品种极少由原产地向非洲以外地区扩散。恩达麻牛（Nda hemp cattle），分布在 20 个非洲西部和中部国家，被认为起源于几内亚福塔贾隆高原（Fouta-Djallon）。博兰牛（Boran cattle），是由埃塞俄比亚博拉纳（Borana）部族的牧民培育，并由肯尼亚农场主改进的品种，在 11 个国家中都有报道，其中 9 个在非洲的东部、中部和南部，其余在澳大利亚和墨西哥。南非牛（Africander cattle），是在南非分布最广的地方品种，它在非洲另外 8 个国家也有一定的分布，非洲以外分布区域只有澳大利亚。津巴布韦产的图利牛（Tuli cattle）分布于 8 个国家（4 个在非洲南部，其余在阿根廷、墨西哥、澳大利亚和美国）。非洲品种已经和欧洲品种杂交培育出一些新品种。邦斯玛拉牛（Bonsmara cattle），在南非通过南非牛与海福特牛和短角牛杂交培育而成。先尼博尔牛（Senepol cattle），由恩达麻牛与无角红牛杂交培育而成，在美属维尔京群岛进一步培育后引入美国。贝尔蒙特红牛（Belmont Red cattle），由南非牛与海福特牛和短角牛杂交培育而成。

第六节　家水牛的起源和现状

家水牛（*Bubalus bubalis*）是亚洲重要的家畜，对许多发展中国家的农村经济有着重要的贡献，是牛奶、生料、肉和皮的重要来源之一。如今，现存的家水牛主要分布在亚洲，在印度、尼泊尔、不丹和泰国等地区还存在野生水牛群体。

一、家水牛的起源

家水牛主要分布在亚洲，欧洲历史上可能曾有零星分布。家水牛由野水牛驯化而来，其驯化历史至少已有7000年。根据目前所知的考古学成果推测，最早的驯化中心在印度次大陆。在有记录的历史时期内，河流型水牛自被驯化后一直向西蔓延到巴尔干半岛、希腊、埃及和意大利（大约在中世纪早期），而沼泽型水牛则通过从印度阿萨姆邦和孟加拉国传播至东南亚地区，并继续北上，传入中国的长江流域。

水牛广泛分布于中国西南部和长江流域的东南部地区，在北方如山东省和陕西省也有少量分布。从体型、外貌、皮毛、生物学特性、染色体核型等方面考量，中国的水牛属于沼泽型水牛，可分为14个地方型。有些种类，如上海水牛，已经灭绝多年了。现今所知年代最早的中国驯养水牛的考古痕迹是在河姆渡和罗家角遗址发现的水牛遗骨，距今已有6000～7000年。尽管目前学界对中国的沼泽型水牛的遗传学知之甚少，但关于中国的家水牛的起源有两种假说，一种是来自南亚，另一种是来自中国境内。

二、家水牛的现状

家水牛是一种重要的动物资源，原产亚洲，在至少67个国家作役用、奶用和肉用。水牛主要分为河流型水牛（*Bubalus bubalis bubalis*）和沼泽型水牛（*Bubalus bubalis carabanesis*）两类。这两种类型的水牛在形态上截然不同，河流型水牛的身体是黑色的，角通常是弯曲的；而沼泽型水牛通体深灰色，喉咙处有一条或两条白色条纹，有的呈白色V字形，角相对较直且颜色较淡。这两种类型水牛的染色体数目不同，河流型水牛 $2n=50$，沼泽型水牛 $2n=48$，沼泽型水牛缺少一对染色体是由于其发生了4号和9号染色体的串联融合。斯里兰卡水牛是一个例外，尽管其表型与沼泽型相似，但它们有50条染色体，并可与河流型水牛种群自由杂交。河流型水牛起源于印度次大陆，一直向西蔓延到巴尔干半岛、希腊、埃及和意大利，而沼泽型水牛则遍布东南亚，从西部的印度阿萨姆邦和孟加拉国一直到中国的长江流域。目前，河流型水牛和沼泽型水牛的分布范围在印度东部（阿萨姆邦）与孟加拉国有所重叠。

全球水牛的数量约为2.02亿头，其中81.5%的水牛为河流型水牛。水牛群体主要集中在亚洲（约1.96亿，占全世界的97%），其他相对较大的群体分布在非洲（约340万）和南美洲（约200万）。近69%的河流型水牛产于印度，而63%的沼泽型水牛产于中国。根据联合国粮食及农业组织数据库中43个国家的水牛数据，对2008～2017年的种群数量进行了分析。总体上，河流型水牛数量的增长速度为约180万头/年，大多数国家的河牛数量保持稳定或增加。相比之下，沼泽型水牛的数量同期减少18万头/年（尽管在2014～2016年有所增加）。各国之间有巨大差异，中国和缅甸的水牛数量有所增加，而在马来西亚、柬埔寨、印度尼西亚、菲律宾、泰国和越南，水牛数量持续下降了3～5年，之后趋于稳定。

河流型水牛主要分布在印度和巴基斯坦，主要品种有摩拉水牛（Murah buffalo）、尼里拉菲水牛（Nili-Ravi buffalo）、昆迪水牛（Kundi buffalo）、贾法拉巴迪水牛（Jafarabadi buffalo）和纳格普里水牛（Nagpuri buffalo）。欧洲地中海沿岸地区也分布着少数河流型水牛，地中海水牛约占世界河流型水牛种群的3%，其分布范围包括意大利、保加利亚、罗马尼亚、希腊、土耳其、埃及、伊朗、伊拉克和叙利亚。河流型水牛主要用于产奶，在许多国家也普遍用于产肉。在一些欧洲国家（如意大利），水牛肉的消费量正在增加，部分原因是与牛肉相比，其胆固醇含量较低（约2/3）。河流型水牛奶在印度次大陆很受欢迎，其剩余的产品则可以加工成黄油、酥油、炼乳、凝乳、尤其是奶酪。由于脂肪和蛋白质含量高于奶牛（河流型水牛分别为6%～9%和4%～5%，奶牛则分别为3.4%和3.5%）。因此，河流型水牛奶特别适合奶酪生产，如源自意大利的"莫扎里拉"奶酪只能用河流型水牛奶制成。水牛酸奶在东欧和土耳其很受欢迎，而在欧洲和近东，水牛奶的销售价格通常高于普通牛奶。

世界范围内的沼泽型水牛群体在表型上没有太多分化（除了部分群体有白色和斑点突变），它们主要用于农业劳动，少量用于产肉。随着生产力的提升，农业机械化和城市化导致世界上的沼泽型水牛数量日益减少，而柬埔寨、印度尼西亚、菲律宾、泰国和越南近年来对水牛肉需求的增加，使得沼泽型水牛群体呈现小规模的增长。

第七节　家马的起源和现状

最早约5500年前发生的马驯化是古代人类最重要的技术创新之一。马匹的应用提升了运输的效率，并改变了贸易和战争的方式，对整个人类文明的政治、经济和社会关系都产生了深远的影响。在机动车广泛应用之前，马匹运输是社会的最主要的运输方式。实际上，直到现代社会，马仍然在社会中承担着一定的运输功能。

一、家马的起源

更新世晚期，在欧洲、亚洲和北美洲的开阔平原上都分布有野马群体，在北非也有野马存在的证据。直到冰河时代末期，世界范围内所有野马的活动范围都大大缩小了。在北美洲，由于气候和植被的变化，野马群体急剧缩小，并于约公元前10 500年灭绝。在欧亚大陆，只有两个野马亚种幸存到了人类的有史时代，即太盘野马（Taipan mustang）和蒙古野马（又称普氏野马，学名 *Equus ferus*）。

欧亚大陆的野马被驯化后逐步传播至整个世界范围，形成了现今散布于世界的家马群体。目前所知最早的马驯化考古学证据出自乌克兰南部的德雷夫卡（Dereivka）青铜时代文化遗址，位于近代太盘野马群体的分布区域内，这是家马起源于太盘野马的直接证据。并且，家马的染色体数为64条，太盘野马的染色体数与家马一致,而蒙古野马有 66 条染色体。因此,目前学界广泛接受的观点是:家马起源于太盘野马。有趣的是,家马和蒙古野马能够产生有完整繁殖能力的杂交后代,并且家马和蒙古野马在形态特征上又有许多相似之处。因此,有学者认为家马很可能含有蒙古野马血统。

目前,在世界范围内太盘野马已经灭绝。较为详细的太盘野马文献记载可见于 18～19 世纪,最后的太盘野马群体于 1918 年或者 1919 年在波兰彻底灭绝。蒙古野马也濒临灭绝。目前,只有在欧洲动物园中的个体(20 世纪初在蒙古草原中捕获的蒙古野马后代)得以幸存。

目前,中国境内的家马主要是蒙古马及其衍生群体。蒙古马是世界上最古老的马品种之一。内蒙古多个地区出土了上新世三趾马与更新世蒙古野马的骨骼和牙齿化石。战国时期(公元前 475～前 221 年),北方地区普遍养马,以至于匈奴帝国被称为马的王国。大量的匈奴马在汉朝被输入中国中原地区。大约在宋代,蒙古马传入东北地区。到清末,在我国北方牧区的蒙古马群体规模达 4 万匹之多。

二、家马的现状

马遍布世界各地,且在历史上一直与人类同在,发挥着各种各样的用途,包括日常运输、农作和战争。如今,由于其力量、敏捷、体型和速度,马匹主要用于个人娱乐和体育比赛。像其他动物一样,马也是全球生物多样性的重要组成部分。如果不能采取有效的保护措施,肯定会导致家马遗传资源的大量流失。现代社会广泛利用马作为运动或观赏动物,有助于刺激人们对维持家马遗传多样性的需要。另外,广泛使用少数优秀种马的精液进行人工授精,也是对家马遗传多样性的威胁。

大约在 5000 年前,西伯利亚的北方游牧民族已经将野马驯服。在 19 世纪中叶,大型马被广泛用于农业、林业、煤矿、其他重型机械的拉拽。随着内燃机的出现,马的作用变得黯然失色。然而,它们仍被用于某些农业地区,特别是东欧、亚洲、非洲、中美洲和南美洲。此时,马在农业生产中的重要性已经下降到微不足道的程度。不过也有例外,美洲西部和拉丁美洲牧场的"牛仔"使用马进行放牧。驮马仍然是一些发展中国家的重要运输工具,马也被军队用于探险、骑乘和运输。随着 20 世纪以来的机械化发展,马在人类生产中的作用越来越小。自 20 世纪以来,赛马业蓬勃发展,马更多地作为运动动物,这也是一个很有前途的新兴领域。马术也是正式的奥运项目。近年来,马被用于旅游、医疗、休闲娱乐、社会康复或社交活动,其具有独特的审美和文化价值。除此之外,也有部分家马是作肉用。在欧洲,每年约屠宰 10 万匹马以作肉用。联合国粮食及农业组织估计,2008 年全世界生产了 752 913t 马肉。除此之外,马业在一个国家的社会经济和环境部门中发挥着重要作用。

据统计，全世界马的总数约有 8000 万匹。美国的马匹总数最多，大约有 950 万匹。其他马匹数量超过百万的国家是墨西哥、巴西、中国、蒙古国、哈萨克斯坦、俄罗斯、阿根廷、哥伦比亚和埃塞俄比亚。人均马匹数呈现明显的大洲分布特征，世界上每千人有 9.1 匹马。拉丁美洲和加勒比地区的人均马匹数最高，为每千人 46.4 匹，其次是南美洲 41 匹，北美洲 28.7 匹，大洋洲 11.1 匹，欧洲 8.9 匹，非洲 4.6 匹，亚洲 3.7 匹。

家马品种数量占世界哺乳动物品种总数的 10.33%，远远超过了它们的数量比重。全球各地分布着数百个家马品种。根据联合国粮食及农业组织粮食和农业动物遗传资源全球数据库的报告，除去 87 个已灭绝的品种，目前共有 786 个家马品种，地方品种共有 570 个。欧洲的本地品种最多，共有 269 个。时至今日，家马品种遗传资源面临着严重的威胁。已知的 786 个家马品种中，95 个（约占 12%）为濒危品种，24 个（3%）为极度濒危品种，87 个（11%）为灭绝品种。在 87 个灭绝的马品种中，仅欧洲就有 71 个。

第八节　家驴的起源和现状

关于家驴的起源，目前尚有诸多争议。最为学界接受的观点是：现代家驴的祖先在非洲，世界范围内的家驴均为非洲家驴的后裔。然而，也有学者持不同意见，他们的依据是在西亚阿拉伯半岛的野驴遗骸。因此，驴是在非洲还是在近东被驯养的，目前还没有定论。

一、家驴的起源

（一）非洲家驴的起源

广为接受的观点认为，非洲野驴是所有现代家驴的野生祖先。因为最早的家驴遗骸是在古埃及遗址中发现的，考古学家推断它们是由居住在埃及尼罗河流域的村民从当地的努比亚野驴（*Equus africanus africanus*）驯化而来的。弗林德斯·皮特里（Flinders Petrie）在埃及塔尔汗（约公元前 2850 年）的第一王朝墓穴中发现了 3 具家驴骨骼。在埃及阿拜多斯（Abydos）的一位古埃及国王（约公元前 3000 年）的陵寝群附近的砖砌墓穴中发现的 10 具具有完整关节结构的家驴骨骼，是迄今为止发现的最早、数量最多的家驴骨骼。根据最新的考古学研究，可能最早在 6000 年前，非洲牧民就已经开始驯养野驴，以应对撒哈拉沙漠日益干旱的状况。据推测，在非洲东北部区域内可能发生过多次驴驯化事件。

现代驴 mtDNA 的最新遗传学研究表明，非洲野驴有两个亚种：索马里野驴和努比亚野驴。这两种野驴都曾出现在古埃及王朝遗址上，如图坦卡蒙国王墓中对野驴狩猎的描写。由于许多家养有蹄类动物比它们的野生祖先要小，而且根据古埃及王朝遗址中的驴骨骼碎片也可以发现，随着时间的推移，埃及驴的体型越来越小，因此体型较大的驴通常被认为是非洲野驴，而体型较小的通常被认为是家驴。基于此，在古埃及史前定居点奥马里（El Omari，公元前 4600～前 4400 年）、马阿迪（Maadi，公元前 4000 年上半叶）和希拉孔波利斯（Hierakonpolis，约公元前 3600 年）发现的驴遗骸可能是最早的家驴遗骸。因此，非洲驴的驯化可以追溯到公元前 5000 年晚期和公元前 4 世纪上半叶。

（二）亚洲家驴的起源

通常认为，亚洲家驴均为非洲家驴的后裔。然而，20 世纪 80 年代，动物考古学家在亚洲西南部的叙利亚、伊朗和伊拉克的遗址中发现了可追溯到公元前 2800～前 2500 年的驴骨。这可能为亚洲家驴的起源提供了另外一种可能，即亚洲家驴起源于亚洲野驴。

家驴大规模传入中国是在有史时代以后，其在中国的传播路线也反映于文字记载，亚洲野驴的各亚种包括藏野驴和蒙古野驴，都不是中国家驴的始祖。虽然有中亚、西亚在纪元前家养亚洲野驴的证据，近年来也有关于它们与家驴杂交成功的报道，但亚洲野驴核型和家驴差异很大（亚洲野驴 $2n=55$ 或 56，而家驴 $2n=62$），在自然和家养条件下与家驴杂交相当困难，即使它们对我国家驴的血统有贡献，也是微小的。

中国毛驴的遗传多样性是世界上最丰富的。毛驴在中国中部、东北部和西部的 17 个省区市广泛分布。它们也出现在中国东北三省的寒冷气候中。1978 年对外开放后，许多地区的驴数量迅速减少，特别是在快速发展的地区。我国品种保护计划保护了许多驴的品种，如著名的关中驴，保存了它们的遗传资源。在欠发达地区，驴仍然是重要的家畜，广泛用于运输及作为肉类和中药原料。近年来，市场对驴肉的需求迅速增加。驴肉的不饱和脂肪酸含量，尤其是生物价值极高的亚油酸、亚麻酸的含量，都远远高于猪肉、牛肉。"天上龙肉，地上驴肉"，是人们对驴肉的最高褒扬。市场给予驴肉绿色食品的价格，养殖效益较高，因此毛驴的饲养量有所增加。

（三）欧洲家驴的起源

迄今为止，欧洲家驴的起源和进化仍有争论。达尔文的理论认为欧洲家驴源自一个单一的非洲家驴种群。然而，有学者指出，欧洲家驴可能有两个来源：努比亚野驴（Equus africanus africanus），来自尼罗河流域，它们是大多数北非品种的祖先；索马里野驴，它们可能是西南亚地区和大多数欧洲地区家驴的祖先。也有学者支持两种不同的祖先来源的理论：一种是起源于非洲东北部的非洲毛驴，另一种是起源于地中海盆地，特别是巴利阿里群岛的欧洲东部驴种，它们是欧洲驴种的主要来源。有关研究对欧洲家驴染色体的 15 个微卫星位点进行了分析，发现某些欧洲家驴和非洲驴群具有更加紧密的亲缘关系，这支持了某些欧洲家驴品种起源于非洲的理论。

二、家驴的现状

在世界范围内，家驴主要是作役用，包括骑行、运输、农田耕作和其他的农业工作。某些地区其也作奶用，但不常见。相对于奶用，肉用更为广泛。在某些发达国家，家驴是专门为娱乐、展示或陪伴而饲养的。

联合国粮食及农业组织提供的世界家驴资源报告中最早的数据是在 1961 年，当时世界家驴数量为 3700 万头。从那时起，世界家驴数量稳步增加，直至现在的大约 4400 万头。在世界范围内，各地区的家驴数量分布不均匀，大多数家驴分布在半干旱地区和山区。

在过去的 50 年里，非洲家驴的总数增加了约 60%，从 850 万头增加到了 1370 万头。与世界范围内的变化趋势类似，非洲国家之间家驴数量的增长不均衡。在半干旱地区，特别是西非萨赫勒、埃塞俄比亚和埃及，家驴数量增长较多。在萨赫勒国家（布基纳法索、马里、毛里塔尼亚、尼日尔、塞内加尔和乍得），家驴的数量增长了约 1.5 倍，从 90 万头增加到了 230 万头。据估计，塞内加尔和冈比亚的家驴数量增加了 10 倍多。西非的半湿润和潮湿地区（几内亚和尼日利亚等），家驴的数量相对稳定。在北非，家驴的数量出现了多种趋势。在埃及和突尼斯，家驴的数量一直在稳步增加。埃及的家驴数量从 90 万头增加到了 170 万头。摩洛哥、利比亚和阿尔及利亚的家驴数量都有所下降。在过去的 50 年里，环撒哈拉国家（包括北非和萨赫勒国家）驴的数量从大约 400 万头增加到了约 700 万头。有史以来，埃塞俄比亚就是世界上有名的养驴国家，现在其家驴数量更是非洲最多，也是世界第二多。其家驴数量从约 300 万头增加到了约 500 万头。在中非潮湿的森林地区，包括刚果（金）、刚果（布）、加蓬和中非，家驴的数量非常少。然而，在这些国家干旱的大草原地区，家驴的数量正在增加。在可预见的将来，中非的家驴总数可能会大幅增加。据估计，在过去 10 年里，马拉维和赞比亚的家驴数量翻了一番，达到 2000 头。在博茨瓦纳和莱索托这两个南部非洲国家，在过去的 50 年里，家驴的数量稳步增加。博茨瓦纳的家驴数量增加了 10 倍，达到 23.5 万头。莱索托属于多山国家，其家驴数量在 50 年内增加了约 2 倍，从 5.4 万头增加到了 15.2 万头。

在美洲，墨西哥庞大的家驴数量一直在波动，但总的趋势是从 270 万头增加到了约 330 万头。中美洲的家驴数量要少得多，而且一直相当稳定。在南美洲，巴西的家驴数量最大，在过去的 50 年里增长到了 150 万头。在美洲大陆的北部和西部，家驴的数量一直在增加。在过去的 50 年里，哥伦比亚的家驴数量翻了一番，厄瓜多尔、秘鲁和玻利维亚的家驴数量也大幅度增加。巴拉圭的家驴数量也有所增加。在阿根廷和智利，家驴的数量较少，而且一直在缓慢下降。乌拉圭、圭亚那、苏里南和法属圭亚那几乎没有家驴。加勒比地区的家驴数量相当稳定。美国的家驴数量一直在减少，1931 年，估计其家驴数量为 4.8 万头，1950 年为 1.4 万～3.1 万头，而在 1960～1970 年仅为 4000 头。

中东国家使用家驴的历史很长，但其家驴数量变化很大。在一些地区，家驴数量正在迅速下降。例如，土耳其的家驴数量从 170 万头已减半至 80 万头。伊拉克的家驴数量下降幅度更大（从 100 万头减少为 16.4 万头）。相比之下，伊朗的家驴数量从 120 万头增加到了 230 万头，目前基本保持在 190 万头左右。同样，阿富汗的家驴数量从约 70 万头增加到了 140 万头，此后相对稳定在 120 万头左右。沙特阿拉伯、叙利亚和也门的大量家驴种群的数量在近十年内相对稳定，而阿曼的家驴数量则少得多。虽然在过去的 50 年里，以色列、约旦和黎巴嫩的家驴数量逐渐减少，但在最近 10 年里，家驴的数量几乎没有变化。乌兹别克斯坦大约有 15 万头家驴，哈萨克斯坦有 4.5 万头，塔吉克斯坦有 3.5 万头，土库曼斯坦有 2.5 万头。中国大约有 1100 万头家驴，约占世界家驴总数的 1/4，自有记录以来一直相对稳定。在巴基斯坦，家驴的数量从 90 万头猛增到 390 万头。印度的家驴数量近十年内也从 100 万头增加到了约 160 万头。在南亚和东亚的热带地区，家驴数量较少。大洋洲的家驴数量较少（总共约 1 万头），其中萨摩亚的家驴数量最多（7000 头）。

中欧国家和西欧（英国）在过去的 50 年里，家驴的数量较少，但基本保持稳定。其他国家，包括法国和爱尔兰，家驴数量在最近几十年里出现了大幅下降（法国从 18.5 万头下降到 2.5 万头；爱尔兰从 14.8 万头下降到 1.4 万头）。现在，英国 1 万头家驴中有一半以上是由德文郡的家驴保护区饲养的。历史上，欧洲的南部有大量的家驴。然而，在过去 50 年里，这一数字明显下降。意大利的家驴数量减少了 96%（79 万头下降到 2.7 万头）。在过去 50 年中，西班牙家驴数量（从 80.5 万头下降到 9 万头）和希腊家驴数量（从 40.4 万头下降到 11 万头）也出现了大幅下降。在葡萄牙，家驴数量下降的幅度较小（从 27.5 万头下降到 15 万头）。尽管最近家驴数量有所下降，但是欧盟仍有超过 40 万头家驴。在东欧，保加利亚有 29.1 万头家驴，现在是欧洲家驴数量最多的国家。这低于 1980 年发现的 33.7 万头，但远远超过 1949 年报告的 17.8 万头。在阿尔巴尼亚，1949～1980 年家驴数量基本是稳定的（约 50 000 头），但如今翻了一番（113 000 头）。几十年来，罗马尼亚的家驴数量一直保持在 3.3 万头左右。在东欧的大多数国家，家驴数量较少，但相对稳定。

第二章　动物种群遗传演变动力学

动物种群是根据动物生态、形态、遗传种群进行分类的全称。种群有不同的层次，如类群、品种（系）、地域群等。种群是不断发展的，遗传特性的演变就是遗传资源的变化。本章阐述了分散过程（dispersive process）和系统过程（systematic process）在种群演变过程中的作用，并对分散过程中遗传漂变、建立者效应、瓶颈效应和分群过程进行了详细介绍；同时，从决定种群遗传演变作用角度对突变、迁移和选择进行讨论，并着重讨论影响群体遗传多样性的因素和相应措施。

遗传变异是同一物种个体之间自然发生的遗传差异。这种变异使得种群在面对不断变化的环境时具有灵活性和生存能力。因此，通常认为基因变异是一种优势，因为它是为意外做准备的一种形式。但是基因变异是如何增加或减少的呢？这是本章集中讨论的问题。

随着时间的推移，基因变异的波动对种群有什么影响？动物群体大多数位点上有频率不等的等位基因，大多数个体在这些位点是杂合子。群体基因库实际上是由各位点上彼此各异的一系列基因型构成的。在相应的环境中，基因型频率变化保证了群体的适应性和生存力。近交让隐性性状得以表现，人工选择导致高度的性状分化。这就是平衡模型（balance model）假说的主要内容。它适合大多数家畜种群。种群遗传演变是永不停止的，遗传平衡是相对的。

种群发生遗传演变由多种动因引起，从群体遗传学角度可将其分为系统过程和分散过程。系统过程是指导致群体的基因频率向特定方向发生变化的过程，主要包括选择和迁移。分散过程是指导致群体的基因频率发生无方向性变化的过程，主要由基因频率在世代传递过程中的随机抽样误差即遗传漂变（genetic drift）所造成[1]。下面分节讨论。

第一节　分散过程作用

分散过程中基因频率数值的变化可以预见或估算，但是其变化方向仍不能确知。推动这一过程发展的动力称为分散压力（dispersive pressure）。遗传漂变具有以下特性：①无方向；②无后效；③群体越小，其值越大；④基因频率为 0.5 时，其值最大，基因频率越趋近极端值，其值越小。

---

[1] Ray C. Maintaining genetic diversity despite local extinctions: effects of population scale. Biological Conservation, 2001, 100(1): 3-14.

一、遗传漂变

动物在世代交替过程中，亲代配子随机结合和胚胎随机成活实际上是遗传过程的两次抽样。因此，可以将下一代家畜群体视为来自亲代配子群体的一个随机样本。在这一过程中，无论是否有影响遗传的干扰，若群体规模较小，下一代的实际基因频率都可能由于抽样误差而偏离理论上应有的频率。这种现象称为遗传漂变（图 2-1-1）。遗传漂变是两个世代间基因频率由随机误差引起的变迁，其中群体规模是影响它的一个重要原因。

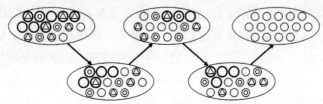

图 2-1-1　遗传漂变示意图

（一）遗传漂变的马尔可夫过程

马尔可夫过程（Markov process）又称为"无后效过程"。它是 1907 年俄国的 Л.Л. Марков 首先描述的自然界中一种随机过程，其特点是当现在的情况已经确定时，以后的一切统计特性就跟过去情况无关了（图 2-1-2）。它可以用来描述自然界中许多事物的发展规律。动物遗传漂变可以由它来描述。

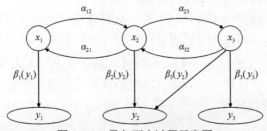

图 2-1-2　马尔可夫过程示意图

x_1、x_2、x_3 代表系统在不同时间点的隐藏状态，y_1、y_2、y_3 代表系统在不同时间点的观测值，α_1、α_2、α_3 代表从一个隐藏状态转移到另一个隐藏状态的概率，$\beta_1(y_1)$、$\beta_2(y_2)$、$\beta_3(y_3)$ 代表从隐藏状态发射出某个观测值的概率

在现实世界中，有很多过程都是马尔可夫过程，如液体中微粒所做的布朗运动、受传染病感染的人数、车站的候车人数等。

在个体数为 N 的群体中，常染色体基因在子一代的遗传漂变有 $2N+1$ 种可能结果；除非流失或者固定，下一代将以第一代遗传漂变结果为起点继续遗传漂变，与第一代的区别仅仅是公式 $P(j) = \binom{2N}{j} q^j (1-q)^{2N-j}$ 中的 q 值。第二代遗传漂变，本质上是以第一代遗传漂变产生的基因频率为均值的另一次随机抽样，与这以前的基因频率无关。以后各世代的情况也类似于此。连续遗传漂变的结果可以用马尔可夫过程计算。

设：N 为群体规模；$P_{i,j}$ 为由遗传漂变使群体中特定位点的某个等位基因的个数从 i 转变为 j 的概率（$i=0,1,2,\cdots,2N$，$j=0,1,2,\cdots,2N$）；t 为世代数；$f_t(q)$ 为第 t 代基因频率为 q 的概率。$q=i/2N$ 或 $q=j/2N$。

当群体大小为 N 时，相应的 i 和 j 之间的转换概率就可以以各种状态（以群体包含特定基因的个数 i 标志）之间的转换概率值为元素建立一个矩阵 $\boldsymbol{P}$。

$$\boldsymbol{P} = \begin{bmatrix} p_{0,0} & p_{1,0} & \cdots & p_{i,0} & \cdots & p_{2N,0} \\ p_{0,1} & p_{1,1} & \cdots & p_{i,1} & \cdots & p_{2N,1} \\ \vdots & \vdots & & \vdots & & \vdots \\ p_{0,j} & p_{1,j} & \cdots & p_{i,j} & \cdots & p_{2N,j} \\ \vdots & \vdots & & \vdots & & \vdots \\ p_{0,2N} & p_{1,2N} & \cdots & p_{2,2N} & \cdots & p_{2N,2N} \end{bmatrix}$$

其次，当 N 为定值时，作为各世代遗传漂变起点的基因频率值 $i/2N$ 有 $2N+1$ 种可能情况。例如，当 $N=2$ 时，5 种可能情况是 $q=0$, 0.25, 0.50, 0.75 和 1。在各世代，各种情况出现概率 $f_t(q)$ 是不等的。$2N+1$ 个概率值构成如下列向量。

$$f_t = \left[f_t(0), f_t\left(\frac{1}{2N}\right), f_t\left(\frac{2}{2N}\right), \cdots, f_t\left(\frac{i}{2N}\right), \cdots, f_t\left(\frac{2N}{2N}\right) \right]^{\mathrm{T}}$$

显然，作为相邻两代特定基因频率间转换可能性参数的矩阵 $\boldsymbol{P}$ 与作为遗传漂变起点的列向量 f_t 之乘积，就是下一代基因频率各种可能数值的概率 f_{t+1}，即

$$f_{t+1} = \boldsymbol{P} f_t$$

例如，当群体 $N=2$ 时有：

$$p_{0,0} = \binom{4}{0}(0)^0(1)^4 = 1$$

$$p_{0,1} = \binom{4}{1}(0)^1(1)^3 = 0$$

$$p_{0,2} = \binom{4}{2}(0)^2(1)^2 = 0$$

$$p_{0,3} = \binom{4}{3}(0)^3(1)^1 = 0$$

$$p_{0,4} = \binom{4}{4}(0)^4(1)^0 = 0$$

$$p_{1,0} = \binom{4}{0}0.25^0 \times 0.75^4 = 0.3164$$

$$p_{1,3} = \binom{4}{3}0.25^3 \times 0.75 = 0.0469$$

$$p_{2,1} = \binom{4}{1}0.5^1 \times 0.5^3 = 0.25$$

$$p_{2,2} = \binom{4}{2}0.75^2 \times 0.25^2 = 0.2109$$

$$p_{4,3} = \binom{4}{3}(1)^3(0) = 0$$

$$p_{4,4} = \binom{4}{4}(1)^4(0)^0 = 1$$

若已确定 $q=0.25$，$f_t\left(\dfrac{1}{2N}\right)=1$，$f_t(0)=f_t\left(\dfrac{2}{2N}\right)=f_t\left(\dfrac{3}{2N}\right)=f_t\left(\dfrac{4}{2N}\right)=0$；这是列向量 f_t 的各元素。转换概率矩阵随 N 确定为

$$\boldsymbol{P}=\begin{bmatrix} 1 & 0.3164 & 0.0625 & 0.0039 & 0 \\ 0 & 0.4219 & 0.2500 & 0.0469 & 0 \\ 0 & 0.2109 & 0.3750 & 0.2109 & 0 \\ 0 & 0.0469 & 0.2500 & 0.4219 & 0 \\ 0 & 0.0039 & 0.0625 & 0.3164 & 1 \end{bmatrix}$$

于是，

$$f_{t+1}=\boldsymbol{P}f_t=\begin{bmatrix} 0.3164 \\ 0.4219 \\ 0.2109 \\ 0.0469 \\ 0.0039 \end{bmatrix} \begin{matrix} \text{（消失）} \\ \text{（维持）} \\ \text{（升到0.5）} \\ \text{（升到0.75）} \\ \text{（固定）} \end{matrix}$$

倘若要在第 t 代预计第 $t+2$ 代情况，对于第 $t+1$ 代的基因频率，就只能以各种可能的数值的概率为依据，利用以下两式中的任何一个都可求出任意一代各种可能的基因频率的概率。

$$f_t=\boldsymbol{P}f_{t-1}$$
$$f_t=\boldsymbol{P}_t f_0$$

（二）遗传漂变的度量

在一个位点，可以把所有的等位基因按照是否是某个特定基因分为两种情况（是或者不是），也就是说，将特定基因的频率和其他所有等位基因的累加频率分别作为二项分布的基础概率进行分析。Wright[1]最先根据二项分布概率讨论基因频率的随机抽样方差。尽管遗传漂变没有确定的方向，但是可以利用基因频率方差来预测它在一代之后的变化大小。基因频率方差是遗传漂变导致的一个世代间的变化大小。若两个性别间个体数相等，两性配子完全随机结合，群体规模为 N，常染色体上某个特定基因的频率为 q，那么基因频率方差为

$$\sigma_{\delta q}^2 = \frac{pq}{2N}$$

若该基因在性染色体上，其他假设前提不变，则基因频率方差为

$$\sigma_{\delta q}^2 = \frac{2pq}{3N}$$

[1] Wright S. Evolution in Mendelian Populations. Genetics, 1931, 16(2): 97-159.

　　由上述两个公式可见，群体规模越小，基因频率方差越大，一代后由遗传漂变引起的基因频率改变量也越大；在基因频率可能的变化范围之间（0~1），基因频率为 0.5 时，其方差最大，而其值越趋近两个极端值（0 或 1）时，方差越小。

　　若在一个规模为 N 的小群体中某个特定基因的一个等位基因频率为 q，那么这个等位基因在群体中的个数为 $i=2Nq$。在遗传漂变作用下，该基因在下一代群体中的个数将有 $2N+1$ 种可能（$0,1,2,\cdots,j,\cdots,2N$）。其中，若该基因个数为 0 时，意味着它丢失；若为 $2N$ 时，意味着固定。每种可能情况的概率可以由二项式 $[(1-q)+q]^{2N}$ 展开求出。特定基因的一个等位基因在下一代群体中的个数为 j 的概率是展开式的第 $j+1$ 项。

$$P(j) = \binom{2N}{j} q^j (1-q)^{2N-j}$$

　　例 2-1-1　在一个群体规模为 $N=10$ 的小群体，某个位点某个等位基因频率 $q=0.5$，因遗传漂变使下一代频率转变的概率如表 2-1-1 所示。

表 2-1-1　遗传漂变使下一代频率转变的概率

频率转变为	j	P
0	0	9.54×10^{-7}
0.2	4	4.62×10^{-3}
0.4	8	0.12
0.5	10	0.18
1	$2N$	9.54×10^{-7}

　　由于群体一代配子可能形成 $2N+1$ 种样本，样本间的基因频率分布近似于以亲代原频率为中值的正态分布。因此，一代之间在特定数值范围内的基因频率转变概率可以由正态分布概率公式来估计。令 q 代表亲代基因频率，q_1 为子代基因频率，则基因频率的标准偏差为

$$\lambda = (q-q_1)/[q(1-q)/2N]^{\frac{1}{2}}$$

　　因而，下一代基因频率偏离亲代一定范围（升高和降低）的概率为

$$\beta = \int_0^\lambda \frac{2e^{-\frac{\lambda^2}{2}}}{\sqrt{2\pi}} d\lambda$$

　　下一代基因频率落在高于或低于原频率（单侧）一定范围内的概率则为

$$\beta = \frac{1}{2} \int_{\lambda_1}^{\lambda_2} \frac{e^{-\frac{\lambda^2}{2}}}{\sqrt{2\pi}} d\lambda$$

　　若在一个规模为 $N=10$ 的小群体，某个位点某个等位基因频率 $q=0.5$，下一代

基因频率偏离±0.1 和±0.3 以内（即分别在 0.4～0.6 和 0.2～0.8）的概率分别是 0.63 和 0.99；下一代基因频率落在 0.2～0.4、0.2～0.5 的概率分别是 0.18 和 0.50。

二、建立者效应和瓶颈效应

建立者效应（founder effect），亦称为奠基者效应、始祖效应。当来自较大群体的一个小样本在特定环境中成为一个新的封闭群体，其基因库仅包含亲本群体的一小部分遗传变异，在新环境中承受的进化压力最终可能使它与亲本群体分化（图 2-1-3）。这种过程的一般规律称建立者原理（founder principle）。在这种由较大群体的一个小样本作为创始者形成新种群的过程中，遗传漂变作用称为建立者效应，即建立者效应是遗传漂变的一种现象。

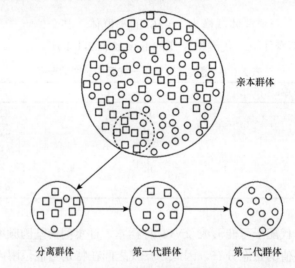

建立者效应频率				
	亲本群体	分离群体	第一代群体	第二代群体
○	0.50	0.20	0.50	1.00
□	0.50	0.80	0.50	0.00

图 2-1-3　建立者效应示意图

瓶颈效应（bottleneck effect）是当大群体经历一个规模缩小阶段之后，以及在遗传漂变中改变了的基因库（通常是变异性减少）又重新扩大时，基因频率发生的变化（图 2-1-4）。

从理论上讲，建立者效应和瓶颈效应的产生具有类似的过程：从大群体抽出一个很小的样本，遗传漂变的巨大压力导致基因频率发生重大变化；小群体扩大，形成不同于亲本群体的新种群。

建立者效应和瓶颈效应是遗传漂变影响种群遗传演变的极端情形。在生物世界一般情况下，遗传漂变对群体基因频率变化的影响较小，不是进化的主要因素。

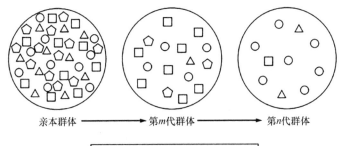

频率分布			
	亲本	第m代	第n代
□	0.25	0.50	0.10
△	0.25	0.06	0.20
○	0.25	0.25	0.60
⬠	0.25	0.19	0.00

图 2-1-4　瓶颈效应示意图

有学者定量地比较突变、迁移、选择与遗传漂变对基因频率变化的影响：在标准条件下，如以 N 为群体规模，X 为突变率或迁移率或选择系数，只有 $4NX \ll 1$ 时，这种变化才主要由遗传漂变决定。当子代规模锐减，即从亲代群体抽样的规模极小，以至出现建立者效应或瓶颈效应时，遗传漂变就可能成为进化过程的关键环节。

　　对于动物在家养条件下的进化，遗传漂变作用可谓非同一般。在通常情况下，家畜基因库由于规模有限经常受到遗传漂变的作用。相对于自然环境中的生物进化，建立者效应和瓶颈效应对家畜品种（群）遗传演变过程有更经常和显著的影响。建立者效应和瓶颈效应对于家畜遗传资源系统分类、保护和开发的研究而言是不可忽视的因素。

（一）驯化阶段

　　家畜在驯化之初，只是来自野生种的一个极小种群。相对于野生种群的规模，偶然落入人类拘禁环境的动物群体显然是微不足道的小样本，其遗传变异内容比野生种基因库贫乏得多。地方品种的形成、以地方品种为基础培育品种（系）的过程都有类似情况。

（二）引种

　　引种是畜牧业中很普通的活动，在育种工作中占有重要的位置。以引种为契机的群体分化是形成地方品种的重要原因。例如，晋南牛、早胜牛与秦川牛的分化有可能源于建立者效应；英系和苏系大约克猪的分化也类似。

（三）濒危品种恢复

　　社会原因导致的动物种群规模的锐减和恢复，远比生物种群规模的自然波动幅度更为显著、迅速和常见。濒危物种的恢复尤为典型，例如麋鹿、亚洲象和藏羚羊等国内濒危动物群体的恢复，均体现了这一现象。同时，也应该注意到这种恢复主要体现在群体数量上，而实际上它们经历了一次瓶颈事件，导致群体结构和多样性等特性已经有显著变化。

目前，我国还有与家畜品种并存的若干个野生种，其中有的仍然保持与家养种之间的基因交流。这些至今幸存的野生种群规模有限，往往分隔成不连续的地理小群体。从遗传漂变角度来说，这些野生种不一定是家畜起源之初的亲本群体，而是从亲本群体经历了多次瓶颈效应的衍生群体。就经济性状来说，从它们与家畜群体的差异可看到原始种群与后继群之间的差异。对于包含人工选择未涉及的基因位点的野生群体，它们是平行于家畜群体的样本，可以同后者一并作为估计原始种群固有遗传多样性的依据。

由于建立者效应，起源相近的种群可能在部分基因位点上出现较大的遗传分化。根据少数多态性位点进行遗传检测的品种分类结果可能存在偶然性，导致个别结论与历史事实和畜牧学常识相悖。涉及种群起源系统的基因频率分布规律，只能通过对具有偶然性的样本的广泛观察来体现，而不能凭借个别事例来确认。更何况迄今多数家畜品种的检测规模相当有限，任何已知的少数事例都不能成为揭示客观规律的先验依据。

目前，我国许多地方品种急速衰减。若将来还有机会恢复的话，那么可以说它们目前已进入"瓶颈时期"（bottleneck stage），如八眉猪、岔口驿马和浦东鸡等。对品种资源保护而言，当前是敏感时期。也有一些品种在原产地大幅度消减之后，一些极小的群体正在成为引种区域的亲本种群，如成都麻羊和同羊。这些品种中，有的有可能保存了固有的遗传多样性从而有必要加以保护，有的需要保持、发展固有的品种特性。无论哪一种情况，目前遗传漂变都可能对以后的品种特性产生深刻影响。

三、分群过程

分群是指孟德尔式群体的再分。一个孟德尔式群体因某些自然或社会原因再分为若干个亚群，亚群间受到交配限制。这种现象在家畜中较常见。这种群体的再分过程与分散过程有些区别。

（一）分群与遗传漂变的比较

分群与遗传漂变两者之间有相似性：分群和遗传漂变一样，亚群与大种群的基因频率的偏差具有随机性，没有确定方向；各亚群和遗传漂变可能产生的各种衍生群一样，基因频率是大种群的一个抽样，理论上两者较为接近。

两者的区别是：亚群基因频率的差别程度由不同的外部原因决定，没有一般性的定量规律，具有一定的随机性；亚群不完全是大种群的随机样本，而是对大种群典型特征有既定偏差的抽样。

（二）华伦德效应

当种群被划分为若干个随机交配的亚群时，就种群全体来说，各种纯合子的频率将以亚群间基因频率方差为比例增加，杂合子频率相应下降，这就是华伦德效应（Wahlund effect）[1]。在包含亚群的大群体中，纯合子频率比细分群体的平均值要高。这是一个普遍的可由数学计算获得的结果，即细分群体中纯合子频率会增加。华伦德效应有许多重要的后果。

当应用哈迪-温伯格（Hardy-Weinberg）定律时，必须了解群体的结构，否则现实中纯合子可能会比 Hardy-Weinberg 定律预期的要多。这就可能会怀疑是选择作用或其他一些因素导致有利于纯合子的产生。事实上，当两个亚群都处于非常好的 Hardy-Weinberg 平衡状态时，这种偏离是由两个不同的亚群无意中聚集在一起造成的。

华伦德效应的第二个后果是，当许多先前细分的群体融合在一起时，纯合子的频率将会降低。当以前孤立的群体与更大的群体接触时，可能会导致罕见的隐性遗传疾病的发病率下降。因为隐性遗传疾病只在纯合状态下表现，当两个群体开始杂交时，纯合子的频率就下降，从而减少发病率。但为什么在包含再分群体的大群体中纯合子的频率会更高呢？下面讨论群体再分的总体效应。

假设一个大种群划分为 K 个同等大小的随机交配亚群，亚群内基因频率和基因型频率分布服从 Hardy-Weinberg 定律。

p_i——第 i 亚群中基因 A 的频率（$i=1,2,\cdots,k$）。

q_i——第 i 亚群中基因 a 的频率（$i=1,2,\cdots,k$）。

$\overline{q}$——大种群中基因 a 的频率（$\overline{p}+\overline{q}=1$）。

则：K 个亚群基因 a 频率的平均数为

$$\overline{q} = \frac{1}{K}\sum_{i=1}^{k} q_i$$

K 个亚群基因频率方差是

$$\sigma_q^2 = \frac{1}{K}\sum\left(q_i - \overline{q}\right)^2 = \frac{1}{K}\sum_{i=1}^{k} q_i - \overline{q}^2$$

所以 $\dfrac{\sum q_i^2}{K} = \overline{q}^2 + \sigma_q^2$，而左边是分群后 aa 纯合子的 K 个亚群平均数，即平均

[1] Asmussen M A. Wahlund Effect. Pittsburgh: Academic Press, 2001: 2127-2132.

隐性纯合子频率，代以 R'；同样，$\dfrac{\sum p_i^2}{K} = \overline{p}^2 + \sigma_q^2$，即平均显性纯合子频率，代以 D'；所以 $\dfrac{\sum q_i p_i}{2K} = \overline{q}^2 + \sigma_q^2$，即表示杂合子频率的均值，代以 H'。

于是分群后各类基因型的频率值分别为

$$D'：\sum p_i^2 / K = \overline{p}^2 + \sigma_q^2$$

$$H'：2\sum p_i q_i / K = 2\,\overline{p}\,\overline{q} - 2\sigma_q^2$$

$$R'：\sum q_i^2 / K = \overline{q}^2 + \sigma_q^2$$

这个比例关系称为华伦德效应的数学表达。显然，若不分群，整个大种群可以随机交配，上述 3 种基因型的频率（相应以 D、H、R 代表）应与平衡公式 $D+H+R = \overline{p}^2 + 2\,\overline{p}\,\overline{q} + \overline{q}^2$ 相吻合。两种情况造成的差值为

$$D' - D = \overline{p}^2 + \sigma_q^2 - \overline{p}^2 = \sigma_q^2$$

$$H' - H = 2\,\overline{p}\,\overline{q} - 2\sigma_q^2 - 2\,\overline{p}\,\overline{q} = -2\sigma_q^2$$

$$R' - R = \overline{q}^2 + \sigma_q^2 - \overline{q}^2 = \sigma_q^2$$

若再分群体的规模不等时，设 W_i 为各亚群规模的权值，即各亚群分别在大种群中所占的比例（$\Sigma W_i = 1$）。

平均基因频率应当为

$$\overline{q} = \sum_{i=1}^{K} W_i q_i$$

基因频率方差为

$$\sigma_{\overline{q}}^2 = \sum W_i q_i^2 - \overline{q}^2$$

全群总计 aa 纯合子频率为

$$\sum W_i q_i^2 = \overline{q}^2 + \sigma_{\overline{q}}^2$$

由此可知，各亚群基因频率方差总和比不分群时高 $\sigma_{\overline{q}}^2$。华伦德效应具有一定的普遍性，在许多模拟试验中得到了验证。在理论上，动物群体再分对基因频率和各位点上等位基因的种类并无影响，但是有减少群体杂合性的效应，纯合子频率会增加。

第二节　系统过程作用

系统过程包括突变（mutation）、迁移（migration）和选择（selection）。其中，迁移和选择对系统过程的作用是有方向的。它们可以从数量和方向两个方面影响

基因频率的变化[1]。它们和突变过程的不同点在于后者对方向是未知的。突变是随机的，并没有方向性。导致这一演化过程的力量统一称为系统压力（systematic pressure）。本节从决定种群遗传演变作用角度对其进行讨论。

一、突变

突变包括基因突变和染色体突变。染色体突变导致的群体遗传演化，实际上可以归纳于基因突变之中。突变是遗传变异的重要来源。纯粹由突变引起的群体遗传演化是很缓慢的，这与突变的特性有关。突变具有普遍性、随机性、可逆性和不定向性等特性。其中，普遍性是指基因突变在生物界普遍存在。随机性是指基因突变的发生在时间上、在发生这一突变的个体上、在发生突变的基因上都是随机的。不定向性是指基因突变的方向是不确定的，没有方向，也可以理解为突变方向是随机的。可逆性是指基因可以在野生型和突变型之间相互突变。

群体中的遗传变异来源于各种各样的基因。随着时间的推移，种群在不断变化的环境中的持久性取决于它们适应不断变化的外部条件的能力。有时一个新的等位基因的加入会使一个群体更具生存能力；有时一个新的等位基因的加入会降低一个群体的生存能力。当然更多的时候，一个新的等位基因对一个群体没有任何影响，因为它对生存的贡献是中性的，而且这个新的等位基因会持续存在于很多子代中。

（一）单向频发突变

单向频发突变是指在相同的内外环境中某些突变重复发生，有稳定突变率但没有回复突变（back mutation）。这通常是不多见的特例，它是为方便研究的假设情况。

假设突变方向是 $A \rightarrow a$，突变率为 u；n 代表世代数；基因 A 和 a 的起始频率分别为 p_0 和 q_0，在第 n 代的频率分别为 p_n 和 q_n。由于突变，下一代 a 基因的频率是

$$q_{n+1} = q_n + up_n = q_n + u(1-q_n)$$
$$q_{n+1} = u + (1-u)q_n$$

同样地，

$$q_n = u + (1-u)q_{n-1} = u + (1-u)[u + (1-u)q_{n-2}]$$
$$= u + (1-u)u + (1-u)^2 q_{n-2}$$

[1] Martiny J B H. Population diversity, overview.//Levin S A. Encyclopedia of Biodiversity. 2nd ed. New Jersey: Academic Press, 2001: 168-174.

$$\cdots$$
$$= u + (1-u)u + (1-u)^2 u + (1-u)^3 u + \cdots + (1-u)^n q_0$$

等式右边除末项外，是以$(1-u)$为公比的几何级数，其首项是 u，项数是 n，其和为

$$\frac{u\left[1-(1-u)^n\right]}{1-(1-u)} = 1-(1-u)^n$$

因此，q_n 的一般式为

$$q_n = 1 - (1-u)^n (1-q_0)$$

将 $p_n = 1-q_n$ 与 $p_0 = 1-q_0$ 的关系代入，可得

$$n = \frac{\ln p_n - \ln p_0}{\ln(1-u)}$$

若据此追溯自驯化以来的系统史，可近似地认为 $n \to \infty$，则

$$\lim_{n \to \infty}\left(1-\frac{1}{n}\right)^n = \mathrm{e}^{-1} = \mathrm{e}^{\frac{1}{n} \cdot (-n)}$$

因为突变率 u 是一个 $10^{-6} \sim 10^{-5}$ 的极小值，当 n 很大时，近似的有 $u=1/n$，则

$$\lim_{n \to \infty}\left(1-\frac{1}{n}\right)^n = \lim_{n \to \infty}(1-u)^n = \mathrm{e}^{-nu}$$

在这种条件下，q_n 和 n 分别是

$$q_n = 1 - (1-q_0)\mathrm{e}^{-nu}$$
$$n = \frac{\ln p_0 - \ln p_n}{u}$$

在正常情况下，突变率 u 值极小，种群基因频率在一定世代间的变化显得微乎其微。种群要达到可见程度的演变需要很多世代。例如，某个群体一个结构基因座的突变率 $u=10^{-5}$，不受其他作用，一个频率为 0.005 的基因经过 10 代后的频率还是 0.005；群体基因频率从 0.1 增加到 0.15 需要 5716 个世代。由此可见，由突变积累遗传多样性非常缓慢。

现存固有家畜群体丰富的遗传多样性是千百年演化的结果，一旦丧失是不可能恢复的。上述推导说明，人工未选择同时又与适应性关系不大的那些位点，在种群演化过程中基因频率变化极其缓慢。用它们作为遗传标记来研究种群的起源和群体间的分化关系是可行的。

（二）可逆的频发突变

若有回复突变，由突变导致的种群演变进程就更加缓慢了。假设某个位点上一对等位基因 A 和 a 的频率分别是 p 和 q；u 为 $A \to a$ 的突变率；v 为 $a \to A$ 的回复

突变率；在突变和回复突变导致的基因频率变化相等，即平衡时，A 和 a 的频率分别为 $\hat{p}$ 和 $\hat{q}$。

则在达到平衡时，

$$u\hat{p} = v\hat{q}$$
$$u\hat{p} = v(1 - \hat{p})$$
$$\hat{p}(u + v) = v$$

则：

$$\hat{p} = \frac{v}{u + v}$$

同理，

$$\hat{q} = \frac{u}{u + v}$$

以上推导说明：①在一个动物群体中，突变和回复突变的平衡值由突变率和回复突变率的相对大小决定，而与起始的基因频率无关；②在任何世代，若 $p > \hat{p}$，它就要逐代减少，直到 $p = \hat{p}$ 为止，反之，$p < \hat{p}$，它就要逐代升高，直到 $p = \hat{p}$ 为止；③若由其他进化压力造成了 p 对 $\hat{p}$ 的偏差，一旦其作用消除，群体的基因频率仍然要向平衡值回复。

因为基因 a 在一代间的频率改变量为

$$\Delta q = up - vq = u(1 - q) - vq$$
$$= u - uq - vq = -(u + v)(q - \hat{q})$$

因而有

$$\Delta q = -(u + v)(q - \hat{q})$$

这就是说，基因频率向平衡值回复的速率与其实际值对平衡值的偏差成正比。基因频率距离平衡值越远，一代之间向平衡值靠近的幅度越大。此外，该速率还与突变率和回复突变率的算术和成正比。由此可以计算基因频率向平衡值回复过程中积累一个特定变化量所需的世代数。

由于在自然状况下 u 和 v 的数值极小，Δq 更小，可以把 $\Delta q = -(u + v)(q - \hat{q})$ 作为一个微分方程，并设 t 代表以世代为单位的时间，即

$$\frac{\mathrm{d}q}{\mathrm{d}t} = -(u + v)(q - \hat{q})$$
$$\frac{\mathrm{d}q}{q - \hat{q}} = -(u + v)\mathrm{d}t$$

两边在 n 代期间求积分：

$$\int_{q_0}^{q_n} \frac{\mathrm{d}q}{(q - \hat{q})} = -(u + v)\int_0^n \mathrm{d}t$$

又根据标准积分 $\int \frac{1}{x} dx = \ln x + C$，可知等式左边为

$$\int_{q_0}^{q_n} \frac{dq}{(q - \hat{q})} = \ln\left(\frac{q_n - \hat{q}}{q_0 - \hat{q}}\right)$$

有：

$$\ln\left(\frac{q_n - \hat{q}}{q_0 - \hat{q}}\right) = -n(u + v)$$

则：

$$n = \frac{1}{u + v} \ln\left(\frac{q_0 - \hat{q}}{q_n - \hat{q}}\right)$$

例如，当 $u = 3 \times 10^{-5}$，$v = 2 \times 10^{-5}$，$\hat{q} = 0.60$ 时，由 $q_0 = 0.10$ 提高到 $q_n = 0.15$ 和由 $q_0 = 0.50$ 提高到 $q_n = 0.55$ 所需要的世代数 n_1 和 n_2 分别是

$$n_1 = \frac{1}{(3 + 2) \times 10^{-5}} \ln\left(\frac{0.10 - 0.60}{0.15 - 0.60}\right) = 2107$$

$$n_2 = \frac{1}{(3 + 2) \times 10^{-5}} \ln\left(\frac{0.50 - 0.60}{0.55 - 0.60}\right) = 13\,863$$

基因频率向平衡值回复是决定种群遗传稳定性的机制之一。然而，即便是这种变化也是极其缓慢的。根据 $\Delta q = up - vp$，也可以分析一定世代之后的基因频率。若以 q_n 代表某个世代的基因频率，下一代的基因频率则为

$$q_{n+1} = q_n + u(1 - q_n) - vq_n$$
$$= u + (1 - u - v)q_n$$

将此作为相邻两代基因频率的一般关系，反复代入 q_n、q_{n-1}、q_{n-2}、……、q_0，可得

$$q_n = u + u(1 - u - v) + u(1 - u - v)^2 + \cdots + (1 - u - v)^n q_0$$

右边除最后一项外，是以 $(1 - u - v)$ 为公比的几何级数，首项为 u，项数是 n。因而，其和为

$$\frac{u[1 - (1 - u - v)^n]}{1 - (1 - u - v)} = \frac{u - u(1 - u - v)^n}{u + v}$$

$$\therefore q_n = \frac{u}{u + v} - \frac{u(1 - u - v)^n}{u + v} + (1 - u - v)^n q_0$$

$$= \frac{u}{u + v} - (1 - u - v)^n \left(\frac{u}{u + v} - q_0\right)$$

又，当所历世代极多，以至 $n \to \infty$ 时，

$$\lim_{n \to \infty} (1 - u - v)^n = e^{-n(u + v)}$$

$$q_n = \frac{u}{u+v} - \left(\frac{u}{u+v} - q_0\right) \mathrm{e}^{-n(u+v)}$$

例如，当 $u=2\times10^{-5}$，$v=10^{-5}$，$q_0=0.3$，$n=15$ 代时，$q_n=0.300\ 165$。也就是说，15 代期间突变导致的基因频率变化仅为 1.65×10^{-4}。这些推导说明，对于遗传资源保护和利用的实践来说，收集和评价种群在长期演化过程中积累起来的既有突变有实际意义。诱发或基因编辑产生新突变也是可行的，但这些人工突变携带者尚需环境压力测试，有的可能因适合度较低而被淘汰。

（三）非频发突变

假设一个动物群体某位点原来完全由 AA 基因型组成，在某个世代突变产生了一个新的等位基因 a。于是群体中就有了一个 Aa 杂合子。若它有机会生殖，由于交配对象只有 AA 一种基因型，因此其后代有 AA 和 Aa 两种可能的基因型，两者的概率相等。若它在群体中的留种数为 K（$K=0,1,2,3,\cdots$），那么突变基因在下一代消失的概率为 $\left(\dfrac{1}{2}\right)^K$。其分布近似于泊松分布（Poisson distribution）。若群体规模不变，各家系平均留种数 $\bar{K}=2$，那么，根据泊松分布概率，留种数 K 在各种情况下的家系的概率为

$$P_K = \mathrm{e}^{-\mu}\mu^K / K! = \mathrm{e}^{-2}2^K / K!$$

留种数为 K 的家系的概率 P_K，在这类家系中新基因消失的概率 L_K 可对应如下：

$$K: \quad 0, \quad 1, \quad 2, \quad 3, \quad \cdots, \quad K, \quad \cdots$$

$$P_K: \quad \mathrm{e}^{-2}, \quad 2\mathrm{e}^{-2}, \quad \frac{2^2}{2!}\mathrm{e}^{-2}, \quad \frac{2^3}{3!}\mathrm{e}^{-2}, \quad \cdots, \quad \frac{2^K}{K!}\mathrm{e}^{-2}, \quad \cdots$$

$$L_K: \quad 1, \quad \frac{1}{2}, \quad \left(\frac{1}{2}\right)^2, \quad \left(\frac{1}{2}\right)^3, \quad \cdots, \quad \left(\frac{1}{2}\right)^K, \quad \cdots$$

新基因 a 在其出现后第一代消失的概率为

$$L_1 = \sum_{}^{K} P_K L_K = \mathrm{e}^{-2}\left\{1+1+\frac{1}{2!}+\frac{1}{3!}+\cdots+\frac{1}{K!}+\cdots\right\} = \mathrm{e}^{-2} \cdot \mathrm{e} = \mathrm{e}^{-1} = 0.367\ 879$$

新基因 a 在突变出现后第一代得到保留的概率为 $1–0.367\ 879=0.632\ 121$。然而，由于同样的原因，在第一代得到保留的新基因，在第二代随机消失的概率是 $\mathrm{e}^{-0.632\ 121}=0.531\ 464$。也就是说，在群体不扩大的条件下，非频发突变基因的多半将在其产生的第二代随机消失。其在第 n 代后消失的概率为

$$L_n = \mathrm{e}^{-(1-L_{n-1})}$$

1999 年，费希尔（Fisher）从理论上证明约 90%的非频发突变必将在其产生后的 15 代之内随机消失。这个论点后来得到很多生物学研究结果的验证。因此，在现代的畜牧产业体制下随机保存有利的非频发突变是极其困难的。

二、迁移

迁移和扩散实际上是对同一过程不同立足点的表述，在育种实践上叫作混群或杂交。所谓迁移，实际上是从一个种群角度来观察混群或杂交现象。迁移对适应有 3 个主要影响。第一，基因流混合了适应不同环境的等位基因，潜在地淹没了一部分适应。第二，它引入了其他变异，扩大了遗传变异，这有助于适应空间和时间变化的环境。如果选择很强，它会降低群体的平均适合度。第三，决定遗传漂变强弱的邻域大小随着扩散而增加。当遗传漂变很强时，扩散而增加的邻域大小有助于适应环境变化。在小种群中，即使是轻度扩散也能通过降低遗传漂变的力量而有利于适应。这对碎片化或边缘种群的管理有较大的影响。在广泛的条件下，包括本地和长距离扩散的混合，增加向小种群扩散的有益影响比适应的淹没更强。然而，当环境梯度较陡时，厚尾扩散（fat-tailed dispersal）会吞噬连续适应群体，从而只剩下局部适应的亚群[1]。

若种群内有其他种群的个体迁入并发生交配，下一代群体的基因频率就会发生变化。假设 q_0 是某基因在群体中原有的频率；q_m 是同一基因在迁入个体中的频率；m 是迁移率，即迁入个体占混合群的比例；q_1 是混群后下一代的基因频率。在迁移率稳定下的连续迁移情形为

$$q_1 = (1-m)q_0 + mq_m$$
$$q_n = (1-m)q_{n-1} + mq_m$$

若 m 值稳定，在连续迁移的情况下，群体原有基因频率的权重每代都要以 $(1-m)$ 为比例下降，因而 n 代后的基因频率是

$$q_n = (1-m)^n q_0 + \left[1-(1-m)^n\right]q_m$$

n 代间基因频率的总改变量为

$$\sum_{}^{n} \Delta q = q_n - q_0$$
$$= \left[1-(1-m)^n\right](q_m - q_0)$$

若 m 值较大，原有种群的基因频率会迅速改变。级进杂交是这种情况的典型事例，在实践上导致原有种群特性迅速改变。设迁移率 $m=0.5$，则级进杂交 3 代后，群体的基因频率为

$$q_3 = 0.5^3 q_0 + \left(1-0.5^3\right)q_m = 0.125q_0 + 0.875q_m$$

3 代间基因频率的总改变量为

---

[1] Polechova J. The costs and benefits of dispersal in small populations. Philosophical Transactions of the Royal Society of London, Series B. Biological Sciences, 2022, 377(1848). doi: https://doi.org/10.1101/2021.12.16.472951.

$$\Delta q = \left[1 - \left(1 - 0.5 \right)^3 \right] \left(q_m - q_0 \right) = 0.875 \left(q_m - q_0 \right)$$

虽然在家畜杂交中，关注和强调的是原有种群某些经济性状的逐代改进，但实际上对任何基因来说，无论其等位基因是否表达有利性状，都是以相同的速率消失。

若经过一次迁移后形成的第一代混合群体，又受到原有种群（或在特定基因位点与原有种群基因频率相同的其他种群）以相同迁移率的入侵，那么第 2 代的基因频率为

$$\begin{aligned}
q_2 &= \left(1 - m \right) q_1 + m q_m \\
&= \left(1 - m \right) \left[\left(1 - m \right) q_0 + m q_m \right] + m q_m \\
&= \left(1 - m \right)^2 q_0 + \left[m \left(1 - m \right) + m \right] q_m
\end{aligned}$$

可得

$$q_2 = \left(1 - m \right)^2 q_0 + \left(2m - m^2 \right) q_m$$

则 3 代间基因频率的总改变量为

$$\Delta q_2 - q_0 = \left(1 - m \right)^2 q_0 + \left(2m - m^2 \right) q_m = \left(m^2 - 2m \right) q_0 + \left(2m - m^2 \right) q_m$$

在这种情况下，基因频率又向原有种群的固有水平恢复。实际上，导入杂交正是 $m=0.5$ 的回迁。因此，导入杂交第 2 代群体各位点上的基因频率是 $0.25q_m+0.75q_0$，3 代间基因频率的总改变量是 $0.25(q_m-q_0)$。

以上讨论的是两种特殊的情形。下面讨论更一般的情形。假设 q_0 是某基因在群体中原有的频率；q_m 是同一基因在迁入个体中的频率；m 是迁移率，即迁入个体占混合群的比例；q_1 是混群后下一代的基因频率。

$$\begin{aligned}
q_1 &= \left(1 - m \right) q_0 + m q_m \\
&= q_0 + m \left(q_m - q_0 \right)
\end{aligned}$$

基因频率的变化量是

$$\Delta q = q_1 - q_0 = m \left(q_m - q_0 \right)$$

迁移导致的变化取决于原群体与迁入群体基因频率之差和迁移率大小。在畜牧实际场景中利用了诸如人工授精和胚胎移植等高效繁殖技术，迁移率的影响程度是巨大的。以上公式的估值会偏低。

三、选择

选择包括自然选择（natural selection）和人工选择（artificial selection）两种，其中自然选择包括生态选择（ecological selection）和性选择（sexual selection）等（图 2-2-1）。现代动物育种中的人工选择在改变群体基因频率方面的作用十分巨大。迁移虽然具有方向性，但是其方向对动物的适应性或者育种目的而言仍然是随机化的。在种群定向遗传演变过程中，选择是唯一的导向因素，而且选择效果

与其他作用比起来要显著得多。

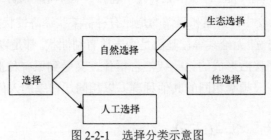

图 2-2-1　选择分类示意图

性选择是自然选择的一种特殊形式。达尔文认为，同一性别的生物个体（主要是雄性）之间为争取和异性交配而发生竞争，得到交配权的个体就能繁殖后代，使有利于竞争的性状逐渐巩固和发展。雌雄个体不仅在生殖器官结构上有区别，而且在日常行为、体格大小和其他许多形态特征上都有差异，雌雄二型性普遍存在。例如，雄孔雀的尾、雄翠鸟的鸣啭和雄鹿的叉角等许多次生性征，都是性选择的产物。

（一）适合度和选择系数

适合度（fitness，w）是特定基因型的留种率和群体最佳基因型存活率的比值，是比较群体中各种基因型的生存适应力的相对指标。若以最佳基因型的个体平均留种公畜数和母畜数为 1，则特定基因型的平均留种公畜和母畜数所占的相应比例就是该基因型的适合度。

特定基因型平均留种公畜数和母畜数与群体最佳基因型的相对差值，即这种差值和最佳基因型平均留种公畜数和母畜数的比值，就是其选择系数（selection coefficient，s）。若 R 是任一基因型的个体平均留种公畜数和母畜数；R_b 是（群体最佳基因型的）最高平均留种公畜数和母畜数，则：

$$w = R / R_b$$

$$s = \frac{R_b - R}{R_b} = 1 - w$$

这两个概念分别与育种实践中使用的留种率和淘汰率概念相平行，不同之处在于后者是以一个世代中已出生的个体的保留或淘汰为依据，如表 2-2-1 所示。

表 2-2-1　适合度和选择系数

指标	AA	Aa	aa
个体数	25	50	25
留种公畜数和母畜数	70	70	14
个体平均留种公畜数和母畜数	2.8	1.4	0.56
适合度（w）	1	0.5	0.2
选择系数（s）	0	0.5	0.8

（二）单位点选择

若群体在某位点有 A_1、A_2 两个等位基因，频率分别是 p 和 q；基因型 A_1A_1、A_1A_2 和 A_2A_2 的适合度分别是 w_1、w_2 和 w_3，相应的选择系数分别是 s_1、s_2 和 s_3，则群体平均适合度为

$$\overline{w} = p^2 w_1 + 2pq w_2 + q^2 w_3$$
$$= 1 - s_1 p^2 - 2s_2 pq - s_3 q^2$$

根据适合度和选择系数的定义，将三种基因型中的一种基因型适合度设为1，相应的选择系数为0。相邻两代基因频率的变化量为

$$\Delta q = q' - q$$
$$= \frac{pq(1-s_2) + q^2(1-s_3)}{\overline{w}} - q$$
$$= \frac{pq\left[q(w_3 - w_2) + p(w_2 - w_1)\right]}{\overline{w}}$$
$$\because \frac{\mathrm{d}\overline{w}}{\mathrm{d}q} = 2\left[q(w_3 - w_2) + (1-q)(w_2 - w_1)\right]$$
$$\therefore \Delta q = \frac{q(1-q)}{2\overline{w}} \cdot \frac{\mathrm{d}\overline{w}}{\mathrm{d}q}$$

这是单位点选择时相邻两代基因频率变化量的一般公式。s_1、s_2 和 s_3 的具体情况决定不同的选择模式与遗传进展，部分情况如表 2-2-2 所示。

表 2-2-2 单位点选择模型例表

选择系数	Δq	特征
s_1、s_2 和 s_3 任意值	$\dfrac{q(1-q)}{2\overline{w}} \cdot \dfrac{\mathrm{d}\overline{w}}{\mathrm{d}q}$	通式
$s_1=s_2=0$	$\dfrac{-s_3 q^2(1-q)}{1-s_3 q^2}$	淘汰部分 A_2A_2
$s_1=s_2=0$，$s_3=1$	$\dfrac{-q^2}{1+q}$	淘汰 A_2A_2
$s_1=0$	$\left[\dfrac{1-s_2+(s_2-s_3)q}{1-2s_2q+(2s_2-s_3)q^2}-1\right]q$	有利于 A_1A_1
$s_1=0$，$s_2=2s_1$	$\dfrac{-s_2 q(1-q)}{1-2s_2 q}$	有利于 A_1A_1，对 A_2A_2 的淘汰 2 倍于 A_1A_2
$s_3=0$，$s_1=s_2$	$\dfrac{s_1 q^2(1-q)}{1-s_1(1-q^2)}$	不利于 A_1A_1
$s_2=0$	$\dfrac{pq(s_1 p - s_3 q)}{1-s_1 p^2 - s_3 q^2}$	有利于 A_1A_2

（三）多位点选择

虽然群体遗传演变归根到底是有关位点基因频率的变化，但是作为选择单位的不是基因、染色体或配子，而是个体（合子）。以下几个方面是有别于单位点以外的有关选择的重要问题。

1）在特定环境中，某个或某几个位点具有有利基因型的个体，在一次选择中得以保留，同时其位点的不利基因也随之保留；反之，具有某种显著不利特征的个体被淘汰时，其携带的有利基因也随之淘汰。位点间这种效应的掩盖与同一位点上隐性不利基因的潜存机制相似。

2）若有连锁，上述现象就不只发生在一次选择过程中，而是成为经常性事件。这是人工选择中的常见难题。有利基因连锁的遗传材料就显得特别珍贵。

3）位点间的互作效应虽然不一定稳定，但作为遗传共适应的一个方面，在一定的条件下和基因资源同样是种质资源的组成部分。在人工选择中，将有利互作的各位点的基因在群体中固定是遗传资源开拓的内容之一。

（四）基因层面的选择

自然对物种突变的选择可以分为正负两种。当一个群体中出现能够提高个体生存力或育性的突变时，具有该基因的个体将比其他个体留下更多的子代，而突变基因最终在整个群体中扩散。这种选择被称为正选择（positive selection）。正选择是适应进化的重要基础，因为这种选择方式是达尔文进化论的根本，有时也被称为达尔文选择。

根据进化论，人类与黑猩猩曾有着共同的祖先。但自从人类的祖先与黑猩猩的祖先分别走上了各自进化的道路后，随后的进化过程是如何影响两者基因变化的问题一直备受科学家的关注。美国密歇根大学的研究人员为了解开这个科学谜团，比较了人类和黑猩猩的 1.4 万个基因，并特别选择了具有正选择特征的基因开展研究。研究结果发现，人类只有 154 个基因具有正选择迹象，而黑猩猩则有233 个。

这推翻了过去人们一直认为的在地球上占据优势的人类一定经历了更多正选择的结论。研究人员认为，这可能是由于黑猩猩在历史上数量较多，而人类则数量较少，居住也比较分散，人类基因变化更多的是由随机和不稳定变异导致的。

随着遗传学的进步，人们对正选择的概念也有了更深的理解。人们认识到进化的单位不是个体而是种群，选择作用归根结底要通过种群中基因型频率和基因频率的变化来体现。根据种群内基因频率的改变情况，可将正选择分为 3 种类型。

1. 正选择的分类

（1）稳定选择

稳定选择发生在环境比较稳定的条件下，少数极端变异的个体被淘汰，多数中间类型的个体被保存，种群中基因频率变化较小，生物的性状趋于稳定。

（2）单向性选择

单向性选择发生在环境条件朝一定方向变化的情况下，某一极端个体被保存，另一极端的个体被淘汰，从而导致种群中某等位基因频率逐代增加，而相对的等位基因频率则逐代减少，最终使整个群体朝着一定方向变化，如在工业化过程中，黑色蛾子逐渐取代灰色蛾子。

（3）分裂选择

分裂选择是指极端的变异在不同的环境条件下有不同的适应性，由此导致种群的分化，以及地理族或亚种的形成。这种选择方式有利于从一个物种产生出两个或几个不同的物种。

由此可见，选择对种群中基因频率的改变有重要影响，而种群中基因型频率和基因频率的重大变化就意味着生物的进化。所以说，正选择是生物进化的主要动力。

2. 正选择的分析方法

利用软件 Mega5.1 和 codemL 进行分析，具体步骤如下。

1）通过 NCBI（Nucleotide）查找基因的编码序列（coding sequence，CDS）。打开 NCBI，选中 Nucleotide 选项，输入基因名称，点搜索。

在搜索结果右侧找到 Top Organisms（Tree）这一条目，点击第一个物种，点开合适的基因序列链接，找到该物种该基因的 CDS 选项，在网页右下角点击 FASTA，然后将出现的 CDS 复制粘贴到文本文档中，以">物种名"CDS 形式储存。

2）将含有所查找物种的 CDS 的文本文档格式改为.fas，双击打开。点击 Translated Protein Sequence，转换成蛋白质序列。这样就很好地避免了核苷酸对比过程中随机插入空白序列而破坏三联体密码子。

3）点击"W"-Align Protein。

4）点击 DNA Sequence，拖到最后，删除终止密码子。

5）对分析结果进行输出，选择 DATA-Export Alignment，结果以.mega 和.fas 两种格式储存。

6）制作进化树，双击.mega 文档，选择 Phylogeny-Construct/text Neighbor method。

7）将进化树以.nwk 格式输出。

8）将得到的.fas 和.nwk 两个文件放入 codemL 中。

9）修改 codemL.ctl 中的 seqfile、treefile、outfile 的名称，修改为该基因的名称。

10）双击 codemL.exe，运行程序。

3. *t* 检验

t 检验是最简单、最常利用的假设检验方法，在 SAS 软件中利用 TTEST 过程来完成 *t* 检验的计算推断。TTEST 过程可以执行针对单组、两组独立样本和配对样本的 *t* 检验功能。

1）单组样本的 *t* 检验。计算指定变量的样本均数，并将它与给定的已知数值进行比较。*t* 检验过程同时可以输出检验变量的描述性统计结果。检验变量的均数和检验值差异的 95% 置信区间也是默认输出结果的一部分。

2）配对样本的 *t* 检验。对两个有关联的变量均数进行比较。配对 *t* 检验也可以用于配对设计和病例对照研究设计的数据分析。输出统计结果包括检验变量的描述性统计结果、检验变量的相关程度、配对差异的描述结果、*t* 检验结果、95% 置信区间。

3）独立样本的 *t* 检验。对两组样本的均数进行比较。可以得到每组的描述性统计结果和 Levene 方差齐性检验结果，同时给出方差齐和方差不齐的 *t* 检验结果与均数差异 95% 置信区间。对于数据的正态性假设（各个样本均来自正态分布的总体），这个假设可以通过 UNIVARIATE 过程进行检验，若正态性假设不满足，可以利用 NPAR1WAY 过程对数据进行分析。两组样本数据进行比较时，需要判断它们的独立性，若不是独立的，就需要进行配对设计的 *t* 检验。

TTEST 检验的 SAS 代码：

```
PROC TTEST < options >;
CLASS variable;
PAIRED variables;
BY variables;
VAR variables;
FREQ variable。
```

关于涉及非连锁多位点的选择进度，常洪等[1]从应用角度进行过研究。Nei[2]对共适应决定的染色体选择进度等作过详细分析。这些遗传育种学问题可参阅他们的有关文献资料。

---

[1] 常洪, 苏汉义, 耿社民. 家畜孟德尔性状不同固定方法育种进度的研究. 畜牧兽医学报, 1988, (3): 145-154.

[2] Nei M. Molecular Population Genetics and Evolution. New York: American Elsevier Publishing Company, 1975, 4: 1-288.

第三节　群体遗传多样性的保持

本节讨论保持群体遗传多样性概率的机制和相应的措施。这是家畜遗传资源保存的一个方面。

一、近交增量和群体有效含量

群体内遗传多样性的保持，落实在计量尺度上有各种指标：多态性、杂合性、基因多样性、平均密码子差数等。这些指标在世代传递过程中下降的幅度，或者说，群体遗传多样性减少的概率，一般以一代间群体平均近交系数增量即近交增量来表示。

近交系数是由双亲的相同基因复制组成个体的一对等位基因的概率。那么，代际间群体的平均近交增量，也就是这个概率值在一个世代中上升的幅度。近交系数 F 的余值 $P=1-F$，称为随机交配指数（panmictic index）。随机交配指数是由双亲的不同等位基因复制组成个体的一对等位基因的概率。因此，代际间畜群平均近交增量实际上也就是畜群平均随机交配指数在同一期间的减少量，即

$$\Delta F = F_t - F_{t-1} = P_{t-1} - P_t$$

近交增量是标志群体遗传多样性下降速率的一个适宜的指标。但是，群体平均随机交配指数和群体平均基因多样性虽然相互吻合却不等同。前者是从近交系数引申出来的概念；近交系数强调个体一个位点上的同一种等位基因是来自双亲的相同"基因复制品"，而"原版"则指来自共同祖先的基因在近交后代中相遇的概率；也就是说，它只包括来自可以追溯的共同祖先的基因在个体中纯合化的概率，其他纯合化位点的比例不在其中。或者说，近交系数和随机交配指数都不涉及独立纯合子，与群体固有遗传多样性无关，这是两者在基础上和群体平均基因多样性的区别。当然，若从进化论角度来观察，双亲携带的一切相同等位基因都可作为它们在系统发生（phylogeny）上有亲缘关系的证据；随机交配指数和近交系数都是扣除了孟德尔式群体随机化的、平均关系之后的概率。近交增量作为群体遗传多样性减少的速率是严谨的。

除群体规模之外，还有其他因素也影响近交增量。群体有效含量（effective size of population）就是一个重要的指标。群体有效含量是指对决定近交增量的效果来说，群体实际规模相当的"理想群体"的规模。所谓"理想群体"是指规模恒定，雌雄各半，没有选择、迁移和突变，也没有世代交错的随机交配（包括自体受精）的群体。

有效群体规模（N_e）是在理想群体中随机交配产生的与实际群体中观察到的等位基因频率或近交增量相同的离散度的个体数量。它通常比普查的群体规模小

得多，是群体中存在的遗传变异量的指标。基于群体调查的估计量 N_e 是基于雄性和雌性群体大小或双亲的后代数量。更复杂的 N_e 估计量是基于：①近交增长率，其与 N_e 成反比；②结合过程的模拟，两系在一代中结合的概率与群体大小成反比；③连锁不平衡（linkage disequilibrium，LD），在较小的 N_e 中，由于遗传漂变、非随机交配等因素的影响，不同遗传位点上的等位基因之间的 LD 程度会增加。对调查真实群体规模的估计可以基于抽样-再抽样数据，这对统计野生动物物种数尤其重要[1]。

在家畜育种的历史上，种群扩张和瓶颈是常见的。过去的群体动态可以通过 mtDNA 序列之间差异数量的分布来揭示。在突变-漂变平衡下，等位基因的数量会低于或高于期望，如 Tajima's D 和 Fu's F_s 统计，或者通过使用成对顺序马尔可夫合并模型分析全基因组序列。BEAST 程序使用贝叶斯方法估计最近共同祖先的时间、进化速率、替代模型参数、系统发育和祖先种群动态。在天际线图中，根据时间绘制估计的群体规模。使用这种方法，2007 年 Finlay 等表明，除野生非洲水牛以外，4 种驯养的牛（家牛、水牛、牦牛和大额牛）近来经历了快速的种群扩张。

二、保持群体遗传多样性的机制

以下从影响近交增量角度来分析保持群体遗传多样性的有关机制。

（一）有效群体规模

群体规模对近交增量的影响有两个途径，一是直接影响，二是决定遗传漂变的速度。

1. 直接影响

Crow 证明群体规模 N 与近交增量 ΔF、t 代后的近交系数 F_t 有以下关系。

$$\Delta F = \frac{1}{2N}$$

$$F_t = 1 - \left(1 - \Delta F\right)^t$$

由于是在"理想群体"（雌雄同体）中的关系，上式中的 N 实际上代表的是群体有效含量。动物群体没有自体受精，所以实际规模和群体有效含量是不等的。常以 N_e 代表群体有效含量，Wright 推导证明在其他前提不变的条件下：

[1] Schwartz M K, Tallmon D A, Luikart G. Review of DNA-based census and effective population size estimators. Animal Conservation, 1998, 1(4): 293-299.

$$N_e = N + \frac{1}{2}$$

因此，在动物群体中有

$$\Delta F = \frac{1}{2N_e} = \frac{1}{2N+1}$$

则

$$F_t = 1 - \left(1 - \frac{1}{2N+1}\right)^t$$

即

$$N = \frac{1}{2}\left[\frac{1}{1-(1-F_t)^{\frac{1}{t}}} - 1\right]$$

和

$$t = \frac{\lg(1-F_t)}{\lg\left(1 - \frac{1}{2N+1}\right)}$$

例如，若要使畜群自群繁殖 4 代以后的近交系数不高于 1.5625%，则必需的最小规模是 126.75≈127 头（还必须具备公畜和母畜头数相等一系列"理想群体"条件）；在一个规模为 100 头的畜群，闭锁繁殖 4 代以后的近交系数是 1.795%。

2. 决定遗传漂变的速度

由前面讨论得知，由遗传漂变决定的基因频率方差为

$$\sigma_{\sigma q}^2 = pq / 2N$$

可见，遗传漂变的速度受群体规模的影响。如前所述，遗传漂变的结局是等位基因消失或者固定，其效应也就是减少基因多样性，导致纯合子频率增加，这与近交作用是相似的，两者在数量关系上是一致的。

$$\because \Delta F = \frac{1}{2N}, \text{ 而 } \sigma_{\sigma q}^2 = pq / 2N = \Delta F \cdot pq$$

$$\therefore \Delta F = \frac{\sigma_{\sigma q}^2}{pq}$$

由此可得群体越小，群体内近交增量越大，遗传漂变形成的群体间方差越大，基因消失越快。

（二）性别比例

实际上动物群体的两性个体数通常是不相等的，有时甚至差异还较大。因此，群体间基因频率方差需要按性别分别计算。公畜群方差为

$$\sigma_{\sigma qm}^2 = \frac{pq}{2N_m}$$

母畜群方差为

$$\sigma_{\sigma qf}^2 = \frac{pq}{2N_f}$$

若两性对下一代提供的基因是等量的，下一代的基因频率为两性均数，下一代基因频率方差为

$$\sigma_{\sigma q}^2 = \sigma_\sigma^2 \left[\frac{1}{2}\left(q_f + q_m\right) \right] = \frac{1}{2}\sigma_\sigma^2\left(q_f + q_m\right)$$

$$= \frac{1}{2}\left(\sigma_\sigma^2 q_f + \sigma_\sigma^2 q_m\right) = \frac{pq}{2}\left(\frac{1}{2N_f} + \frac{1}{2N_m}\right)$$

因而，

$$\Delta F = \frac{\sigma_{\sigma q}^2}{pq} = \frac{1}{2}\left(\frac{1}{2N_f} + \frac{1}{2N_m}\right)$$

$$\Delta F = \frac{1}{4N_f} + \frac{1}{4N_m}$$

又因为群体有效含量 N_e 和 ΔF 之间的关系是

$$\Delta F = \frac{1}{2N_e}$$

所以此时的群体有效含量是

$$N_e = \frac{1}{2\Delta F} = \frac{1}{2\left(\frac{1}{4N_f} + \frac{1}{4N_m}\right)}$$

即群体有效含量为两性数目调和平均数的 2 倍。

$$\frac{1}{N_e} = \frac{1}{2}\left(\frac{1}{N_f} + \frac{1}{N_m}\right)$$

即

$$N_e = \frac{2N_f \cdot N_m}{N_f + N_m}$$

这也就是说，两性个体数不等降低了群体有效含量，从而提高了群体的近交增量。两性比例悬殊越大，群体有效含量越小，近交作用越明显。调和平均数是以各变量的倒数为依据，所以有降低较大变量影响的作用。在实际群体中，两性个体数不等时，数量较少的一方对群体有效含量有更大的影响。这就是在保种方案中性别等比留种的理论依据。

例 2-3-1　若动物群体规模是 100，两性别比例不同时的群体有效含量和近交增量如表 2-3-1 所示。从表 2-3-1 中可以看出，性别等比时群体有效含量和实际群体数量相等；如果性别比例不等，群体有效含量就会低于实际群体数量。性别比例差异造成的群体有效含量降低，明显增加了近交增量。

表 2-3-1　两性别比例不同时的群体有效含量和近交增量

群别	♂	♀	N_e	ΔF
A	50	50	100	0.0050
B	40	60	96	0.0052
C	30	70	84	0.0060
D	20	80	64	0.0078
E	10	90	36	0.0139
F	5	95	19	0.0263
G	1	99	4	0.1263
H	0	100	0	—

（三）留种方式

假设在总个数为 N 的理想群体中，每个个体在群体留下了 K 个配子，则平均配子数为

$$\bar{K} = \sum K / N$$

$$\sigma_K^2 = \left[\sum K^2 - \frac{\left(\sum K \right)^2}{N} \right] \div N - 1$$

$$= \frac{1}{N-1} \left(\sum K^2 - N\bar{K}^2 \right)$$

其中，σ_K^2 为配子数方差，于是：

$$\sum K^2 = (N-1)\sigma_K^2 + N\bar{K}^2$$

若配子随机结合，可能的配子对数是从群体的配子总数 NK 中取 2 的组合数，为

$$C_{NK}^2 = \frac{N\bar{K}\left(N\bar{K} - 1 \right)}{2}$$

相同亲体的配子对总数为

$$\sum C_K^2 = \sum_1^N \left[\frac{K(K-1)}{2} \right]$$

因而，相同亲体的配子对比例为

$$\frac{\sum K^2 - \sum K}{N\bar{K}(N\bar{K}-1)} = \frac{(N-1)\sigma_K^2 + N\bar{K}(\bar{K}-1)}{N\bar{K}(N\bar{K}-1)}$$

在理想群体中，群体有效含量也就是相同亲体配子对比例的倒数，所以，

$$N_e = \frac{N\bar{K}(N\bar{K}-1)}{(N-1)\sigma_K^2 + N\bar{K}(\bar{K}-1)}$$

若理想群体规模恒定，$\bar{K}=2$，则

$$N_e = \frac{4N^2 - 2N}{N\sigma_K^2 + 2N} = \frac{4N-2}{\sigma_K^2 + 2}$$

$$\Delta F = \frac{1}{2N_e} = \frac{\sigma_K^2 + 2}{8N-4}$$

当 N 足够大时，$N_e \approx \dfrac{4N}{\sigma_K^2 + 2}$

可见，在规模 N 既定时，每个个体在群体留下的配子数方差越大，即从每个交配组合得到的留种公畜数和母畜数方差越大，则近交增量 ΔF 越大，群体有效含量 N_e 就越小。下面讨论 3 种可能的留种方式在理想群体有不同的 σ_K^2 值和保护效率。

1. 每个交配组合完全随机留种

每个交配组合的留种个数完全由机遇决定时，设其分布服从泊松（Poisson）分布，其方差等于其均数，即 $\sigma_K^2 = \bar{K} = 2$，则

$$N_e = \frac{4N}{\sigma_K^2 + 2} = \frac{4N}{2+2} = N$$

即群体有效含量和实际规模相等。

2. 有选择地合并留种

当具有有利于一部分交配组合的选择作用时，若 $\sigma_K^2 > 2$，则 $N_e < N$。

3. 各家系等比留种

每个交配组合在群体中留下等数的后代，即每个个体留下等数配子或后代，$\sigma_K^2 = 0$。

$$N_e = \frac{4N}{\sigma_K^2 + 2} = 2N$$

群体有效含量是实际规模的两倍。这是最有利于保持群体基因多样性的留种方式。在两性别数目不等的群体，只要两性别的留种个数是各家系等量分布的，各家系留种个数的方差仍可大致保持为零。这样，实践上只需做到每头公畜留下

等数的子代公畜与等数的子代母畜进行繁殖；每头母畜留下等数的子代母畜进行繁殖。在公畜少于母畜时，各家系等比留种的群体有效含量和近交增量是

$$\Delta F = \frac{3}{32N_m} + \frac{1}{32N_f}$$

$$\frac{1}{N_e} = \frac{3}{16N_m} + \frac{1}{16N_f} \quad \text{或} \quad N_e = \frac{16N_m \cdot N_f}{N_m + 3N_f}$$

可见，其效率仍然高于随机的合并留种。例如，在 N_m=5、N_f=95 的畜群实行随机的合并留种时，ΔF=0.0263，N_e=19；实行各家系等比留种时，ΔF=0.0194，N_e=26.20。

（四）交配制度

若一个理想群体个体数为 N、每个个体的配子数为 K，则可能的配子对数为 $\frac{N\bar{K}(N\bar{K}-1)}{2}$，但是若交配受到某些限制（如地理隔绝等）而不能随机交配时，每个配子可以搭配的对象就要减少（设减少 N 的 C 倍，即 CN 个，C=2/N，2^2/N，…，2^{N-1}/N）。群体可能的配子对总数随之下降，结果群体有效含量为

$$N_e = \frac{4N - \bar{C} - 2}{\sigma_K^2 + 2}$$

$$\because \bar{C} \geqslant 0$$

$$\therefore \frac{4N - 2 - \bar{C}}{\sigma_K^2 + 2} \leqslant \frac{4N - 2}{\sigma_K^3 + 2}$$

这说明群体有效含量小于理想群体。系统限制的极端是隔离和分群，其遗传效应是提高近交增量和遗传漂变速率。在两性别数目不等的群体，交配不随机也有降低群体有效含量的作用。无论群体内两性别数目是否相等，若每个公畜的配偶数不等，就不能保证它们留下等数的子代公畜和子代母畜，除非以放弃每个母畜留下等数子代母畜的前提来人为地加以调整。但这两种情况都有提高家系间留种个数方差的作用。每头公畜随机等量地交配母畜是最有利的交配制度。但是，避免亲缘关系极近的个体间（如全同胞、半同胞、堂表同胞）的交配，可略微降低各世代的近交系数，但是不能减少近交增量。

近交程度是家畜遗传管理最重要的考虑因素，一般从系谱数据中量化，但这忽略了未记录的基础种群中的亲属关系。它也可以通过 Wright F_{IS} 近交系数从分子数据中推断出来，该系数定义为因亚群内的近亲繁殖而导致的种群内总近交的比例。F_{IS} 通常根据杂合子缺失来估计。F_{IS}=1-观测杂合度/期望杂合度。正 F_{IS} 也可能是种群细分的结果，即华伦德效应；杂交育种可能产生负估计。近交衰退，即近交导致

的群体适合度的降低，主要是由有害突变的纯合性引起的[1]。基于牛全基因组单核苷酸多态性（SNP）等位基因频率计算基因组关系矩阵 **G**，发现基于 **G** 的近交指标与谱系数据具有高度的相关性($r \approx 0.70$)[2]。从高密度 SNP 芯片推断的另一个近交迹象是相对长的纯合染色体片段(纯合子的运行)。在弗莱维赫牛群体中，Mészáros 等[3]发现纯合子的运行与基于血统的近亲繁殖的相关性（$r > 0.65$）比基于 **G** 的值（$r < 0.40$）更好。

（五）群体有效含量在世代间的波动

　　我国养猪业和养禽业中的群体规模往往有季节性的波动；在其他家畜生产中也不乏见到各世代规模不等的现象。尽管各世代的近交增量只受当代群体有效含量的影响，但是世代间群体有效含量的波动对畜群累积的近交系数有特殊的影响。

　　若 t 个相邻世代的群体有效含量分别为 N_{e_1}、N_{e_2}、……、N_{e_t}，每个世代基因频率抽样方差为 $\sigma_{\sigma q}^2 = pq / (2N_e)$。则 t 代的平均抽样方差为

$$\sigma_{\sigma \bar{q}}^2 = \frac{pq}{t}\left(\frac{1}{2N_{e_1}} + \frac{1}{2N_{e_2}} + \cdots + \frac{1}{2N_{e_t}}\right)$$

t 代间的平均近交增量为

$$\overline{\Delta F} = \frac{\sigma_{\sigma \bar{q}}^2}{pq} = \frac{1}{t}\left(\frac{1}{2N_{e_1}} + \frac{1}{2N_{e_2}} + \cdots + \frac{1}{2N_{e_t}}\right)$$

因此，t 个世代的平均群体有效含量为

$$N_e = \frac{1}{2\overline{\Delta F}} = \frac{t}{\sum_{i=1}^{t}\left(\dfrac{1}{N_{e_i}}\right)} (i = 1, 2, 3, \cdots, t)$$

即

$$\frac{1}{N_e} = \frac{1}{t}\sum_{i=1}^{t}\left(\frac{1}{N_{e_i}}\right)$$

　　这就是说，平均群体有效含量是各世代群体有效含量的调和平均数。调和平均数有提高较小变量影响的作用，所以各世代最小的群体有效含量对均数有最大的影响。因为每个世代的近交系数由两部分构成：一是以前各世代的近交积累起

[1] Charlesworth D, Willis J H. The genetics of inbreeding depression. Nature Reviews Genetics, 2009, 10(11): 783-796.

[2] Van Raden P M. Efficient methods to compute genomic predictions. Journal of Dairy Science, 2008, 91(11): 4414-4423.

[3] Mészáros G, Pálos J, Ducrocq V, et al. Heritability of longevity in large white and landrace sows using continuous time and grouped data models. Genetics Selection Evolution, 2010, 42(1): 13.

来的近交系数，二是当代的近交增量。

$$F_t = \left(1 - \frac{1}{2N_e}\right)F_{t-1} + \frac{1}{2N_e}$$

当代的群体有效含量只决定近交增量，并不影响既有的近交系数水平。因而，每个世代的近交系数都受到以前各世代群体有效含量的影响，群体有效含量最小的世代影响效应最大。

例 2-3-2　若 6 个世代的群体有效含量 N_e 分别为 500、15、100、150、300 和 5000，则平均群体有效含量为

$$N_e = \frac{6}{\dfrac{1}{500} + \dfrac{1}{15} + \dfrac{1}{100} + \dfrac{1}{150} + \dfrac{1}{300} + \dfrac{1}{5000}} = 67.5 \approx 68$$

由上面的例子可以看出，对于遗传多样性的保持来说，群体有效含量特别小的世代可能在很大程度上抵消以前的保持效果，也在一定程度上影响之后的保持效果。

（六）世代间隔

世代间隔与近交增量无关，但涉及群体遗传多样性消失速度的另一个指标，即一定时期内近交系数的上升幅度。世代间隔越短，群体近交系数在一定时期内上升的幅度越大，基因多样性衰减速度就越快。

三、保持群体遗传多样性的措施

基于上述机制，为达到保持群体遗传多样性的目的采取的措施有如下几个方面。

（一）扩大群体规模

为保持群体遗传多样性，尽可能保持家畜数量稳中有增；加强繁育，避免畜群近亲繁殖；更替种畜，扩大种群规模。

（二）缩小公母个体数之间的差距

对动物的正常生殖过程进行人为干预，控制家畜的性别比例，这个过程简称性控。通过受精之前和受精之后的人为干预，实现性别控制，达到缩小公母个体数之间的差距。前者是通过对精子的体外干预，使得在受精时便决定了后代的性别。后者是通过对胚胎性别进行鉴定，从而获得所需性别的后代。

（三）家系等数留种

在每个世代中，各家系选留的数量相等；按照相同的公母比例组成下一代种

群，按随机交配的方式继代繁殖。尽量保持各个世代的群体有效含量较稳定，防止世代间有效群体规模的较大波动。群体平均近交增量主要取决于群体有效含量最小的世代规模，群体有效含量越小，由它导致的群体遗传漂变越严重。

（四）延长世代间隔

延长世代间隔可以有效减缓群体的遗传变化，也可以降低群体近交增量，有利于遗传资源的长期保存。

第三章 家畜遗传多样性特征评测方法

家畜种群的遗传学研究集中在驯化、品种内和品种间多样性、品种历史与适应性变异等问题上。本章描述了用不同的分子标记和数据分析方法来解决这些问题。家畜遗传多样性的特征化和信息化是动物遗传资源学的重要研究内容。遗传多样性参数具有准确、直观和简略的特征。遗传多样性参数（信息参数）是在性状变异的基础之上，描述不同遗传变异层次或者变异系统的参数。有关变量分析的基础单元分别是：①动物种及变种数目；②通常或者偶然的自然分布；③培育品种或者引进品种；④品系或者群体变异程度。不同研究层次的遗传变异包括给定位点上的等位基因、单位点的基因型或者多位点的基因型，描述等位基因结构、基因型结构和遗传结构。主要遗传多样性参数是基因型多度、遗传多样性（多态性）、遗传分化、变异等级和杂合度等。一个明显的趋势是使用单核苷酸多态性（single nucleotide polymorphism，SNP）和全基因组序列信息，用贝叶斯或近似贝叶斯分析和接近中性的适应性多样性来支持保护决策。

野生动物的驯化是人类历史上最大的基因实验。经过成百上千代针对特定性状的育种，在人工选择下形成了非常特殊的多样的家畜群体。家畜遗传学使得对基因功能的基本认识成为可能。目前，遗传多样性的定义分为广义和狭义两种[1]。广义遗传多样性是指蕴藏在地球上的植物、动物和微生物个体基因中遗传信息的总和。狭义遗传多样性是指种内基因的变化，包括同种显著不同的群体间或同一群体内的遗传变异，即种内不同群体之间或同一群体内不同个体遗传变异的总和。在分析讨论群体遗传多样性参数时涉及以下几个基础概念。

1）孟德尔式群体。以有性过程实现繁殖的群体称为孟德尔式群体（Mendelian population）。它强调世代相续过程的有性化，与之相对的是无性生殖种群。一般来说，种间不能实现有性生殖，因而一个孟德尔式群体的遗传边界是物种，它是群体内发生遗传变异扩散的最大极限。

2）亚群。在一个大的孟德尔式群体内，由各种原因造成的交配限制，可能导致基因频率分布不均匀的现象，形成若干遗传特性有一定差异的群体，这就是亚群（subpopulation）。家畜亚种、品种中都可看到物种的亚群。从品种来看，品系、地域群都是亚群。

---

[1] 胡志昂, 王洪新. 遗传多样性的定义、研究新进展和新概念.//中国科学院生物多样性委员会等编. 生物多样性与人类未来——第二届全国生物多样性保护与持续利用研讨会论文集. 北京: 中国林业出版社, 1996.

3）基因频率（gene frequency）。其是指特定基因在群体所有个体的全部等位基因中占的比例；基因型频率（genotype frequency）是指群体中特定基因型所占的比例。

4）基因库（gene pool）。其是指由各种基因型携带着各种基因的许多个体所组成的群体，包括不同层次的种群。当从基因和基因型角度来认识个体时，群体就是基因库。基因库也就是包含所有个体拥有的全部基因的群落空间。

第一节　遗 传 标 记

一、标记的类别

根据不同的应用范围，标记可以分为三类（表 3-1-1）。mtDNA 序列为母系遗传，序列具有高度可变性，并且通常可以追溯到家养前或早期区域种群。Y 染色体单倍型作为哺乳动物父系的标记，可以揭示更方便的育种选择。常染色体 DNA 变异与表型的联系更为密切。

表 3-1-1　　标记的主要用途取决于它们的遗传方式

标记	传播	用于推断群体内部特征
mtDNA	母系血统	祖先物种；驯化地点；母系起源；群体有效含量；扩张，瓶颈；跨群体；各大洲的差异
Y 染色体	父系血统	祖先物种；雄性渐渗；种公畜的起源
常染色体	孟德尔（双亲）	群体内部；差异性度量；品种历史；适应性变异；跨群体；群体关系；可追溯性

二、线粒体标记

通过序列分析鉴定 mtDNA 单倍型很简单，但是使用具有广泛物种特异性的引物时可能会被核 mtDNA 插入的扩增混淆。大多数研究都是针对高度多态性置换环（D-loop）区域，但是已经发现完整的 mtDNA 基因组序列大大增加了人们对线粒体单倍体组起源的理解。mtDNA 变异在建立家养物种与野生近缘物种之间的关系、确定驯化地点和追踪种群的母系起源方面特别有用。例如，欧洲牛的 mtDNA 表明大多数牛的母系血统来自近东，在非洲瘤牛中发现了普通牛的 mtDNA，确定了普通牛群与外来瘤牛杂交的起源。这与家猪的母系起源形成对比，家猪似乎是来自世界各地的野生种群的后代。对古代 mtDNA 的分析也有助于研究家畜种群的历史。此外，联合贝叶斯分析可以估计不同物种过去的种群规模。然而，在各大洲内，由于单倍群的分布相当分散，mtDNA 在推断品种起源方面的作用有限。

三、Y 染色体标记

在哺乳动物中，Y 染色体 DNA 的变异可以用来追踪父系的起源和多样性。相对于常染色体 DNA，Y 染色体 DNA 具有高水平的重复基序和低水平的多态性。迄今为止，这些特征限制了 Y 染色体标记的发展。绵羊、山羊和马的 Y 染色体单倍型是由单核苷酸多态性（SNP）定义的；牛的 Y 染色体单倍型是由微卫星变异定义的。因为它们的群体有效含量小，所以在品种水平上 Y 染色体有相对大的分化。因此，Y 染色体变异有望揭示家畜物种中雄性介导的基因渗入和迁移，正如在古遗传人类学中取得的成就，成为重建种群历史的最有用的标记。

四、常染色体标记

动物遗传多样性的第一次调查是基于血型和蛋白质多态性。在 1989 年发现可通过 PCR 扩增的多等位基因微卫星，其突变率高达 $10^{-3} \sim 10^{-4}$/代，成为研究遗传多样性最广泛使用的常染色体标记。对于一些家畜物种，联合国粮食及农业组织（FAO）推荐了分布在基因组中的大约 30 个微卫星的标准化面板。通常，由 15~30 个标记组提供了品种内多样性的测量，并通过聚类方法、主成分分析或系统发育重建来比较品种。微卫星基因型也可用于将动物或动物产品归属于它们的来源品种。国际动物遗传学会建立了由马和牛的大约 12 个微卫星组成的标准组合，并被常规用于个体识别和亲子关系测试，尽管近亲繁殖的个体区分需要更多的标志物。

扩增片段长度多态性（amplified fragment length polymorphism，AFLP）标记是研究分子遗传变异的另一种技术。它的优点是不需要任何关于目标基因组的先验序列信息，而且与 SNP 相比，它对确定偏差不敏感。AFLP 已用于研究猪、山羊和牛的多样性。

在通过全基因组重测序鉴定了数百万个 SNP 后，这些标记已经取代了大多数应用中的其他标记类型。数千个 SNP 可以同时在微阵列或微珠阵列上进行分型。目前，牛、猪、绵羊、山羊和鸡可以使用约 5 万个 SNP 基因芯片，更高密度（770K）的基因芯片已经用于牛。据估计，3~8 个双等位基因 SNP 的信息含量与一个微卫星标记一样丰富。SNP 作为遗传标记的优势在于可提供快速、可靠和可重复的高通量或高密度基因分型的方案，并显著降低每个数据点的成本。SNP 的另一个相关特征是，除高变异区的 SNP 以外，大多数 SNP 属于唯一事件多态性（UEP）。相反，微卫星等位基因是由连续突变产生的，相同长度的等位基因[状态同源（IBS）]不一定在血统上也是相同的[血缘同源（IBD）]。在概念上，一旦突变事件可以确定日期和位置，衍生的 UEP 等位基因的分布允许推断基因流动的程度和方向。然而，SNP 的一个缺点是，如果在有限数量的品种中基于高的次要等位基因频率对它们进行系统选择，它们比微卫星更容易受到确定偏差的影响。因为用于发现 SNP 的个体往往是从商业种群中选择的，这导致了对其他品种及其亲属多样性的低估，尽管已经描述了减少偏差的方法。

可以使用以下几种方法选择提供祖先最佳信息的单核苷酸多态性子集："贪婪"多变量算法、主成分分析（PCA），以此系统地测试高阶 SNP 的子集。目前，稀疏拉普拉斯特征函数，稀疏偏最小二乘或基于 Wright 的 F_{ST} 等方法也被用于此目的，以进一步优化 SNP 子集的选择。高密度的 SNP 嵌板已用于分析几个物种的全基因组连锁不平衡（LD）。SNP 已经用于研究牛、猪、羊、鸡与马的起源和分化。一组 1536 个 SNP 揭示了世界各地绵羊群体的遗传分化和地理起源。许多插入和缺失的 SNP 可能揭示了共同血统的 UEP。逆转录病毒插入被证明有助于重建绵羊驯化的历史。

片段的拷贝数变异（CNV）的大小范围从 50 个碱基对到几百万个碱基对。CNV 要么是遗传的，要么是由基因组重排，如缺失、重复、倒位和易位造成的。CNV 可以通过细胞遗传学技术检测，如荧光原位杂交、比较基因组杂交、微阵列比较基因组杂交和大规模 SNP 基因分型。CNV 已被证明与疾病反应及其他复杂性状相关。

如果在同一物种的先前研究中使用了相同的标记，通过促进更广泛的品种群体的比较，任何数据集都变得更具信息性。联合国粮食及农业组织关于选择微卫星标记的建议没有在所有研究中得到遵循，这实际上已成为微卫星方法的一个主要缺点。相比之下，由于开发和鉴定的高成本，目前只有少数高密度 SNP 分析可用于所有家畜物种。

随着全基因组序列的有效性以及测序的日益简便和低成本，深入的序列分析对于多样性研究变得可行，甚至可以与古代样本进行比较。为了理解群体遗传学和历史，中性选择的 DNA 变异将被适应性变异所补充，如免疫遗传变异反映了暴露于区域性病原体和不同的环境条件下的情况。

第二节　遗传多样性参数

关于群体变异程度的度量，目前有多种方法。各种方法都有自己的优缺点和较为适用的范围。现在主要列举如下。分析 DNA 突变、重组和等位基因频率的随机或定向变化，是从遗传本质上来重建进化、生态、历史或群体结构演变过程（分散、扩张、瓶颈、遗传隔离、基因渗入、适应和选择）。在家畜中，驯化只获得了野生祖先的很小一部分变异，随后的品种形成创造了不同水平的基因细分，具有不同强度的基因流。与此同时，一些位点已经成为选择性育种的靶标，这也减少了品种的群体有效含量。育种目标的进一步变化继续引起高度的时间变异。所有这些导致了多样性模式，与野生种群相比，这种模式不是渐进的而是跃进性的。

在遗传多样性研究中，一组品种的遗传组成可用各种群体遗传汇总统计的列表来描述。不断增长的基因组数据允许更准确地重建产生所观察到的多样性模式的过程。现在有一个明显的趋势是基于贝叶斯模型的方法来估计遗传参数。然而，这些方法在计算上是高度密集的，通常排除了对实际数量的参数值的检查。近似贝叶斯计算分析将系谱模拟搜索的参数空间限制在通过汇总统计及其方差定义的参数空间，从而大大提高了贝叶斯合并分析。这些统计可以通过群体遗传学程序来计算。

一、基因型多度

基因型多度（genotypic abundance）又称为遗传多度或者基因型复杂度，是指分析位点中的多态位点百分比或者等位基因百分数，它是遗传变异大小的基础统计量。

基因型多度估算忽略了基因频率和基因重组系统，通常有 3 种表达形式。

1）1 个位点上的等位基因数，$i=1,2,\cdots,n$。

2）1 个多态位点的基因型多度，$M_1=G_1=[n(n+1)]/2 \geqslant 3$，其中，$G_1$ 是单个多态位点上所有可能的基因型数量。

3）m 个多态位点上基因型多度。

某些基因位点上的基因型多度值是指这些位点上等位基因数目的总和。若基因位点 k（$k=1,2,\cdots,m$）上的等位基因数目为 n_k，只有这些位点上存在变异时才能使基因型多度（$M_2=G_m=G$）具有意义。若任何多态位点只存在两个等位基因，则 M_2 处于较低限度。潜在的基因型多度值表示具有多态基因给定状态的所有可能基因型的数目，定义为

$$M_2=G_m=\prod_{k=1}^{m}\frac{n_k(n_k+1)}{2} \geqslant 3^m$$

在实验中利用上式容易判别等位基因的丢失。若等位基因出现丢失，就会使得基因型多度（M_2）降低。一般在第 k 个位点上丢失一个等位基因，M_2 下降到如下比例。

$$\frac{1}{3} \leqslant \frac{n_k-1}{n_k+1} \leqslant 1$$

由于 M_2 数量较大，在群体较大的情况下，基因型多度下降比较小，有时小到检测不出来；若群体较小，则第 k 个位点上等位基因丢失可能伴随着其他位点上等位基因丢失，基因型多度下降就比较明显。

群体中的特定基因是群体具有适应性和持续发展力的基础，这些特定基因叫作适应性基因（adaptive gene）[1]。若令 V_k 是第 k 个位点上等位基因丢失的概率，则在 m 个多态位点中至少任意一个等位基因丢失的概率 W 较大。若基因位点是相对独立的，W 定义为

$$W = 1 - \prod_{k=1}^{m} \left(1 - V_k\right) \geqslant V_k$$

二、群体遗传多样性

群体遗传多样性（genetic diversity）是指一个群体中或者其中一个样本群体中遗传变异的多态性。它是特指某个群体遗传多样性，为了与广义遗传多样性区别开来也称多态性。

假设在 k 位点上 n_K 个等位基因发生变异的频率为 P_i^k（$i = 1, 2, \cdots, n_k$），则在一个群体中等位基因多样性值（μ_k）为

$$1 \leqslant \mu_k - \left[\sum_{i=1}^{n_k} \left(P_i^k\right)^2 \right]^{-1} \leqslant n_k$$

式中，μ_k 的最大值是 n_k，最小值是 1。若群体中某几个等位基因固定为单态，则它就是有效等位基因数量。此时，μ_k 的调和平均数为 $\overline{\mu}$，它是 m 个位点上有效等位基因的平均数，即

$$1 \leqslant \overline{\mu} = m \left[\sum_{k=1}^{m} \left(\mu_k\right)^2 \right]^{-1} \leqslant \frac{1}{m} \sum_{k=1}^{m} n_k$$

例 3-2-1　由等位基因频率估算等位基因多样性。若已测定 3 个群体某位点等位基因频率（表 3-2-1），用上式估算各群体等位基因多样性，A 群体，$\mu_A = 1 \times (0.5^2 + 0.5^2)^{-1} = 2.00$；B 群体，$\mu_B = 1 \times (0.45^2 + 0.40^2 + 0.15^2)^{-1} = 2.60$；C 群体，$\mu_C = 1 \times (0.70^2 + 0.20^2 + 0.10^2)^{-1} = 1.85$。

表 3-2-1　由等位基因频率估算等位基因多样性

等位基因	群体		
	A	B	C
P_1	0.50	0.45	0.70
P_2	0.50	0.40	0.20
P_3	0.00	0.15	0.10
多样性（μ_k）	2.00	2.60	1.85

[1] Whale A J, Michelle K, Hull R M, et al. Stimulation of adaptive gene amplification by origin firing under replication fork constraint. Nucleic Acids Research, 2022, 50(2): 915-936.

三、多态性

群体多态基因位点的多态性，即多位点基因多样性（multilocus genetic diversity），用多态性（μ）表示。若是单个位点不存在频率为 0.99 以上的等位基因，就认为这个位点是多态的。尽管它是变异程度的一个重要内容，但是这种度量方法有点武断，特别是不能描述位点上等位基因的种类数。因为位点上的变异程度与性状的性质和所受选择的程度有关。目前，受测位点大多在选择上是中性的，就变异程度而言其不是所有位点的随机样本群体。因此，将这个指标作为相同性质位点变异程度的估计值可能更合理一点。

多态性（μ）体现群体有性繁殖的适应性潜能。配子多态性是多态性在群体配子层面的一种体现。它是建立在两个假设的前提下：一是假设不存在选择，或者主要是繁殖力的选择；二是假设不同位点上等位基因的分布具有独立性。观测 m 个基因位点能得到下式。

$$1 \leqslant \mu_{配子体} = \prod_{k=1}^{m} \mu_k \leqslant \prod_{k=1}^{m} n_k$$

式中，n_k 表示第 k 个基因位点上的等位基因数。

目前，广泛开展了动物群体多态性研究，结果表明，各个动物群体间的多态性存在显著的差异。

四、Hardy-Weinberg 定律

Hardy-Weinberg 定律是群体遗传最基础的定律，主要内容是指在一个随机交配的大群体中，若没有突变、迁移和选择，基因频率和基因型频率都恒定不变；无论原有的基因型频率如何，只要经过一代随机交配，常染色体基因频率和基因型频率就形成了。这是出于研究方便而设想的理想状态，在这个假设下群体保持着基因平衡，等位基因频率和基因型频率在遗传中稳定不变。显然这个假设的要旨是在没有外来干扰的条件下保持平衡状态，即纯合子基因型频率为其基因频率的平方，杂合子基因型频率为相应基因频率之积的 2 倍。

Hardy-Weinberg 定律的意义之一是揭示了一定条件下基因频率和基因型频率之间的定量关系，为分析、计算群体遗传变异提供了可靠方法。

（一）性连锁位点的平衡

在纯合性别（XX 或者 ZZ）位点上有一对等位基因，而杂合性别（XY、ZW）只有一个。在平衡群体中，母畜中各种纯合子的频率还是其基因频率的平方，各

种杂合子的频率也是相应基因频率之积的 2 倍。根据 Hardy-Weinberg 定律仍然可以进行平衡群体中纯合性别的基因频率与基因型频率的换算。但是，就任何性连锁位点来看，公畜只携带等位基因中的一个，无所谓杂合子，而两类半合子的频率恰好与亲代纯合性别中相应的基因频率相等。因此，在公畜中隐性伴性性状的频率与群体隐性基因频率相等，显性伴性性状的频率与显性基因频率相等；在母畜中隐性伴性性状的频率为群体隐性基因频率的平方，显性伴性性状的频率为 1 减去此值。群体中隐性基因频率越低，性状在两性中的比例越悬殊。若没有外来干扰，基因频率和基因型频率仍然保持不变。

若性连锁基因的频率在两性间分布不等，则永远不可能通过随机交配达到平衡。这是性连锁位点与常染色体位点的区别。

假设基因 A 在公畜群中的频率为 p，在母畜群中的频率为 $p-m$。根据：①伴性基因在公畜群中的频率（即特定半合子的频率）等于该基因在亲代母畜群中的频率；②母畜群中特定纯合子的频率等于该基因在亲代两性别中的频率之积，杂合子频率等于特定基因在亲代公畜群中的频率与其他等位基因在亲代母畜群中的频率之积，加上该基因在亲代母畜群中的频率与其他等位基因在亲代公畜群中的频率之积；③在母畜群中，基因 A 的频率 p 可表示为纯合子频率 D 加上杂合子频率 H 的一半，即 $p=D+1/2H$；④就全群来看，公、母畜群（在个体数相等的条件下）拥有同一位点数的比例为 1:2，可得当两性基因频率不等时基因频率在累代随机交配中的变化（表 3-2-2）。

表 3-2-2　伴性基因频率在随机交配中的变化

世代	公畜群	母畜群	两性频率差	全群
0	p	$p-m$	m	$p-\dfrac{2m}{3}$
1	$p-m$	$p-\dfrac{m}{2}$	$-\dfrac{m}{2}$	$p-\dfrac{2m}{3}$
2	$p-\dfrac{m}{2}$	$p-\dfrac{3}{4}m$	$\dfrac{m}{4}$	$p-\dfrac{2m}{3}$
3	$p-\dfrac{3}{4}m$	$p-\dfrac{5}{8}m$	$-\dfrac{m}{8}$	$p-\dfrac{2m}{3}$
4	$p-\dfrac{5}{8}m$	$p-\dfrac{11}{16}m$	$\dfrac{m}{16}$	$p-\dfrac{2m}{3}$
⋮	⋮	⋮	⋮	⋮

可见：①基因频率的正负差值随世代在两性间摆动；②每经过一代，差值的绝对值下降一半；如以 n 代表随机交配的世代，则可以利用 $(-1)^n\left(\dfrac{m}{2^n}\right)$ 表示各世代两性别中基因频率的差值；③就全群来看，基因频率恒定不变。

在动物遗传资源研究中，若大规模调查证明母畜中隐性伴性性状的频率与它在公畜群中频率的平方存在真实差异，就应当考虑品种（或者群体）多起源的可能性。

（二）连锁不平衡

连锁不平衡（linkage disequilibrium，LD）描述了非等位基因间特定组合形成合子的概率与其随机组合概率不相等的现象。这种现象可能由连锁的干扰或非等位基因间的共适应性（genetic coadaptation）所引起，导致即使在随机交配的情况下，多位点间的基因频率和基因型频率也无法达到平衡状态。

设 p 和 q 为位点 A 的等位基因频率，r 和 s 为位点 B 的等位基因频率。根据 Hardy-Weinberg 定律，两个位点的平衡频率应满足以下关系。

$$(D+H+R)(D'+H'+R')=(p+q)^2(r+s)^2$$

式中，D、H、R 和 D'、H'、R' 分别代表两个位点的三种基因型频率。

连锁不平衡会干扰上述平衡状态的实现，通常表现为配子 AB、Ab、aB 和 ab 形成合子的概率不均等。例如，AB 和 ab 配子可能更为常见，而 Ab 和 aB 配子较少见。连锁不平衡的程度可以通过以下公式来量化。

$$d=(p_{AB}\cdot p_{ab})-(p_{aB}\cdot p_{Ab})$$

式中，p_{AB}、p_{ab}、p_{aB} 和 p_{Ab} 分别是连锁配子与重组配子的频率。

重组率 C 表示重组型配子在所有配子中的比例。在 $C\neq0$ 的情况下，连锁不平衡的程度会随着随机交配过程逐代降低。

如以 n 代表随机交配世代，则：

各世代的不平衡值为

$$d_n=(1-C)^n d_0$$

相邻两代不平衡程度之差为

$$d_n-d_{n+1}=Cd_0(1-C)^n$$

而任何相邻两代间不平衡值的相对下降率都等于重组率，即

$$\frac{d_n-d_{n+1}}{d_n}=C \qquad (n=0,1,2,\cdots)$$

这和性连锁位点的情形一样，连锁不平衡只是干扰位点间基因型频率的分布，不影响群体基因频率的稳定性，也不妨碍单个位点上的 Hardy-Weinberg 平衡。若是利用多位点检测品种遗传多样性或特定遗传标记的利用，这个参数不可忽视。

第三节　杂合度参数

一、杂合度

杂合性（heterozygosity），即群体各基因位点杂合子频率的平均数。杂合度

（heterozygosity，H）能够在一定程度上反映遗传多样性。杂合度高的群体常常表现出较强的适应性和较高的生活力。群体（j）中个体（i）在第 k 个位点上的杂合度（H）定义为

$$H = \sum_i \sum_j p_{ij}^k，j<i$$

在位点 $m \geq 1$ 的多态位点基因型的群体中，平均杂合度定义[1]为

$$\bar{H} = \frac{1}{m} \sum_k \sum_i \sum_j p_{ij}^k，j<i$$

平均杂合度又称实际杂合度（H_a），它可以用来表示群体（j）中个体（i）杂合基因位点频率均值，或者群体中 m 个位点上杂合子频率均值。

若在一个相对大且稳定的群体中，基因型在所有位点上符合 Hardy-Weinberg 定律，常用 Nei[2] 的平均杂合度公式来计算期望杂合度（H_e）。

$$H_e = 1 - \sum_i p_i^2$$

很显然，H_e 是 H_a 的理论估值，二者有相近的时候，也有偏离的时候。例如，Morgante 等[3] 报道酶系统基因位点上 H_e 与 H_a 的结果存在差异。这种观察值和期望值的差异可以理解为实际选择作用的结果。等位基因结构对实际杂合度（H_a）有一定的影响。因为在一个位点上杂合基因型所占的比例取决于等位基因的结构。当 $H_a=1$ 时，两个等位基因具有相等的频率。一般认为位点上等位基因频率越是不同，杂合子出现的可能性越大。在这方面引用"条件杂合度"（约束杂合度，H_c）来说明。

$$H_c = H_a，p_i \leq 0.5$$
$$H_c = \frac{H_a}{a(1-p_i)}，p_i > 0.5$$

式中，a 是调整因子，a 具体含义和取值通常取决于研究的具体背景和假设，它用于校正由于等位基因频率不平衡而导致的偏差。

由杂合度衍生出平均杂合度（$\bar{H}$ 或者 H_t）、纯合度（J）和基因多样性（D）等参数。平均杂合度和纯合度易于理解，基因多样性容易与前面介绍的基因型多度和遗传多样性相混淆。以下从不同角度对有关定义和公式继续讨论。平均杂合度（$\bar{H}$ 或者 H_t）表示群体内每个位点杂合体的平均频率，或者一个个体所具杂合位点的平均频率，是群体遗传变异的一个重要观测值。已经知道，遗传漂变可以

[1] Gregorius H R. The concept of genetic diversity and its formal relationship to heterozygosity and genetic distance. Math Biosciences, 1978, 41(3-4): 253-271.

[2] Nei M. Analysis of gene diversity in subdivided populations. Proc Natl Acad Sci USA, 1973, 70(12): 3321-3323.

[3] Morgante J S, Selivon D, Solferini V N, et al. Evolutionary patterns in specialist and generalist species of Anastrepha//Aluja M, Liedo P. Fruit Flies: Biology and Management. New York: Springer, 1993: 15-20.

增加基因频率在群体间的变异，而群体内遗传变异则逐渐减少。因此，有必要研究群体内杂合体的平均频率。若在 t 代基因频率为 x_i 的一个群体中，其杂合频率是 $2x_i(1-x_i)$。取全部群体的杂合度 $[2x_i(1-x_i)]$ 的平均值，可得到：

$$H_t = 2\left(p - v_t - p^2\right) = 2p(1-p)\left(1-\frac{1}{2N}\right)^t$$

式中，p 代表在初始（$t=0$）时，群体中某一等位基因的频率；v_t 代表在 t 代后由于遗传漂变等因素导致的该等位基因频率的净减少量；N 代表群体的有效大小。

在理论上，若将上述公式应用于单个群体内很多个独立的中性位点上时，则要求这些位点具有相同的初始基因频率。虽然除人工群体之外，相邻初始基因频率的假设实际上是不能成立的，若利用 G_0 代的全部位点的平均杂合度来代替 $2p(1-p)$ 时，上述公式还是可以适用的。虽然上述公式是在一个位点具有两个等位基因的情况下推导的，但是适用于任何数目的复等位基因。假设一个位点上有 n 个复等位基因，x_i 是 t 代第 i 个等位基因频率，于是杂合度为

$$H_t = 2\sum_{i<j} x_i x_j$$

则 $t+1$ 代期望杂合度为

$$H_{t+1} = 2\left(1-\frac{1}{2N}\right)\sum_{i<j} x_i x_j = \left(1-\frac{1}{2N}\right)H_t$$

若以 H_0 表示 G_0 代的杂合度，则：

$$H_t = H_0\left(1-\frac{1}{2N}\right)^t \approx H_0 e^{-t/2N}$$

显然每个位点的平均杂合度将以每代 $1/2N$ 的速率下降。平均杂合度（H_t）从理论上讲可作为群体优良特性的表征，适合于测定遗传变异。

在非随机交配群体中，上面定义的杂合度与群体内杂合体的频率无关，但却是一个群体内基因变异的理想测度，适用于任何生物（如自交、异交、单倍体和多倍体的生物）。

群体遗传变异在遗传标记分析中，常用多态位点比例和每个（单态）位点的平均杂合度来度量，群体基因频率除杂合度之外的部分，即：$1-H=J$，为纯合度，或者记为 $H=1-J$。

$t+1$ 代和 t 代的纯合度分别记为

$$J_{t+1} = \frac{1}{2N} + \left(1-\frac{1}{2N}\right)J_t$$

$$J_t = 1 - (1-J_0)\left(1-\frac{1}{2N}\right)^t$$

若 $J_0=0$，则 $J_t=F_{ST}$。很显然，实际上 $J_0=0$ 的情况是不会出现的。另外，一个

位点的纯合度还可以定义为

$$J = \sum x_i^2$$

则一个位点的杂合度就可以定义为

$$H = 1 - \sum x_i^2$$

平均纯合度（J）和平均杂合度（H_t）是指全部基因位点纯合度或杂合度测定值的平均值。

平均纯合度是指从各位点随机抽出两个相同等位基因的概率的均值。若令 A_i 为任一随机交配群体任一位点上第 i 个等位基因频率（$i=1,2,3\cdots$）；j 为在任一位点随机抽出两个相同等位基因的概率；J 为受测位点 j 的均值；N 为受测位点数；则：

$$j = \sum A_i^2$$

$$J = \sum_1^n j / N$$

平均杂合度是指从各位点随机抽出两个不同等位基因的概率的均值。在上述假设下，显然平均杂合度为

$$H = 1 - J$$

二、基因多样性

Nei[1]提出把杂合度（H）重新定义为基因多样性（D），将纯合度（J）定义为"基因一致度"，以便专业地描述亚群内的遗传变异情况。若 J 表示某一位点的基因一致度，则 $1-J$ 对应于平均杂合度。进一步地，基于 x 个样本和 m 个位点计算得到的基因多样性 $D_{(x,m)}$ 可表示为下式。

$$D_{(x,m)} = 1 - J$$

此公式用于量化特定样本集合中位点的遗传多样性。它可以理解成一个群体遗传变异，可以利用随机选出的基因之间的平均密码子差数来度量，任何一对不同的等位基因之间必须至少有一个密码子差数，每个位点的密码子差数更恰当地估算写成下式。

$$D = -\ln J$$

若 D_x' 是每个位点的平均密码子差数偏低估算（$\tilde{D}_c$），采用不同位点基因一致度的几何平均数（J'）比算术平均数更为适宜。则有

$$D_x' = -\ln J'$$

[1] Nei M. Analysis of gene diversity in subdivided populations. Proc Natl Acad Sci USA. 1973, 70(12): 3321-3323.

在取样结构已经清楚的情况下，平均杂合度或者基因多样性似乎是测量遗传变异最合适的参数。一个位点杂合度估值 $\left(h=1-\sum x_i^2\right)$ 的理论方差是

$$V(h)=\frac{2(n-1)}{n^2}\left[(3-2n)j^2+2(n-2)\sum x_i^2+j\right]$$

式中，$j=1-h$；n 是取样基因数（见 Nei 的文献）。群体平均杂合度方差实际上包含了位点间方差。假设有 r 个位点的基因频率，则群体平均杂合度（H）及取样方差分别为

$$H=\sum_{i=1}^{r}h_i2/r,\qquad i=1,2,\cdots,r$$

$$V(H)=\sum_{i=1}^{r}(h_i-H)^2/\left[r(r-1)\right]$$

三、亚群基因多样性

假设种群分为 s 个亚群，或者将群体剖分成 s 个亚群，令 x_{ik} 为第 i 亚群内第 k 等位基因频率，亚群基因一致度=1-亚群基因多样性（D_{ij}），则第 i 亚群的基因一致度是

$$J_i=\sum_k x_{ik}^2$$

若利用 $J_{ij}=\sum_k x_{ik}^2 x_{jk}^2$ 表示第 i 亚群第 j 基因一致度，则总群体的基因一致度（J_T）表示为

$$J_T=\left[\left(\sum_i\sum_k x_{ik}^2+\sum_{i\neq j}\sum_k x_{ik}x_{jk}\right)\bigg/s^2\right]\bigg/s^2=\left(\sum_i J_i+\sum_{i\neq j}J_{ij}\right)\bigg/s^2$$

现将第 i 群体与第 j 群体之间的基因多样性定义为

$$D_{ij}=H_{ij}-\left(H_i+H_j\right)/2=\left(J_i+J_j\right)/2-J_{ij}$$

式中，$H_i=1-J_i$，$H_{ij}=1-J_{ij}$。由于 $D_{ij}=\sum_k\left(x_{ik}-x_{jk}\right)^2\bigg/2$。因此，$D_{ij}\geqslant 0$。若 $D_{ij}=0$，J_T 就可以简化成亚群内平均一致度（J_i）与亚群间平均一致度（D_{ij}）之差，包括亚群本身一致的比较。

$$J_T=\left(\sum_i J_i\right)\bigg/s-\left(\sum_i\sum_j D_{ij}\right)\bigg/s^2=J_s-D_{ST}$$

总群体的基因多样性（$H_t=1-J_t$）写成：$H_t=H_s+D_{ST}$。

第四节　遗传距离与遗传分化的参数

一、遗传距离

遗传距离（genetic distance，D）定义为单位长度 DNA 的核苷酸数或者密码子的差数，或者称为利用基因频率的函数表示的群体间遗传差异。遗传距离包括以下三个参数：①最小遗传距离（D_{min}）；②标准遗传距离（D）；③最大遗传距离（D_{max}）。

遗传距离可以用测定 DNA 的核苷酸差方法测量，但是 DNA 序列测定成本较高。Nei[1,2]提出由基因频率数据估算每个位点平均密码子差数的统计方法，可用于生物系统学任何等级的遗传距离的评价。尽管在高度多态位点上测试基因频率比在少量多态位点上要多，但是根据少数多态位点得出的遗传距离仍然是有利用价值的。相对遗传距离不需要有关生物进化的假设。因此，它们可以适用于任何情况。

若在不存在选择、突变和迁移的情况下，x 与 y 两个群体的复等位基因在一个位点上进行分离。x 和 y 群体内第 i 等位基因频率分别是 x_i 和 y_i，那么随机选出 i 基因的概率在 x 群体中是 $j_x = \sum x_i^2$，在 y 群体中是 $j_y = \sum y_i^2$，分别从 x 群体和 y 群体中随机选出的 i 基因相同的概率是 $j_{xy} = \sum x_i y_i$。令 J_x、J_y 和 J_{xy} 分别表示全部位点（包括单态位点）的 j_x、j_y 和 j_{xy} 的算术平均数，则有

$$D_{x(min)} = 1 - J_x$$
$$D_{y(min)} = 1 - J_y$$
$$D_{xy(min)} = 1 - J_{xy}$$

由上述公式估算遗传距离等于两个从各自群体中随机选出的基因组间相异基因的比例。$D_{x(min)}$ 和 $D_{y(min)}$ 分别表示从群体 x 和群体 y 中随机选出的两个基因组间的密码子差数的最小估值，$D_{xy(min)}$ 则是两个随机选出的基因组之间每个位点密码子差数的最小估值。因此，$D_{xy(min)}$ 减去两个群体平均值$[D_{x(min)}+D_{y(min)}]/2$，可看成群体 x 和群体 y 之间每个位点密码子差数的最小估值，用 D_{min} 表示，称为最小遗传距离。

$$D_{min}=D_{xy(min)}-[D_{x(min)}+D_{y(min)}]/2$$

上式与前边介绍的群体间基因多样性 $\overline{D_m}$ 是等同的。式中 $D_{x(min)}$、$D_{y(min)}$ 和 $D_{xy(min)}$ 是两个随机选出的基因组间相异基因的比例，它们的变异不是加性的，当 $D_{xy(min)}$ 较大时，D_{min} 可能是纯密码子差数的一个偏低估值。

[1] Nei M. Analysis of gene diversity in subdivided populations. Proc Natl Acad Sci USA, 1973, 70(12): 3321-3323.

[2] Verba S, Nie N H. Participation in America: Political Democracy and Social Equality. New York: Harper & Row, 1972.

若各个密码子的变化是独立的，则纯密码子差数的平均数为

$$D = -\log_e I$$

式中，

$$I = J_{xy} \big/ \sqrt{J_x J_y}$$

D 是群体 x 和 y 之间的标准化基因一致度。这里称 D 为标准遗传距离，记为

$$D = D_{xy} - \left(D_x + D_y\right)\big/2$$

式中，$D_{xy} = -\ln J_{xy}$，$D_x = -\ln J_x$，$D_y = -\ln J_y$。

若令 $I' = J'_{xy} \big/ \sqrt{J'_x J'_y}$，其中，$J'_x$、$J'_y$ 和 J'_{xy} 分别是不同位点上的 j'_x、j'_y 和 j'_{xy} 的几何平均数，则有

$$D_{max} = -\ln I'$$

D_{max} 为最大遗传距离。D_{max} 会受到基因频率取样误差的明显影响。在分析动物遗传变异，比较群体间、亚群间、家系间的分化程度时，应选用适宜的评价方法进行遗传变异的计算和比较。

若在 k 个位点上 x 和 y 两个群体（或者两个亚群）存在非共有等位基因，此时两个群体间的分化程度可以用等位基因间的距离来表示[1]，即：

$$0 \leqslant d_{xy} = 0.5 \sum_{i=1}^{n_A} |x_i - y_i| \leqslant 1$$

式中，n_A 为在比较中涉及的等位基因的总数。

若在 x 与 y 的群体中 x' 和 y' 是相应位点的等位基因结构，则两个群体遗传距离的定义需要满足：①数值为正值而无负值；②当 x 与 y 群体有相同的等位基因结构时，最小值为 0；③当 x 与 y 群体没有相同的等位基因结构时，最大值为 1；④距离是对称的，即 $d_{xy}=d_{yx}$；⑤符合三角形规则，即 $d_{xy} \leqslant d_x + d_y$。

上式遗传距离定义清楚，方法简洁，实质与 Nei 提出的遗传距离[2]类似，更适于分化度的测定。

例 3-4-1　群体间的等位基因遗传距离计算，利用例 3-2-1 的表 3-2-1 中 3 个群体的等位基因频率，分别估算群体间等位基因的距离。

解：由公式 $0 \leqslant d_{xy} = 0.5 \sum\limits_{i=1}^{n_A} |x_i - y_i| \leqslant 1$，则 3 个群体间等位基因距离分别为

$$d_{AB} = 0.5 \times (0.05 + 0.10 + 0.15) = 0.15$$
$$d_{AC} = 0.5 \times (0.20 + 0.30 + 0.10) = 0.30$$
$$d_{BC} = 0.5 \times (0.25 + 0.20 + 0.05) = 0.25$$

[1] Gregorius H R. The change in heterozygosity and the inbreeding effective size. Mathematical Bioences, 1986, 79(1): 25-44.

[2] Nei M. Analysis of gene diversity in subdivided populations. Proc Natl Acad Sci USA, 1973, 70(12): 3321-3323.

二、相似性度量

可以利用各种方法来度量和描述样本群体间的接近程度，常采用的相似性度量分为两大类：一是距离，二是相似系数。样本群体间越接近，它们之间的距离就越小，相似系数就越大。

（一）距离

若用 d_{ij} 表示第 i 个和第 j 个样本群体间的距离，而 ik 和 kj 指的是样本群体间的其他可能的路径或连接，则①$d_{ij} \geq 0$，d_{ij} 越小，样本群体间越接近；而 $d_{ij}=0$，则表示第 i 个和第 j 个样本群体恒等；②$d_{ij} \leq d_{ik}+d_{kj}$，这里 ik 和 kj 就是指样本群体 i 到 k，以及 k 到 j 的距离，它们与 ij 一起，构成了一个三角形的三条边，而三角不等式确保了这个三角形的两边之和大于第三边，当样本群体 k 在样本群体 i 与样本群体 j 的最短路径上时，$d_{ij}=d_{ik}+d_{kj}$。

目前常利用的距离有以下几种。

1. 欧几里得（Euclid）距离（欧氏距离）

（1）欧氏相对距离：在遗传学研究中，个体间的欧氏相对距离（d_{ij}）可通过以下公式精确计算。

$$d_{ij} = \left[\frac{1}{n} \sum_{k=1}^{n} (x_{ik} - x_{jk})^2 \right]^{\frac{1}{2}}$$

式中，x_{ik} 和 x_{jk} 分别代表第 i 个和第 j 个个体在第 k 个性状上的观测值，n 为性状的数量。该公式提供了一种量化个体间遗传差异的方法，适用于多维空间中的距离度量。

（2）欧氏绝对距离：

$$d_{ij} = \left[\sum_{k=1}^{n} (x_{ik} - x_{jk})^2 \right]^{\frac{1}{2}}$$

2. 绝对距离或者曼哈顿（Manhattan）距离

$$d_{ij} = \sum_{k=1}^{n} \left| x_{ik} - x_{jk} \right|$$

3. 闵可夫斯基（Minkowski）距离

$$d_{ij} = \left(\sum_{k=1}^{n} \left| x_{ik} - x_{jk} \right|^r \right)^{\frac{1}{r}}$$

式中，参数 $r \geq 1$。当 $r=1$ 时，即为绝对距离；当 $r=2$ 时，即为欧氏绝对距离；当 $r=\infty$ 时，即为切比雪夫距离。

4. 马哈拉诺比斯（Mahalanobis）距离（马氏距离）

马氏距离是为了消除指标间的相关性而采用的距离，定义为

$$d_{ij} = \sqrt{(x_{i.} - x_{j.})^T \cdot C^{-1} \cdot (X_{i.} - X_{j.})}$$

其中，$x_{i.}$ 和 $x_{j.}$ 为向量：

$$x_{i.} = (x_{i1}, x_{i2}, \cdots, x_{ik}, \cdots, x_{in})$$
$$x_{j.} = (x_{j1}, x_{j2}, \cdots, x_{jk}, \cdots x_{jn})$$
$$x_{i.} - x_{j.} = (x_{i1} - x_{j1}, x_{i2} - x_{j2}, \cdots, x_{ik} - x_{jk}, \cdots, x_{in} - x_{jn})$$

在群体遗传学分析中，样本群体集 X 的协方差矩阵 C 定义为

$$C_{ij} = \frac{1}{m-1} \cdot \sum_{k=1}^{m} \left[(x_{ik} - \bar{x}_i) \cdot (x_{jk} - \bar{x}_j) \right] x_{i.} x_{j.}$$

式中，x_{ik} 和 x_{jk} 分别是第 i 个和第 j 个样本的第 k 个指标值，$\bar{x}_i$ 和 $\bar{x}_j$ 是相应指标的样本均值。

马氏距离具有尺度和方向的不变性，这意味着它不受数据的线性变换或指标单位的影响。当指标间相互独立，并且数据集已经标准化时，马氏距离简化为欧氏距离。因为，此时协方差矩阵 C 为单位矩阵。

（二）相似系数

相似系数是描述样本群体间相似性程度的一个统计量，常利用的相似系数有向量夹角余弦和相关系数。利用 r_{ij} 表示第 i 和第 j 个样本群体间的相似系数，它应满足：①$|r_{ij}| \leqslant 1$；②$r_{ij} = r_{ji}$；③$r_{ij} = \pm 1$ 时，表示 $x_{ik} = ax_{jk}$，$a \neq 0$，a 为常数。若 $|r_{ij}|$ 越接近 1，则两样本群体越相似；若越接近于 0，则越疏远。

1. 向量夹角余弦

$$r_{ij} = \frac{\sum_{k=1}^{n} x_{ik} \cdot x_{jk}}{\left[\sum_{k=1}^{n} x_{ik}^2 \cdot \sum_{k=1}^{n} x_{jk}^2 \right]^{\frac{1}{2}}}$$

式中，r_{ij} 表示 n 维空间向量 $x_{i.}$ 和 $x_{j.}$ 之间的夹角 a 的余弦，$r_{ij} = \cos a$。样本群体 i 和样本群体 j 相似性越大，夹角 a 越小，r_{ij} 则越大。

2. 相关系数

$$r_{ij} = \frac{\sum_{k=1}^{n} (x_{ik} - \bar{x}_i) \cdot (x_{jk} - \bar{x}_j)}{\left[\sum_{k=1}^{n} (x_{ik} - \bar{x}_i)^2 \cdot \sum_{k=1}^{n} (x_{jk} - \bar{x}_j)^2 \right]^{\frac{1}{2}}}$$

相关系数 r_{ij} 是原始数据中心化后的向量夹角余弦。

三、平均分化度

若比较 j 个群体（或者同类群）中 i 个基因频率 $\overline{P_i^j}$，它是参试群体的互补部分等位基因频率，则第 j 个群体的分化度（D_j）为

$$D_j = 0.5 \sum \left| P_i^j - \overline{P_i^j} \right|$$

D_j 不等于 j 个群体和参试群体互补部分之间的平均距离。若令 C_j 表示群体的相对大小，在 L 个群体间的平均分化度（δ）用 D_j 的加权平均值表示，即

$$\delta = \sum_{j=1}^{L} C_j \cdot D_j$$

其中，D_j 和 δ 分别在 $D_j = 0.5 \sum \left| P_i^j - \overline{P_i^j} \right|$ 式和 $\delta = \sum_{j=1}^{L} C_j \cdot D_j$ 式中定义出比较确切的特性。①D_j 值相同不代表群体间具有相同的遗传距离，但是有相同遗传结构的同类群体必定有相同的 D_j，互补部分的亚结构对 D_j 值无影响。②同类群体具有相同遗传结构时，δ 值为 0。③当成对考虑的同类群体不存在共同的基因时，其遗传分化显著，但 δ 值受群体大小和遗传结构差异共同影响。④$\delta = \sum_{j=1}^{L} C_j \cdot D_j$ 式中群体相对大小（C_j）权重限制了 δ，即对总的平均分化度有贡献。

在多态位点意义上增加遗传复杂度，可以通过增加分化机会来解释。一般变异程度的关系可以写成：

$$\delta_{基因} < \delta_{基因型} < \delta_{家系} < \delta_{群体}$$

分析评价动物群体的遗传变异，可以将若干个体或者若干家系看成一个群体，也可将若干亚群看成一个群体，计算参试群的亚群数目。按照 $\delta = \sum_{j=1}^{L} C_j \cdot D_j$ 式，在大小为 N 的群体中，i 个亚群就有 $N = \sum_i N_i$。在具体测定时，要求参试各群体有相同的样本数。若 i 个亚群的个体分化度是 $(N-N_i)/(N-1)$，那么总的平均分化度（δ_T）是

$$\delta_T = \sum_i \frac{N_i}{N} \cdot \frac{N - N_i}{N - 1}$$

上式是从没有替代的群体中取样的两个样本数相同的亚群。若利用 $P_i = N_i / N$ 来表示亚群在群体中的相对频率，即可得出：

$$\delta_T = \frac{N}{N-1} \left(1 - \sum P_i^2 \right) = \frac{N}{N-1} \left(1 - \mu^{-1} \right)$$

经变形的 $\delta_T = \frac{N}{N-1}\left(1 - \sum P_i^2\right) = \frac{N}{N-1}\left(1 - \mu^{-1}\right)$ 很重要，因为它能使平均分化度分析更加适合于生化位点分析等许多情形，适用于估算 Nei[1] 提出的遗传分析小样本群体的材料。事实上，$H_T = 1 - \sum_i P_i^2$ 可以用来测定任何一个有限群体的遗传分化，这里 H_T 为总遗传多样性或总基因多样性的一个度量。

第五节　衡量基因序列分化程度的参数

一、Tajima's *D* 中性检测指标

Tajima's *D* 是由日本研究员 Fumio Tajima 提出的群体分化参数。Tajima's *D* 可以通过比较两种遗传多样性测量值之间的差异来计算：成对差异的平均数量和分离位点的数量，每个都按比例调整，以便在中等规模的恒定大小的群体中预期它们是相同的。

Tajima's *D* 的检验的目的是区分随机演变的 DNA 序列（"中性"）和在非随机过程中演化的 DNA 序列，包括定向选择、平衡选择、群体统计学扩展或收缩、遗传搭便车或渐渗。随机进化的 DNA 序列含有突变，对生物的适应性和存活率无影响。随机演变的突变被称为"中性的"，而选择下的突变是"非中性的"。例如，我们发现大量导致产前死亡或严重疾病的突变。从整体上看群体时，中性突变的群体频率是通过遗传漂变随机波动的，即突变群体中中性突变群体百分比从一代到下一代变化，携带这些中性突变的个体数量在群体中的占比同样可能会发生变化（上升或下降）。

遗传漂变的强度取决于种群大小。若群体具有恒定大小且具有恒定的突变率，则群体将达到基因频率的平衡。该平衡具有重要的性质，包括分离位点的数量（S）和取样对之间的核苷酸差异的数量（这些称为成对差异）。为了标准化成对差异，利用成对差异的平均值或"平均"数量，即成对差异除以对数的总和，常用 π 表示。

Tajima's *D* 测试的目的是在突变和遗传漂变之间的平衡中识别不符合中性理论模型的序列。为了对 DNA 序列或基因进行测试，需要对至少 3 个个体的同源 DNA 进行测序。Tajima's *D* 的统计量计算了采样 DNA 中分离位点总数的标准化度量，以及成对样本之间的平均突变数。比较其值的两个参数（即基于分离位点总数的统计量和基于成对样本之间平均突变数的统计量）是群体遗传参数 Theta 的矩估计法。因此，期望等于相同的值。若这两个数字的差别只是人们可以合理

[1] Nei M. Analysis of gene diversity in subdivided populations. Proc Natl Acad Sci USA, 1973, 70(12): 3321-3323.

地预期的那么多，那么中性的零假设就不能被拒绝。否则，拒绝中性的零假设。

（一）科学解释

在中性理论模型下，对于平衡时恒定大小的群体可写成如下公式。

二倍体：

$$E[\pi] = \theta = E\left[\frac{S}{\sum_{i=1}^{n-1}\frac{1}{i}}\right] = 4N\mu$$

单倍体：

$$E[\pi] = \theta = E\left[\frac{S}{\sum_{i=1}^{n-1}\frac{1}{i}}\right] = 2N\mu$$

式中，$E[\pi]$ 是核苷酸多样性的期望值，θ 是遗传多样性的另一个参数，S 是分离位点的数量，n 是样本数，N 是有效种群大小，μ 是检查的基因组基因座的突变率。但选择、群体波动和其他违反中性理论模型的行为（包括异质性与渐渗）将改变 S 和 π 的期望值。因此，它们不再是预期的相等值。对这两个变量（可能是正面的或负面的）的期望的差异是 D 检验统计量的关键。

群体遗传参数的两个估计值之间的差异被称为 d，D 的计算方法是 d 除以其方差的平方根 $\sqrt{\hat{V}(d)}$（其标准差，按定义），即：$D = \dfrac{d}{\sqrt{\hat{V}(d)}}$。

（二）Tajima's D 的意义

Tajima's D 的意义见表 3-5-1。

表 3-5-1 Tajima's D 的意义

Tajima's D 值	数学解释	生物学解释 1	生物学解释 2
$D=0$	$\Theta_{Pi}=\Theta_k$（观察到的多态性等于预期的多态性）时，Tajima's D 值为 0。这里的 Θ_{Pi} 是基于平均杂合度的多态性指数，而 Θ_k 是基于多态位点个数的多态性指数	观测到的变异与在突变-漂移平衡下预期的变异相一致，没有选择的证据。这表明群体可能没有经历选择性压力，或者选择性压力与中性模型的预期相平衡	观测到的变异与中性模型预测的变异一致，表明没有选择作用或选择作用与遗传漂变达到平衡
$D<0$	$\Theta_{Pi}<\Theta_k$，观察到的多态性小于预期的多态性	稀有等位基因以高频率存在（富有稀有等位基因）	这通常意味着低频变异较多，可能是由于近期的选择清除事件导致某些等位基因频率迅速增加，或是由于群体瓶颈后快速扩张，导致低频变异增多
$D>0$	$\Theta_{Pi}>\Theta_k$，观察到的多态性大于预期的多态性	稀有等位基因以低频率存在（缺少稀有等位基因）	这通常意味着高频变异较多，可能是由于平衡选择维持了多个等位基因在群体中的高频率，或是由于群体突然收缩导致低频变异减少

二、基因分化系数

Wright 提出公式 $1-F_{IT}=\left(1-F_{IS}\right)\left(1-F_{ST}\right)$，式中 F_{IS} 和 F_{ST} 分别表示总群体与亚群的两个个体的配子间的相关性，F_{IT} 则是从每个亚群中随机选出的两个配子间的相关性。这里，F_{IS} 和 F_{IT} 是度量基因频率对于 Hardy-Weinberg 平衡的偏离程度，J_S 和 J_T 则为基因一致性指标，前者可能为负，后者则为非负。基因分化系数 G_{ST} 是 F_{ST} 的加权平均数，其值域在 0 到 1 之间，可看作是 F_{ST} 的一个扩展。

$$G_{ST}=D_{ST}/H_T$$
$$\left(1-G_{ST}\right)\left(1-J_T\right)=\left(1-J_S\right)$$

式中，G_{ST} 是亚群间基因分化相对量的较好测度，在很大程度上依赖于 H_T（总群体的基因多样性）值；D_{ST} 是亚群间的基因多样性。基因分化绝对量，即群体间最低纯密码子差数估计值，与亚群内基因多样性无关，可用于比较不同生物的基因分化程度的大小。基因分化绝对量（$\overline{D_m}$）是

$$\overline{D_m}=\sum_{i\ne j}D_{ij}/\left[S\left(S-1\right)\right]=SD_{ST}/\left(S-1\right)$$

式中，S 代表群体数量；$\overline{D_m}$ 可用来估算与群体内基因多样性有关的群体间基因多样性（R_{ST}）。

$$R_{ST}=\overline{D_m}/H_S$$

另外，$H_T=H_S+D_{ST}$ 公式可以扩展到每个亚群再分化为若干子群体的情况，亚群内的基因多样性（H_S）可以分为子群体内基因多样性和子群体间基因多样性，分别用 H_C 和 D_{CS} 表示。则有

$$H_T=H_C+D_{CS}+D_{ST}$$

$\overline{D_m}=\sum_{i\ne j}D_{ij}/\left[S\left(S-1\right)\right]=SD_{ST}/\left(S-1\right)$ 和 $R_{ST}=\overline{D_m}/H_S$ 可用于任何谱系分类等级，亚群内不同子群体间的基因分化相对量可利用 $G_{CST}=D_{CS}/H_T$ 求算，也可表示成：$\left(1-G_{CS}\right)\left(1-G_{ST}\right)H_T=H_C$。式中，$G_{CS}=D_{CS}/H_S$。

三、固定指数

遗传固定指数（F_{ST}）是度量基于遗传结构的亚群遗传分化程度的指标。它往往用于分析基因多态性的数据，如单核苷酸多态性（SNP）位点和微卫星等。一般评判标准是 $F_{ST}<0.05$ 代表分化较小，$0.05<F_{ST}<0.15$ 代表中等分化，$0.15<F_{ST}<0.25$ 代表高度分化，$0.25<F_{ST}<1.00$ 代表极高度分化。

遗传固定指数的内涵是第 t 代基因频率方差（V_t）与基因频率 $\left[p\left(1-p\right)\right]$ 的商

值[1]。当 N 很大时，

$$F_{ST} = V_t / \left[p(1-p) \right]$$
$$= 1 - \left(1 - \frac{1}{2N}\right)^t$$
$$\cong 1 - e^{-t/2N}$$

由此可见，遗传固定指数与基因初始频率无关，它随着 t 的增加，从 0 增加到 1。

第六节　DNA 的信息参数

一、DNA 限制性片段遗传分析

限制性片段长度多态性（restriction fragment length polymorphism，RFLP）是一种分析同源 DNA 序列变化的技术。若具有相同迁移距离的片段是由相同限制性位点产生的，当原 DNA 基因组为环状时，片段的数量与限制性位点数相等，片段相加等于整个基因组的大小。采用核酸探针时，仅能检测到与探针同源的那部分片段。限制性片段模式可利用产生的片段长度进行比较，也可比较实际的限制性位点。依据限制性位点进行分析更精确，但需要完成额外的限制性位点作图工作。

若研究者想要确定特定致病基因在染色体上的位置，他们可以提取患病家族成员的 DNA，然后寻找 RFLP 等位基因，从而探索这种疾病的遗传模式。遗传分析包括三个方向：遗传变异、遗传距离和群体间分化。

（一）遗传变异

限制性片段模式以单倍型（haplotype）归类，与杂合度相似的多样性估计值为 $h = 1 - \sum x_i^2$，其中 x_i 为第 i 个单倍型的频率。假设群体处于遗传平衡中，核苷酸分化值（π）可在计算单倍型模式间的相似性 S_{ij} 之后求得。

$$S_{ij} = 2n_{ij} / \left(n_i + n_j\right)$$

n_i 与 n_j 分别为第 i 和 j 个单倍型中片段（或者位点）数量，n_{ij} 为共有片段（或者限制性位点）数量。两样本群体间的核苷酸分化值为

$$\pi = \left(-L_n S_{ij}\right) / r$$

---

[1] Wright S. The genetical structure of populations. Annals of Eugenics, 1951, 15(4): 323-354.

式中，L_n 表示样本中核苷酸位点的数量，r 为限制性酶识别位点的碱基数。

（二）遗传距离

在这种情形下，遗传距离通常由两群体间每个核苷酸碱基替换数估计值度量。从 $\pi = \left(-L_n S_{ij}\right)/r$ 式可推衍出下面的公式。

$$P = 1 - \{[(S^2 + 8S)^{1/2} - S]^{1/2}\}^{1/r}$$

当限制性位点已知时，S 可确定为 S_{ij} 的平均值，核苷酸多态性指数 P 可通过公式 $P = \dfrac{1-\pi}{1-\dfrac{1}{4N_e}}$ 估计，其中 π 为样本多态位点的平均杂合度，N_e 为有效群体规模大小。相应地，每个位点的核苷酸差异数 d 可通过 $d = -(3/4)L_n\left[1-(3/4)P\right]$ 估计。

当限制性位点未知，但所分析的分子（如线粒体或者叶绿体 DNA）总长度固定时，S 由对片段长度的比较来估计，d 估计为

$$d = -(2/r)L_n G$$

其中 G 由下面的迭代公式确定：

$$G = [S(3 - 2G_1)]^{1/4}$$

重复迭代直到 $G=G_1$。建议 $G_1 = S^{0.25}$ 为最初试验值，当比较群体 x 和 y 时，群体间的 d 值 $\left(d_{xy}\right)$ 可通过群体内方差来校正：$d = d_{xy} - 0.5\left(d_x + d_y\right)$。迭代公式就是指利用现在的值，代入一个公式中，算出下一个值，再利用计算的下一个值代入公式，如此往复迭代。

（三）群体间分化

基因一致性概率：

$$I = (1/L)\left\{\left[\sum C_i \left(C_i - 1\right)\right]/\left[n(n-1)\right]\right\}$$

式中，L 为 n 个样本群体中切割位点总数，C_i 为 n 个序列中 i 位置上切割位点数，一致性的平均条件概率估计为

$$J = (1/L)\left[\left(\sum C_{xi} C_{yi}\right)/\left(n_x n_y\right)\right]$$

式中，x、y 分别代表两个不同群体，群体内和群体间的基因多样性（H_S 和 H_T）为 $H_s = 1 - I$ 及 $H_T = 1 - \left\{I/L + J\left[1 - (1/L)\right]\right\}$。式中，$L$ 为群体数量。群体间分化系数（G_n）的计算同前文估算式（$G_{ST} = D_{ST}/H_T$）。

二、DNA 序列分析

序列数据比较用计算机程序完成。二序列的一致性简单记为共有碱基的百分比。插入和缺失为单变化，不考虑插入和缺失碱基的长度。

（一）变异测定

平均密码子差数（codon difference）是各位点随机抽出的两个等位基因之间存在的密码子差数的均值。1975 年，Nei 提出关于这个概念的两种度量方法。若令群体随机交配，而且顺反子（基因）上各密码子独立变异；n 为任一顺反子包含的密码子数；δ 为随机抽出的两个顺反子上第 i 个位点密码子不相同的概率；D_e 为各位点密码子差数的期望值。就所有位点来看，两个随机抽出的顺反子具有相同密码子序列的平均概率为

$$P = \prod_{i=1}^{n}(1-\delta_i) \approx e^{-\sum \delta_i} = e^{-D_e}$$

等式两边取对数有

$$\ln P = -D_e$$

若 $P=J$ 时，有

$$D_x = -\ln J$$

由于顺反子包含的密码子通常是紧密连锁的，因此这一估值一般是偏低的。为此，将 J 替换为位点间一致度的几何平均数（J'），则有关于平均密码子差数的第二种度量，$D_x' = -\ln J' = -\ln^N \sqrt{J_1 J_2 J_3 \cdots J_N}$。

因为不同的等位基因至少有一个密码子不同，所以可以将基因多样性看作是关于平均密码子差数的最低估计值，则核苷酸分化值估计为

$$\pi = \sum P / n_c$$

式中，P 为 DNA 序列之间不同核苷酸的比例，n_c 为被比较的碱基总数，$n_c=0.5n(n-1)$，n 为进行序列分析的个体数量。

（二）遗传距离

在遗传学中，序列间的遗传距离（d）通常表示为差异百分比，尤其是在 d 值较小的情况下。对于更精确的估计，可以采用以下模型，该模型考虑了给定位点上可能发生的多次碱基替换。

$$d = (3/4)L_n\left[1-(4/3)K\right]$$

式中，L_n 代表核苷酸位点的数量，而 K 表示碱基组成的百分比差异。此公式为评

估遗传距离提供了一个校正方法，适用于分析具有多次替换事件的序列。

（三）群体间遗传分化

序列间的一致性可直接度量。利用上式给出的 d 值模型，基因分化值可估计为

$$g = (d_t - d_s) / d_t$$

式中，d_t 为群体内和群体间所有对应距离的平均值，d_s 为群体内比较的成对距离的平均值。从 DNA 序列数据计算的距离的取值范围不是 0～1，这一度量值的统计特性不同于 G_{ST}。

第四章　家畜品种资源调查

对家畜品种在起源（origin）和系统发生（phylogeny）上的亲缘关系进行分类，称为系谱分类或系统发育分类（phylogenetic classification）。系统发育分类是品种资源评价的基础性工作。在品种资源保护和开发利用的实践中，其意义在于：①确定品种范围，判断家畜的品种归属性，以便更有效地保种，避免重复或遗漏；②根据起源系统判断不同品种中的相似性状由相同基因（或基因群）控制的可能性，为制订保持、恢复或发展品种特性的规划提供客观依据；③估计和分析品种的遗传共适应特点，预测杂交优势；④估计某些特殊基因资源在特定品种或群体中潜在分布的可能性。此外，目前还有许多分布于西藏、青海、云南、四川、甘肃等5省份青藏高原区域及新疆部分地区（州、市），但还没有被人发现利用的种质资源。一旦人们发现乃至了解之后，可发掘一批优质、特色、高效的种质资源，并发掘一批优异基因，为畜禽种业加强技术攻关、尽早实现种源自主可控提供"芯片"储备，直接关系着打好种业翻身仗的成败，甚至能在人类生活中发挥重大作用。因此，人们为自然种质资源的发现、搜集、保存所付出的代价，也就是人类为美好未来所付出的努力。本章主要介绍资源调查的抽样方法、分类依据、分类方法和遗传资源调查的具体方法。

第一节　遗传检测的抽样方法

动物遗传资源的多样性具有层次结构特点。查清遗传资源的方法有调查和普查两种，能利用普查方式进行的情况较少。普查成本太高，并且对于多数对象难以实现。以样本估测总体的办法高效经济。在对品种总体的特定标记频率分布进行估测时，提高估计值的可靠性和精度，并在既定的人力、物力条件下尽可能降低抽样误差，是提高品种系统分类准确性的前提。其核心问题是基因频率的抽样估计。这一节主要介绍遗传检测抽样方法和各种方法的比较及实施的具体方式与注意事项。

一、抽样方法

（一）简单随机抽样

假设一个总体含有 N 个个体，从中逐个不放回地抽取 n 个个体作为样本（n

≤N），每次抽取使总体内的各个个体被抽到的机会都相等，把这种抽样方法称为简单随机抽样。若群体内个体变异小、比较均匀时可利用此法。它要求总体内每一个个体都有同等的机会被抽取，分组时每一个被抽中的个体都有同等的机会被分入任何一个组。因此，简单随机抽样法完全排除了个人的主观意愿，同时也是最简单和最常利用的抽样方法。简单随机抽样在实际做法上有抓阄法、随机数字法和伪随机数字法等几种方法。

1. 抓阄法

抓阄法通常又称为抽签法，它是先将调查总体的每个单位编号，然后采用随机方法任意抽取号码，直到抽足样本。抽签法就是把总体中的 N 个个体编号，把号码写在号签上，将号签放在一个容器中，搅拌均匀后，每次从中抽取一个号签，连续抽取 n 次，就得到一个容量为 n 的样本。若动物群体较小时则可用此法。

2. 随机数字法

随机数字法，即利用随机数表作为工具进行抽样。随机数表又称乱数表，是将 0～9 的 10 个数字随机排列成表，以备查利用。其特点是，无论横行、竖行或隔行读均无规律。因此，利用此表进行抽样，可保证随机原则的实现，并简化抽样工作。其步骤是：①确定总体范围，并编排单位号码；②确定样本容量；③抽选样本单位，即从随机数表中任一数码始，按一定的顺序(上下左右均可)或间隔读数，选取编号范围内的数码，超出范围的数码不选，重复的数码不再选，直到达到预定的样本容量为止；④排列中选数码，并列出相应单位名称。当然，这里介绍的是随机数字法的原理，具体的实行方案可以多样化，常用计算机进行此方法的操作。

3. 伪随机数字法

随机数表又称为乱数表。它是将 0～9 的 10 个自然数，按编码位数的要求（如两位一组，三位一组，五位甚至十位一组），利用特制的摇码器（或电子计算机），自动地逐个摇出（或电子计算机生成）一定数目的号码编成表，以备查利用。这个表内任何号码的出现，都有同等的可能性。利用这个表抽取样本时，可以大大简化抽样的烦琐程序。其缺点是不适用于总体中个体数目较多的情况。

基因频率的简单随机抽样是指动物品种（群）中每个配子被抽中的机会完全均等，即纯随机抽样[1]。假设 N 为家畜个体数（总体规模），P 为总体实际特定等位基因频率，Q 为其他一切等位基因在总体的实际频率，n 为样本规模，p_s 和 q_s

[1] 常洪, 耿社民, 武彬, 等. 中国黄牛品种基因频率抽样估计效率的研究. 西北农林科技大学学报: 自然科学版, 1989, (3): 30-37.

为样本中相应的等位基因频率，则总体的实际基因频率 P、Q 就是基因频率抽样估计值的期望值，即 $E(p_s)=P$，$E(q_s)=Q$。

样本基因频率方差为

$$V(p_s)=\frac{PQ}{2N}\left(\frac{N-n}{N-1}\right)$$

而由样本求出的基因频率的无偏估计量为

$$V(p_s)=\frac{p_s q_s}{2(n-1)}\left(\frac{N-n}{N}\right)$$

Wright 提供的公式是理论化的计量，其估计值是无偏差的。当抽样率极小，以至相对于 N 而言 n 可忽略不计时有

$$V(p_s)=\frac{PQ}{2(N-1)}$$

（二）随机整群抽样

随机整群抽样是将总体按一定标准划分成群或集体，以群或集体为单位按随机的原则从总体中抽取若干群或集体，作为总体的样本，并对抽中的各群或集体中每一个单位都进行实际调查。在动物遗传资源调查中，将动物群体中各个包含若干个体的亚群作为单位，各亚群有均等机会进入样本，这种抽样方法就形成了基因频率的随机整群抽样。如以品种为总体，这种抽样方式也可被利用以估计品种基因频率。

假设 K 与 k 分别是品种（总体）和样本所包含的群数；$\overline{N}_u$、$\overline{n}_u$ 和 n_u 分别为总体、样本的平均每群头数和样本中第 u 群的头数；a_u 是样本第 u 群携带着特定等位基因的配子数；p、p_c 和 p_u 分别是品种、样本和样本第 u 群中特定等位基因频率；并且有抽样率 $f=\dfrac{k}{K}$，以及样本中第 u 群的权值 $W_u=\dfrac{n_u}{\sum\limits_{u=1}^{k}n_u}$。

则基因频率估计值是

$$E(p_c)=\frac{\sum\limits_{u=1}^{k}a_u}{\sum\limits_{u=1}^{k}n_u}=\sum_{u=1}^{k}W_u p_u$$

当样本中各群规模相等时：

$$E(p_c)=\frac{1}{K}\sum_{u=1}^{k}p_u$$

基因频率方差（基因频率估计误差）为

$$V(p_c)=\frac{1-f}{k}\sum_{u=1}^{k}\left(\frac{n_u}{\overline{N}_u}\right)^2\frac{(p_u-p)^2}{K-1}$$

样本估计值则是

$$v(p_c) = \frac{1-f}{k} \sum_{u}^{k} \left(\frac{n_u}{\overline{n_u}}\right)^2 \frac{(p_u - p_c)^2}{k-1}$$

随机整群抽样计算频率估计值及其方差的公式都和二项总体随机整群抽样的一般公式一致。因而，这些公式也适用于计算表型频率。

（三）系统随机抽样

若总体由若干在基因频率上存在一定差异的系统或层次构成，分别在各类别（层次）进行简单随机抽样，再合并为总体的样本称为基因频率的系统随机抽样或者分层随机抽样[1]。

基因频率估计值是将各类别基因频率的简单随机抽样估计值按照各类别实际规模加权后所得到的平均数，即

$$p_{st} = \sum_{h=1}^{d} \frac{N_h}{N} p_h \quad (h=1,2,\cdots,d)$$

式中，N、N_h、p_h 分别代表品种规模、类别规模和类别的样本估计频率；h 为类别序，d 为品种包含的类别数。

基因频率估计误差为

$$V(p_{st}) = \sum_{h=1}^{d} \frac{w_h^2 p_h q_h}{2(n_h - 1)}(1 - f_h)$$

式中，w_h 是类别 h 的权重，为该类别在总体中的比例；p_h 是类别 h 的样本估计频率；q_h 是 p_h 的补数；n_h 是类别 h 中的样本大小；f_h 是类别 h 的抽样比，$1-f_h$ 为调整因子。

系统随机抽样省时省力，样本的代表性也比简单随机抽样好。但系统随机抽样的最大缺点就是容易遇到周期性误差，即所选的单位在排列上和顺序上存在偏差。

（四）系统随机整群抽样

在由总体所组成的、基因频率可能存在某些差异的各类别中分别进行随机整群抽样再合并为总体样本的抽样方式，称为基因频率的系统随机整群抽样。由各类别分别进行随机整群抽样再合并为总体样本的抽样方式是系统随机整群抽样，也称为分层随机整群抽样[2]。若以 $p_{h\cdot c}$、n_{hu}、p_{hu} 分别代表第 h 类别（系统、层次）以随机整群抽样获得的基因频率估计值、第 h 类别第 u 群的规模（个体数）和第

[1] Kadilar C, Cingi H. Ratio estimators in stratified random sampling. Biometrical Journal, 2010, 45(2): 218-225.

[2] McGarvey R, Burch P, Matthews J M. Precision of systematic and random sampling in clustered populations: habitat patches and aggregating organisms. Ecol Appl, 2016, 26(1): 233-248.

h 类别第 u 群的基因频率，则系统随机整群抽样的品种基因频率估计值为

$$p_{st\cdot c} = \sum \frac{N_h p_{h\cdot c}}{N}$$

其估计误差为

$$V(p_{st\cdot c}) = \sum_{h=1}^{d} \left(\frac{N_h}{N}\right)^2 V(p_{h\cdot c})$$

$$= \sum_{h=1}^{d} \frac{N_h^2 (1-f_h)}{k_h (k_h-1) N^2 \overline{n_{hu}^2}} \sum_{u=1}^{k_h} n_{hu}^2 (p_{hu} - p_{h\cdot c})^2$$

式中，k_h 是类别 h 中抽样的群数。

其频率估计值和方差的公式也可应用于计算表型频率。例如，用以下资料以系统随机整群抽样方法估计多羔羊品种 $AlbA$、$AlbB$、$AlbC$ 的基因频率（表 4-1-1）。

表 4-1-1　用随机整群抽样方法估计多羔羊品种 **$AlbA$、$AlbB$、$AlbC$** 的基因频率（**p^A、p^B、p^C**）

系统及规模	群	群规模（n_{hu}）	p^A	p^B	p^C
I	I-1	20	0.575	0.375	0.050
268 913	I-2	10	0.300	0.700	0
	I-3	31	0.452	0.548	0
	I-4	23	0.348	0.652	0
	共计	84	0.435	0.553	0.012
II	II-1	47	0.511	0.489	0
157 427	II-2	14	0.363	0.530	0.107
	II-3	18	0.472	0.528	0
	共计	79	0.476	0.505	0.019
III	III-1	28	0.554	0.446	0
216 591	III-2	28	0.286	0.696	0.018
	共计	56	0.420	0.571	0.009
N=642 931			0.446[a]	0.540[b]	0.014[c]

a. p^A=（0.435×84+0.476×79+0.420×56）/（84+79+56）=0.446;

b. p^B=（0.553×84+0.505×79+0.571×56）/（84+79+56）=0.540;

c. p^C=（0.012×84+0.019×79+0.009×56）/（84+79+56）=0.014;

解：

1. p^A 基因频率的计算

（1）整理样本结构基本参数

a. 系统内各群体的 $\left(\frac{n_{hu}}{n_u}\right)^2$

$\overline{n_{\mathrm{I}}}$ =84/4=21；$\overline{n_{\mathrm{II}}}$ =79/3=26.3；$\overline{n_{\mathrm{III}}}$ =56/2=28。

I -1：$\left(\dfrac{n_{hu}}{n_u}\right)^2=(20/21)^2=0.907$；　I -2：$\left(\dfrac{n_{hu}}{n_u}\right)^2=(10/21)^2=0.2268$；

I -3：$\left(\dfrac{n_{hu}}{n_u}\right)^2=(31/21)^2=2.1791$；　I -4：$\left(\dfrac{n_{hu}}{n_u}\right)^2=(23/21)^2=1.1995$；

II -1：$\left(\dfrac{n_{hu}}{n_u}\right)^2=(47/26.3)^2=3.1936$；　II -2：$\left(\dfrac{n_{hu}}{n_u}\right)^2=(14/26.3)^2=0.2834$；

II -3：$\left(\dfrac{n_{hu}}{n_u}\right)^2=(18/26.3)^2=0.4684$；　III-1：$\left(\dfrac{n_{hu}}{n_u}\right)^2=(28/28)^2=1$；

III-2：$\left(\dfrac{n_{hu}}{n_u}\right)^2=(28/28)^2=1$。

b. 各系统以实际规模为基础的权值及其平方

系统 I ：$\left(\dfrac{N_1}{N}\right)=268\ 913/642\ 931=0.418\ 26$；　$\left(\dfrac{N_1}{N}\right)^2=0.174\ 92$

系统 II ：$\left(\dfrac{N_2}{N}\right)=157\ 427/642\ 931=0.244\ 86$；　$\left(\dfrac{N_2}{N}\right)^2=0.059\ 96$

系统III：$\left(\dfrac{N_3}{N}\right)=216\ 591/642\ 931=0.336\ 88$；　$\left(\dfrac{N_3}{N}\right)^2=0.113\ 49$

（2）各系统基因频率的估计

系统 I ：$p_c=(0.575×20+0.3×10+0.452×31+0.348×23)/84=0.435$

系统 II ：$p_c=(0.511×47+0.363×14+0.472×18)/79=0.476$

系统III：$p_c=(0.554×28+0.286×28)/56=0.42$

（3）多羔羊 p^A 基因频率的估计

$$p_{st·c}=\sum\frac{N_h}{N}p_{h·c}=0.418\ 26×0.435+0.244\ 86×0.476+0.336\ 88×0.42=0.44$$

（4）各系统基因频率估计误差的计算

系统 I ：$V(p_c)=\dfrac{1}{4}\sum\limits^{4}\left(\dfrac{n_{hu}}{n_u}\right)^2×\dfrac{(p_u-p_c)^2}{4-1}$

$=\dfrac{1}{12}×[0.907×(0.575-0.435)^2+0.226\ 8×(0.3-0.435)^2+2.179\ 1×(0.452-0.435)^2$

$\quad+1.199\ 5×(0.348-0.435)^2]$

$=0.003\ 136\ 72$

系统 II ：$V(p_c)=\dfrac{1}{3×2}×[3.193\ 6×(0.511-0.476)^2+0.283\ 4×(0.363-0.476)^2$

$\quad\quad\quad+0.468\ 4×(0.472-0.476)^2]=0.007\ 538\ 388\ 4$

系统Ⅲ：$V(p_c) = \dfrac{1}{2 \times 1} \times [(0.554{-}0.42)^2 + (0.286{-}0.42)^2] = 0.017\,956$

（5）多羔羊 p^A 基因频率估计误差的计算

$$V(p_{st \cdot c}) = \sum_{h=1}^{d} \left(\frac{N_h}{N}\right)^2 V(p_c) = 0.174\,92 \times 0.003\,136\,72 + 0.059\,96$$

$$\times 0.007\,538\,388\,4 + 0.113\,49 \times 0.017\,956 = 0.003\,038\,502$$

（6）基因频率估计值不偏离实际值 50% 时的可靠性分析

我们关心的是估计值 p 相对于真实值 P 的偏离程度，并且可通过设置偏离系数 η 来量化这种偏离。在本分析中，我们特别关注估计值偏离实际值 50% 的情况，即 $\eta{=}0.5$。

标准偏差（λ）的计算公式是：$\lambda = p \times \eta \div \sqrt{V(p_{st \cdot c})}$

$$\lambda = 0.5 \times p \times V(p_{st \cdot c})^{-\frac{1}{2}} = 0.5 \times 0.44 \times 0.003\,038\,502^{-\frac{1}{2}} = 3.9911$$

$$\beta = \int_0^{\lambda} \frac{2\mathrm{e}^{-\frac{\lambda^2}{2}}}{\sqrt{2\pi}} d\lambda = \int_0^{3.9911} \frac{2\mathrm{e}^{-\frac{\lambda^2}{2}}}{\sqrt{2\pi}} d\lambda = 0.999\,934$$

即有 99% 的估计值都会在偏离实际值 50% 的范围内。

（7）当 $\lambda{=}2$ 时，以相对偏差 η 表示的基因频率估计值的精度分析

$$\eta = \frac{\lambda \sqrt{V(p_{st \cdot c})}}{P} = 2 \times 0.003\,038\,502^{\frac{1}{2}} \div 0.44 = 0.250\,6$$

即有 95% 的 p^A 基因频率估计值不偏离实际值的 25%。

（8）标准离散度

$$\sqrt{\sum S_{hu}} \Big/ P = (4 \times 0.003\,136\,72 + 3 \times 0.007\,538\,388\,4 + 2 \times 0.017\,956)/0.44 = 0.161\,5$$

2. p^B 基因频率的计算

（1）整理样本结构基本参数

a. 系统内各群体的 $\left(\dfrac{n_{hu}}{n_u}\right)^2$

$\overline{n_{\mathrm{I}}} = 84/4 = 21$；$\overline{n_{\mathrm{II}}} = 79/3 = 26.3$；$\overline{n_{\mathrm{III}}} = 56/2 = 28$。

Ⅰ-1：$\left(\dfrac{n_{hu}}{n_u}\right)^2 = (20/21)^2 = 0.907$；　Ⅰ-2：$\left(\dfrac{n_{hu}}{n_u}\right)^2 = (10/21)^2 = 0.2268$；

Ⅰ-3：$\left(\dfrac{n_{hu}}{n_u}\right)^2 = (31/21)^2 = 2.1791$；　Ⅰ-4：$\left(\dfrac{n_{hu}}{n_u}\right)^2 = (23/21)^2 = 1.1995$；

Ⅱ-1：$\left(\dfrac{n_{hu}}{n_u}\right)^2 = (47/26.3)^2 = 3.1936$；　Ⅱ-2：$\left(\dfrac{n_{hu}}{n_u}\right)^2 = (14/26.3)^2 = 0.2834$；

II-3：$\left(\dfrac{n_{hu}}{n_u}\right)^2=(18/26.3)^2=0.4684$；　III-1：$\left(\dfrac{n_{hu}}{n_u}\right)^2=(28/28)^2=1$；

III-2：$\left(\dfrac{n_{hu}}{n_u}\right)^2=(28/28)^2=1$。

b. 各系统以实际规模为基础的权值及其平方

系统 I ：$\left(\dfrac{N_1}{N}\right)=268\,913/642\,931=0.418\,26$；　$\left(\dfrac{N_1}{N}\right)^2=0.174\,92$

系统 II ：$\left(\dfrac{N_2}{N}\right)=157\,427/642\,931=0.244\,86$；　$\left(\dfrac{N_2}{N}\right)^2=0.059\,96$

系统III ：$\left(\dfrac{N_3}{N}\right)=216\,591/642\,931=0.336\,88$；　$\left(\dfrac{N_3}{N}\right)^2=0.113\,49$

（2）各系统基因频率的估计

系统 I ：$p_c=(0.375\times20+0.7\times10+0.548\times31+0.652\times23)/84=0.553$

系统 II ：$p_c=(0.489\times47+0.53\times14+0.528\times18)/79=0.505$

系统III ：$p_c=(0.446\times28+0.696\times28)/56=0.571$

（3）多羔羊 p^B 基因频率的估计

$$p_{st\cdot c}=\sum\dfrac{N_h}{N}p_{h\cdot c}=0.418\,26\times0.553+0.244\,86\times0.505+0.336\,88\times0.571=0.547$$

（4）各系统基因频率估计误差的计算

系统 I ：$V(p_c)=\dfrac{1}{4}\displaystyle\sum_{}^{4}\left(\dfrac{n_{hu}}{n_u}\right)^2\times\dfrac{(p_u-p_c)^2}{4-1}$

$$=\dfrac{1}{12}\times[0.907\times(0.375-0.553)^2+0.226\,8\times(0.7-0.553)^2$$

$$+2.179\,1\times(0.548-0.553)^2+1.199\,5\times(0.652-0.553)^2]$$

$$=0.003\,787\,4$$

系统 II ：$V(p_c)=\dfrac{1}{3\times2}\times[3.193\,6\times(0.489-0.505)^2+0.283\,4\times(0.53-0.505)^2$

$$+0.468\,4\times(0.528-0.505)^2]=0.000\,207\,1$$

系统III ：$V(p_c)=\dfrac{1}{2\times1}\times[(0.446-0.571)^2+(0.696-0.571)^2]=0.015\,625$

（5）多羔羊 p^B 基因频率估计误差的计算

$$V(p_{st\cdot c})=\sum_{h=1}^{d}\left(\dfrac{N_h}{N}\right)^2V(p_c)=0.174\,92\times0.003\,787\,4+0.059\,96\times0.000\,207\,1$$

$$+0.113\,49\times0.015\,625=0.002\,448\,190\,974$$

（6）基因频率估计值不偏离实际值 50%时的可靠性分析

我们关心的是估计值 p 相对于真实值 P 的偏离程度，并且可通过设置偏离系数 η 来量化这种偏离。在本分析中，我们特别关注估计值偏离实际值 50% 的情况，即 $\eta=0.5$。

标准偏差（λ）的计算公式是：　$\lambda=p \times \eta \div \sqrt{V(p_{st\cdot c})}$

$$\lambda=0.5 \times p \times V(p_{st\cdot c})^{-\frac{1}{2}}=0.5 \times 0.547 \times 0.002\,448\,190\,974^{-\frac{1}{2}}=5.527\,6$$

$$\beta=\int_0^\lambda \frac{2\mathrm{e}^{-\frac{\lambda^2}{2}}}{\sqrt{2\pi}}d\lambda=\int_0^{5.527\,6} \frac{2\mathrm{e}^{-\frac{\lambda^2}{2}}}{\sqrt{2\pi}}d\lambda=0.999\,999\,97$$

即有 99% 的估计值都会在偏离实际值 50% 的范围内。

（7）当 $\lambda=2$ 时，以相对偏差 η 表示的基因频率估计值的精度分析

$$\eta=\frac{\lambda\sqrt{V(p_{st\cdot c})}}{P}=2 \times 0.002\,448\,1990\,974^{\frac{1}{2}} \div 0.547=0.541\,3$$

即有 95% 的 p^B 基因频率估计值不偏离实际值的 54%。

（8）标准离散度

$$\sqrt{\sum S_{hu}}\,/\,P=(4 \times 0.003\,787\,4+3 \times 0.000\,207\,1+2 \times 0.015\,625)/0.547=0.086\,0$$

3. p^C 基因频率的计算

（1）整理样本结构基本参数

a. 系统内各群体的 $\left(\dfrac{n_{hu}}{n_u}\right)^2$

$\overline{n_{\mathrm{I}}}=84/4=21$；　$\overline{n_{\mathrm{II}}}=79/3=26.3$；　$\overline{n_{\mathrm{III}}}=56/2=28$。

I-1：$\left(\dfrac{n_{hu}}{n_u}\right)^2=(20/21)^2=0.907$；　I-2：$\left(\dfrac{n_{hu}}{n_u}\right)^2=(10/21)^2=0.2268$；

I-3：$\left(\dfrac{n_{hu}}{n_u}\right)^2=(31/21)^2=2.1791$；　I-4：$\left(\dfrac{n_{hu}}{n_u}\right)^2=(23/21)^2=1.1995$；

II-1：$\left(\dfrac{n_{hu}}{n_u}\right)^2=(47/26.3)^2=3.1936$；　II-2：$\left(\dfrac{n_{hu}}{n_u}\right)^2=(14/26.3)^2=0.2834$；

II-3：$\left(\dfrac{n_{hu}}{n_u}\right)^2=(18/26.3)^2=0.4684$；　III-1：$\left(\dfrac{n_{hu}}{n_u}\right)^2=(28/28)^2=1$；

III-2：$\left(\dfrac{n_{hu}}{n_u}\right)^2=(28/28)^2=1$。

b. 各系统以实际规模为基础的权值及其平方

系统 I：$\left(\dfrac{N_1}{N}\right)=268\,913/642\,931=0.418\,26$；　$\left(\dfrac{N_1}{N}\right)^2=0.174\,92$

系统 II：$\left(\dfrac{N_2}{N}\right)$=157 427/642 931=0.244 86；$\left(\dfrac{N_2}{N}\right)^2$=0.059 96

系统 III：$\left(\dfrac{N_3}{N}\right)$=216 591/642 931=0.336 88；$\left(\dfrac{N_3}{N}\right)^2$=0.113 49

（2）各系统基因频率的估计

系统 I：p_c=(0.05×20+0×10+0×31+0×23)/84=0.012

系统 II：p_c=(0×47+0.107×14+0×18)/79=0.019

系统 III：p_c=(0×28+0.018×28)/56=0.009

（3）多羔羊 p^C 基因频率的估计

$$p_{st\cdot c} = \sum \frac{N_h}{N} p_{h\cdot c} = 0.418\ 26 \times 0.012 + 0.244\ 86 \times 0.019 + 0.336\ 88 \times 0.009 = 0.013$$

（4）各系统基因频率估计误差的计算

系统 I：$V\left(p_c\right) = \dfrac{1}{4}\sum_{}^{4}\left(\dfrac{n_{hu}}{n_u}\right)^2 \times \dfrac{\left(p_u - p_c\right)^2}{4-1}$

$\qquad = \dfrac{1}{12} \times [0.907 \times (0.05-0.013)^2 + 0.226\ 8 \times (0-0.013)^2$

$\qquad + 2.179\ 1 \times (0-0.013)^2 + 1.199\ 5 \times (0-0.013)^2]$

$\qquad = 0.000\ 154\ 2$

系统 II：$V\left(p_c\right) = \dfrac{1}{3\times 2} \times [3.193\ 6 \times (0-0.019)^2 + 0.283\ 4 \times (0.107-0.019)^2$

$\qquad + 0.468\ 4 \times (0-0.019)^2] = 0.000\ 586\ 1$

系统 III：$V\left(p_c\right) = \dfrac{1}{2\times 1} \times [(0-0.009)^2 + (0.018-0.009)^2] = 0.000\ 081$

（5）多羔羊 p^C 基因频率估计误差的计算

$$V\left(p_{st\cdot c}\right) = \sum_{h=1}^{d}\left(\frac{N_h}{N}\right)^2 V\left(p_c\right) = 0.174\ 92 \times 0.000\ 154\ 2 + 0.059\ 96 \times 0.000\ 586\ 1$$

$$+ 0.113\ 49 \times 0.000\ 081 = 0.000\ 071\ 307\ 91$$

（6）基因频率估计值不偏离实际值 50%时的可靠性分析

我们关心的是估计值 p 相对于真实值 P 的偏离程度，并且可通过设置偏离系数 η 来量化这种偏离。在本分析中，我们特别关注估计值偏离实际值 50%的情况，即 η=0.5。

标准偏差（λ）的计算公式是：$\lambda = p \times \eta \div \sqrt{V\left(p_{st\cdot c}\right)}$

$\lambda = 0.5 \times p \times V\left(p_{st\cdot c}\right)^{-\frac{1}{2}} = 0.5 \times 0.013 \times 0.000\ 071\ 307\ 91^{-\frac{1}{2}} = 0.769\ 7$

$$\beta = \int_0^{\lambda} \frac{2e^{-\frac{\lambda^2}{2}}}{\sqrt{2\pi}} d\lambda = \int_0^{0.769\ 7} \frac{2e^{-\frac{\lambda^2}{2}}}{\sqrt{2\pi}} d\lambda = 0.558\ 522$$

即有 56% 的估计值都会在偏离实际值 50% 的范围内。

（7）当 $\lambda=2$ 时，以相对偏差 η 表示的基因频率估计值的精度分析

$$\eta = \frac{\lambda\sqrt{V\left(p_{st\cdot c}\right)}}{P} 2 \times 0.000\ 071\ 307\ 91^{\frac{1}{2}} \div 0.013 = 1.299\ 1$$

即有 95% 的 p^C 基因频率估计值不偏离实际值的 1.3 倍。

（8）标准离散度

$$\sqrt{\sum S_{hu}} \, / \, P = (4 \times 0.000\ 154\ 2 + 3 \times 0.000\ 586\ 1 + 2 \times 0.000\ 081)/0.013 = 0.195\ 2$$

从以上分析可以看出，多羔羊 Alb 基因座 p^A 和 p^B 估计误差与标准离散度比 p^C 低，它们估计值的精度和可靠性比 p^C 高。

（五）双重抽样法

若所研究的性状较为复杂时，所需经费较多，需要有较精密的仪器设备，测定手段较为繁杂。有的情况下须经捕获宰杀后方能进行测定，因而限制了样本容量，采用直接抽样调查或试验较为困难时，可以采用双重抽样法。双重抽样的主要作用是提高抽样效率、节约调查经费。

采用此法时，应首先找到一个简单、易测、不具破坏性而又与对样本进行研究的难测性状（称为目标性状，或称为靶性状，设为 y 性状）关系十分密切的性状（称为辅助性状，设为 x 性状）。利用二者的关系，从后一性状推算、估测前一性状，抽样调查或试验时从总体中随机地抽取两个样本，第一个样本容量 n 较小，第二个样本容量 m 较大。对第一个样本同时调查研究 x 和 y 两个性状，从而获得 n 对 (x, y) 数据，通过这 n 对数据建立一个回归方程，这个回归方程既可以是直线的，也可以是曲线的。两性状的相关系数或复相关系数应当很大，以使方程的估测精度较为理想。对第二个样本仅调查 x 性状，并将该样本 x 性状的一些特征值代入已求得的回归方程，求得第二个样本目标性状 y 的一些特征值的估测值。这样就可以获得一个较大样本容量目标性状的估计量，且能使这一估计量达到一定的精度。这种方法就称为双重抽样。

例如，要研究某种动物的净肉率，由于净肉率的测定是破坏性的，显然不能大量屠宰。因为家畜的净肉率与体长、体重等性状关系十分密切（呈指数函数关系），且体长、体重等性状较易测定，因此，可以通过第一个较小的样本建立一个指数函数方程，同时调查第二个较大样本的体长或体重，并代入该函数方程，求得第二个样本的净肉率估计值。由于两性状的函数关系十分紧密，第二个样本容量又足够大，因此，从第二个样本得到的净肉率估计值就有足够的精度，其分布范围也较可靠。采用双重抽样法，必须注意 y 和 x 两性状间不但要有显著相关性，而且须有高程度显著相关性，才能获得比较准确的结果，所以在建立回归方程时

要检验其相关系数的大小及显著性。

双重抽样的优点有以下两个方面。

1）对于复杂性状的调查研究可以仅测定少量抽样单位，以获得相当于大量抽样单位的精度，还可以节省大量的时间和人力物力等。

2）当目标性状为破坏性性状时，这是唯一行之有效的调查或试验方法，否则就达不到足够的精度。当然利用 x 性状估测 y 性状时会损失一些精度，但只要第二个样本足够大，这些损失是可以弥补过来的。必要时可以事先设定几个 x 性状，以便于筛选出最能说明问题的 x 性状，或建立一个多元回归方程，利用其预测第二个样本中的 y 性状。

二、样本规模

样本容量（n）增大，调查的精度增高，当样本容量达到一定程度后，再继续增大样本容量，其代表总体的精度提高的速度将渐趋缓慢。这从标准误与样本容量的关系中也能看出来：标准误与样本容量的平方根成反比。但是，随着样本容量的增大，花费的时间、物力和人力也要相应增大，有时可能成倍地增长。所以，在精度一定的前提下，需要研究适宜样本容量的问题。

当样本容量较小时，随着 n 的增大，抽样误差很快就变小，但当样本容量达到一定量后，抽样误差减小的速度就很缓慢了。所以确定一个较适宜的样本容量，既可使调查能达到一定的精度，又可最大限度地节约人力和时间，是调查前必须要考虑的问题之一。

（一）研究数量性状的取样规模

一般来说，当总体足够大时（如在全国人口中进行某项调查），只要抽样时注意样本的代表性，样本大小可以只占总体的万分之一到百分之一。而总体不是很大时，样本所占总体的比例可能增大，如占总体的 5%。所以，通常是根据具体情况来确定样本容量，可以先求得一个大致的标准差，这一标准差可以是总体的已知标准差，也可以根据以往或前人类似的调查结果或经验来确定，还可以通过在正式调查前作一个预备性调查或试验来确定。同时，为了保证调查的精确性，需要根据调查的要求规定一个所能允许的误差 L。其中，允许误差 L 与标准差 $s_{\bar{x}}$ 有如下关系（其中 t 为相应置信度的 t 值）。

$$L = t_{a,n}s_{\bar{x}}$$

若在 95% 的置信度下（a=0.05），由

$$L = t_{0.05}s_{\bar{x}} = t_{0.05}\frac{s}{\sqrt{n}}$$

经变换，得

$$n = \frac{t_{0.05}^2 s^2}{L^2} \approx \frac{1.96^2 \times s^2}{L^2} \approx \frac{4s^2}{L^2}$$

同理，若在 99% 的置信度下（a=0.01）有

$$n = \frac{t_{0.01}^2 s^2}{L^2} = \frac{2.58^2 \times s^2}{L^2} = \frac{6.66 \times s^2}{L^2}$$

例 4-1-1　已知某个牛品种的管围大致标准差为 8.5cm，若规定在抽样时允许存在 L=0.5 的误差，求抽样所需的样本容量。

根据抽样的要求，置信度 a=0.05 时，由公式 $n = \frac{t_{0.05}^2 s^2}{L^2} \approx \frac{1.96^2 \times s^2}{L^2} \approx \frac{4s^2}{L^2}$ 有

$$n = \frac{4s^2}{L^2} = \frac{4 \times 8.5^2}{0.5^2} = 1156$$

这就是说，在 95% 的置信度下，需抽取 1156 个个体作为样本才能满足要求。

当要求有较高的置信度时，取 a=0.01 时，则由公式 $n = \frac{t_{0.05}^2 s^2}{L^2} \approx \frac{1.96^2 \times s^2}{L^2}$

$\approx \frac{4s^2}{L^2}$ 计算：

$$n = \frac{6.66 \times s^2}{L^2} = \frac{6.66 \times 8.5^2}{0.5^2} = 1925$$

在实际中当所求得的样本容量 n 值小于 30 时，应直接利用 $t_{0.05, n-1}$ 代入公式进行试求，直至所求得的 n 值较稳定时为止。这时，公式中的 n 与 $t_{0.05, n-1}$ 相符。一般经过 2～3 次试求即可得到一个稳定的 n 值。通常样本容量 n 值不应小于 5；若 n 值小于 5 时，应适当降低允许误差 L 值。

例 4-1-2　对于 0.10、0.05、0.02 和 0.01 的实际基因频率，抽样规模分别为 200、150、100、70 和 60（个体）时，基因频率估计值的可靠性见表 4-1-2。

表 4-1-2　基因频率估计值的可靠性

P	200	150	100	70	60
0.10	0.999 14	0.996 11	0.981 52	0.951 40	0.932 12
0.05	0.978 22	0.953 06	0.895 24	0.835 30	0.791 13
0.02	0.846 87	0.787 98	0.687 58	0.601 98	0.566 06
0.01	0.685 12	0.615 91	0.522 71	0.447 88	0.418 03

对于 0.10 的实际基因频率，抽样规模达到 70 头，估计值就是可靠的；对于 0.05 的实际基因频率，抽样规模达到 150 头时才可能作出可靠的估计。对于 0.01 的实际基因频率，抽样 200 头时，估计值不偏离实际值的概率只有 68.5%，样本规模与基因频率估计值的可靠性也不尽相同。

例 4-1-3　设总体标准差 $\sigma=16$，调查允许误差 $L=10$，求调查所需样本容量。

根据抽样的要求，置信度 $a=0.05$ 时，查 t 值表有 $t_{0.05}=1.96$，则由公式

$$n=\frac{t_{0.05}^2 s^2}{L^2}\approx\frac{1.96^2\times s^2}{L^2}\approx\frac{4s^2}{L^2}$$

得出

$$n=\frac{4\times16^2}{10^2}=10.24\approx10$$

由于上式计算结果的样本数 n 较小（<30），因此应该重新求 n 值。查 t 值表，

$$t_{0.05,10-1}=t_{0.05,9}=2.262，\quad 则\,n=\frac{2.262^2\times16^2}{10^2}=13.10\approx13$$

仍然较小，继续计算：

$$t_{0.05,13-1}=t_{0.05,12}=2.179，\quad 则\,n=\frac{2.179^2\times16^2}{10^2}=12.15\approx12$$

继续计算：

$$t_{0.05,12-1}=t_{0.05,11}=2.201，\quad 则\,n=\frac{2.201^2\times16^2}{10^2}=12.40\approx12$$

所求样本容量已稳定于 $n=12$，即表示该次抽样以 $n=12$ 为较适宜的样本容量。从上面可以看出，调查时所规定的允许误差 L（即置信半径）越大，所需的样本容量就越小；反之，规定的允许误差越小，即需要有较高的精度时，所需的样本容量就应越大。

（二）研究基因频率的取样规模

若调查研究一个基因座，设只有一对等位基因，它们的频率分别为 p 和 q。则标准差 $s_p=\sqrt{\dfrac{pq}{n}}$，允许误差 $L=t_a s_p=t_a\sqrt{\dfrac{pq}{n}}$。

在 95% 置信度下（$a=0.05$）的样本容量为

$$n=\frac{t_{0.05}^2 s_p^2}{L^2}=\frac{1.96^2\times s_p^2}{L^2}\approx\frac{4pq}{L^2}$$

在 99% 置信度下（$a=0.01$）的样本容量为

$$n=\frac{t_{0.01}^2 s_p^2}{L^2}=\frac{2.58^2\times s_p^2}{L^2}=\frac{6.66pq}{L^2}$$

若调查的基因座是复等位基因，它们的频率分别为 p、q、……、m。可以将它们简并为一对等位基因的情形，令一个等位基因频率为 p，其他等位基因频率简并为 $1-p$。

在 95% 置信度下（$a=0.05$）的样本容量为

$$n = \frac{t_{0.05}^2 s_p^2}{L^2} = \frac{1.96^2 \times s_p^2}{L^2} \approx \frac{4p(1-p)}{L^2}$$

在 99%置信度下（a=0.01）的样本容量为

$$n = \frac{t_{0.01}^2 s_p^2}{L^2} = \frac{2.58^2 \times s_p^2}{L^2} = \frac{6.66p(1-p)}{L^2}$$

以上讨论的是一个基因座的情形。但是，实际上，在研究动物遗传资源时需要对多个基因座进行调查，可以分别计算每个基因座所需要的样本大小，尽量照顾基因频率最低的，即取样本容量最大的。

例 4-1-4 若猪的 *Tf* 基因座 *A* 等位基因频率的历史调查结果为 p=0.31，现在规定调查时允许误差 L=0.075，则根据公式 $n = \frac{t_{0.05}^2 s_p^2}{L^2} = \frac{1.96^2 \times s_p^2}{L^2} \approx \frac{4pq}{L^2}$，所需样本容量为

$$n = \frac{4 \times 0.31 \times 0.69}{0.075^2} = 152.11 \approx 152$$

例 4-1-5 对于 0.05 的品种实际基因频率，若要求 95%以上的样本基因频率不偏离其 50%，所必需的最小抽样规模为 152 头。

据表 4-1-3 可知在 0.9545 的可靠性水准下基因频率抽样估计值精度与最小样本规模的关系。

表 4-1-3　估计精度与抽样规模的关系

基因频率	相对偏差									
	0.1	0.2	0.3	0.4	0.5	0.6	0.7	0.8	0.9	1.0
0.01	19 800.00	4 950.00	2 200.00	1 237.50	792.00	550.00	404.08	309.37	244.44	198.00
0.02	9 800.00	2 450.00	1 088.89	612.50	392.00	272.22	200.00	153.12	120.99	98.00
0.03	6 466.67	1 616.67	718.52	404.17	258.67	179.63	131.97	101.04	79.84	64.61
0.04	4 800.00	1 200.00	533.33	300.00	192.00	133.33	97.96	75.00	59.26	48.00
0.05	3 800.00	950.00	422.22	237.50	152.00	105.56	77.55	59.38	46.91	38.00
0.06	3 133.33	783.33	348.15	195.83	125.33	87.04	63.95	48.96	38.68	31.33
0.07	2 657.14	664.29	295.24	166.07	106.29	73.81	54.23	41.52	32.30	26.57
0.08	2 300.00	575.00	255.56	143.75	92.00	63.89	46.94	35.94	28.40	23.00
0.09	2 022.22	505.56	224.69	126.39	80.89	56.17	41.27	31.60	24.97	20.22
0.10	1 800.00	450.00	200.00	112.50	72.00	50.00	36.73	28.13	22.22	18.00
0.20	800.00	200.00	88.89	50.00	32.00	22.22	16.33	12.50	9.88	8.00
0.30	466.67	116.67	51.85	29.17	18.67	12.96	9.52	7.29	5.67	4.67
0.40	300.00	75.00	33.33	18.75	12.00	8.33	6.12	4.69	3.70	3.00
0.50	200.00	50.00	22.22	12.50	8.00	5.56	4.08	3.12	2.47	2.00

不同的抽样方法所需样本容量的确定还应根据具体情况来定。整群抽样时，既要考虑群体单位的大小，又要考虑作为样本的群体的多少。原则上应采取群体容量小、群体数大的抽样方法。这样才能更全面地了解总体的情况。多层次抽样

时，存在每个层次样本容量的比例问题，这里需考虑每一层次的变异情况及各层次的抽样成本，以对每一层次内单位数进行合理分配。顺序抽样时则应根据总体的大小及条件的许可来决定最佳抽样单位数。双重抽样中，则应根据精度与抽样成本来确定最适的小样本容量 n 与大样本容量 m 的合理配置。

（三）样本规模与基因频率估计值精度的关系

样本基因频率的分布近似于以总体实际基因频率为中值的正态分布。以下以简单随机抽样的规模为基础来简要地讨论抽样规模和基因频率估计值精度的一般关系。因此，根据基因频率抽样标准差 $\sigma_p = \sqrt{\dfrac{PQ}{2n}\dfrac{N-n}{N-1}}$ 和标准偏差 $\lambda = \dfrac{p-P}{\sigma_p}$ 得下列公式

$$n = \frac{\dfrac{PQ\lambda^2}{(p-P)^2}}{2 + \dfrac{1}{N}\left[\dfrac{PQ\lambda^2}{(p-P)^2} - 2\right]}$$

若基因频率估计值所要求的可靠性已由标准偏差 λ 规定，从总体实际基因频率的特定数值来看，n 就是达到偏差（$p-P$）对应精度所必需的最小抽样规模。然而，在品种遗传检测的实践中，更令人关注的不是估计值的绝对偏差，而是相对偏差 η。所以，如以 $P\eta$ 取代（$p-P$）并要求

$$P\left\{\frac{|p-P|}{P} \geqslant \eta\right\} = P\left\{|p-P| \geqslant P\eta\right\} = a$$

所必需的最小抽样规模则可记为

$$n = \frac{Q/P\left(\dfrac{\lambda}{\eta}\right)^2}{2 + \dfrac{1}{N}\left[Q/P\left(\dfrac{\lambda}{\eta}\right)^2 - 2\right]}$$

当总体规模很大，在计算抽样误差或确定样本量时，总体大小的影响可以忽略不计，并且抽样估计的可靠性要求按通常的概率界限 0.9545 给定时，则有

$$n = \frac{2(1-P)}{\eta^2 P}$$

（四）样本规模与基因频率估计值可靠性的关系

对于品种基因频率的既定值而言，相对偏差 λ_0 在限定范围内的样本的概率为

$$\beta = Pr\{a \leqslant \lambda_0 \leqslant b\} = \int_a^b \phi(\lambda_0)\,\mathrm{d}\lambda_0$$

当相对偏差以 0.5 为限、品种对于样本而言规模极大时，$\lambda_0 = \dfrac{\eta P}{\sigma_P} = \sqrt{\dfrac{0.5nP}{Q}}$，有

$$\beta = Pr\left\{-(0.5P)^{\frac{1}{2}}Q^{-\frac{1}{2}}n^{\frac{1}{2}} \leqslant \lambda_0 \leqslant (0.5P)^{\frac{1}{2}}Q^{-\frac{1}{2}}n^{\frac{1}{2}}\right\}$$

$$= \int_0^{(0.5P)^{\frac{1}{2}}Q^{-\frac{1}{2}}n^{\frac{1}{2}}} \frac{2}{\sqrt{2\pi}}\mathrm{e}^{-\frac{\lambda_0^2}{2}}\,\mathrm{d}\lambda_0$$

例如，对于 0.10、0.05、0.02 和 0.01 的实际基因频率，抽样规模分别为 200、150、100 和 70（个体）时，基因频率估计值的可靠性见表 4-1-4。

表 4-1-4　基因频率估计值的可靠性

P	200	150	100	70
0.10	0.999 14	0.996 11	0.981 58	0.951 39
0.05	0.978 22	0.953 06	0.895 24	0.825 30
0.02	0.846 97	0.787 98	0.687 58	0.601 98
0.01	0.685 12	0.615 91	0.522 71	0.447 88

对于 0.10 的实际基因频率，抽样规模达到 70 头时估计值就是可靠的；对于 0.05 的实际基因频率，抽样规模达到 150 头才可能作出可靠的估计。据此可得相对偏差以 0.5 为限时抽样规模与基因频率抽样估计值可靠性的关系（表 4-1-5）。

表 4-1-5　抽样规模与估计可靠性的关系

基因频率	样本规模										
	50	60	70	80	90	100	110	120	130	140	150
0.01	0.3669	0.4180	0.4278	0.5440	0.4781	0.5227	0.5211	0.5637	0.5822	0.5995	0.5916
0.02	0.5249	0.5427	0.5779	0.6337	0.6373	0.6857	0.6857	0.7314	0.7260	0.7679	0.7600
0.03	0.6207	0.6398	0.6769	0.7338	0.7375	0.7862	0.8077	0.8042	0.8436	0.8586	0.8513
0.04	0.6676	0.7363	0.7727	0.8031	0.8289	0.8295	0.9697	0.8667	0.9000	0.8951	0.9227
0.05	0.7485	0.7909	0.8251	0.8317	0.8561	0.8765	0.8938	0.9242	0.9354	0.9449	0.9407
0.06	0.7933	0.8334	0.8442	0.8708	0.8924	0.9101	0.9388	0.9368	0.9582	0.9653	0.9712
0.07	0.8297	0.8669	0.8767	0.9005	0.9341	0.9345	0.9579	0.9663	0.9729	0.9781	0.9758
0.08	0.8595	0.8935	0.9187	0.9234	0.9396	0.9522	0.9621	0.9775	0.9824	0.9863	0.9892
0.09	0.8646	0.6148	0.9370	0.9410	0.9648	0.9737	0.9731	0.9792	0.9887	0.9914	0.9935
0.10	0.8864	0.6169	0.9388	0.9546	0.9662	0.9747	0.9810	0.9901	0.9892	0.9946	0.9938
0.20	0.5875	0.9938	0.9950	0.9973	0.9992	0.9996	0.9996	0.9998	0.9998	0.9999	1.0000
0.30	0.9989	0.9993	0.9998	1.0000	1.0000	1.0000	1.0000	1.0000	1.0000	1.0000	1.0000
0.40	0.9999	1.0000	1.0000	1.0000	1.0000	1.0000	1.0000	1.0000	1.0000	1.0000	1.0000
0.50	1.0000	1.0000	1.0000	1.0000	1.0000	1.0000	1.0000	1.0000	1.0000	1.0000	1.0000

续表

基因频率	样本规模										
	160	170	180	190	200	250	300	350	400	450	500
0.01	0.6068	0.6212	0.6596	0.8726	0.6602	0.7141	0.7815	0.7933	0.8446	0.8681	0.8687
0.02	0.7985	0.8120	0.8245	0.8360	0.8467	0.8706	0.9196	0.9410	0.9565	0.9677	0.9679
0.03	0.8841	0.8949	0.9046	0.9133	0.9212	0.9505	0.9686	0.9799	0.9870	0.9877	0.9945
0.04	0.9169	0.9400	0.9340	0.9532	0.9473	0.9637	0.9875	0.9896	0.9938	0.9928	0.9978
0.05	0.9597	0.9553	0.9703	0.9662	0.9781	0.9896	0.9923	0.9975	0.9979	0.9994	0.9987
0.06	0.9680	0.9729	0.8833	0.9861	0.9884	0.9926	0.9980	0.9991	0.9993	0.9998	0.9999
0.07	0.9857	0.9335	0.9865	0.9924	0.9938	0.9964	0.9986	0.9994	0.9993	0.9998	1.0000
0.08	0.9916	0.9934	0.9920	0.9936	0.9968	0.9990	0.9997	0.9996	0.9999	1.0000	1.0000
0.09	0.9950	0.9940	0.9971	0.9978	0.8971	0.9991	0.9999	0.9999	1.0000	1.0000	1.0000
0.10	0.9953	0.9964	0.9973	0.9988	0.9984	0.9998	0.9989	1.0000	1.0000	1.0000	1.0000
0.20	1.0000	1.0000	1.0000	1.0000	1.0000	1.0000	1.0000	1.0000	1.0000	1.0000	1.0000
0.30	1.0000	1.0000	1.0000	1.0000	1.0000	1.0000	1.0000	1.0000	1.0000	1.0000	1.0000
0.40	1.0000	1.0000	1.0000	1.0000	1.0000	1.0000	1.0000	1.0000	1.0000	1.0000	1.0000
0.50	1.0000	1.0000	1.0000	1.0000	1.0000	1.0000	1.0000	1.0000	1.0000	1.0000	1.0000

（五）整群抽样对样本规模的影响

假设 d 是总体划分出的类别（系统、层次）数，并将随机整群抽样视作 $d=1$ 的特殊系统，θ 是标准离散度，$\theta = \dfrac{\sqrt{\sum_1^d S_{hu}^2}}{P}$，即各类别内的群间标准差（$S_{hu}$）平方和的平方根与总体实际基因频率（$P$）的比值；各类别规模相同，即 $N_1 = N_2 = \cdots = N_d$；各类别抽样率相同。

则由：

$$V\left(p_{st\cdot c}\right) = \sum_{h=1}^{d}\left(\frac{N_h}{N}\right)^2 V\left(p_{h\cdot c}\right) = \frac{1}{d^2}\sum_{h=1}^{d} V\left(p_{h\cdot c}\right)$$
$$\lambda_{st\cdot c} = \eta P / \sigma_{st\cdot c}$$

可得

$$k = \frac{\theta^2 \lambda_{st\cdot c}^2}{d\eta^2}$$

式中，$\sigma_{st\cdot c}$ 指基因频率的估计值的抽样标准差；k 是一个计算得到的系数，为中间变量；η 是研究（调查、检测）所允许的相对偏差；$\lambda_{st\cdot c}$ 则是与 η 相对应的标准偏差，这里的 $st\cdot c$ 表示系统随机整群抽样的参数，以区别于其他。由之可得

$$\lambda_{st\cdot c} = \frac{n}{\theta}\sqrt{dK}$$

$$当限定\ \eta \leqslant 0.5\ 时，\quad \lambda_{st \cdot c} = \frac{1}{2\theta}\sqrt{dK}$$

式中，n 指特定精度所需的最小样本量；K 是各系统的总抽样群数。此式中的 $\lambda_{st \cdot c}$ 就是相对偏差在 0.5 以下的样本在样本频率正态分布横坐标（两侧）所包括的标准差单位；其对应的正态曲线下的面积，即 $\eta = 0.5$ 时，抽样估计值的可靠性。

$$\beta_{st \cdot c} = \Pr\left\{ -(dk)^{\frac{1}{2}} 2\theta^{-1} \leqslant \lambda_{st \cdot c} \leqslant (dk)^{\frac{1}{2}} 2\theta^{-1} \right\}$$

例如，$\eta = 0.5$ 时，抽样估计值的可靠性见表 4-1-6。

表 4-1-6 $\eta = 0.5$ 时，抽样估计值的可靠性（$d\theta$）

d	θ	k		
		1	4	7
1	0.4	0.7896	0.9875	0.9990
	0.7	0.5249	0.8468	0.9411
	1.5	0.2611	0.4950	0.6221
3	0.4	0.9622	1.0000	1.0000
	0.7	0.7839	0.9866	0.9989
	1.5	0.4363	0.7515	0.8733

当相对偏差以 $\eta \leqslant 0.5$ 为限，抽样估计值的可靠性按通常的概率界限 0.9545（$\lambda_{st \cdot c} = 2$）规定时，各系统的必需抽样总群数为

$$k = 16\theta^2 / d$$

据此，作大于 0 进为 1 的取整数处理，可得表 4-1-7。该表说明品种内客观存在的标准离散度越大（也就是群间差异越大），达到相同可靠性和精度所必需的抽样群数越多；也说明系统划分越细，越有助于缩减抽样总群数（表 4-1-7）。

表 4-1-7 必抽群数（k）与标准离散度（θ）的关系

k	θ																	
	0.1	0.2	0.3	0.4	0.5	0.6	0.7	0.8	0.9	1.0	1.1	1.2	1.3	1.4	1.5	20	2.5	3.0
1	1	1	2	3	4	6	8	11	13	16	20	24	28	32	36	64	100	144
2	1	1	1	2	2	3	4	6	7	8	10	12	18	16	18	32	50	72
3	1	1	1	1	2	2	3	4	5	6	7	8	10	11	12	22	34	48
4	1	1	1	1	1	2	2	3	4	4	5	6	7	8	9	16	25	36
5	1	1	1	1	1	2	2	3	3	4	4	5	6	7	8	13	20	29

三、抽样方法比较

比较不同抽样方法的效率，实际上是比较相同抽样规模情况下抽样误差的大小。抽样误差的估计就是求标准误的大小，即 $\delta_{\bar{x}} = \delta / \sqrt{n}$。当样本容量 n 增大时，

$\delta_{\bar{x}}$ 就变小，也就是说，增大所抽样本的容量可以降低抽样误差。样本不同，所求得的误差不同，样本平均数 $\bar{x}$ 与总体平均数 μ 间的差异来自抽样误差；不同的抽样方法，其抽样误差也不相同。因此，为了使总体平均值的估计更可靠和精确，应当选用合适的抽样方法。估计总体平均值的置信区间可利用公式：$\bar{x} \pm \mu_a s_{\bar{x}}$（样本较大时，其中 μ_a 是置信水平的临界值；$s_{\bar{x}}$ 是样本平均数的标准误）或 $\bar{x} \pm t_a s_{\bar{x}}$（样本较小时，其中 t_a 是置信水平的临界值）来完成。基因频率等抽样误差的计算公式为：$s_p = \sqrt{pq/n}$，其 95% 置信区间为 $p \pm \mu_a s_p$，其中 pq 代表总体中两种基因型（或等位基因）的频率。

（一）4 种方法的精度

典型群内抽样和典型种群类型简单随机抽样在作为总体的种群各种群间最大方差范围内受不可估测的主观因素的影响。为了对简单随机抽样、随机整群抽样、系统随机抽样和系统随机整群抽样进行比较，规定：①以描述抽样估计精度的指标之一——抽样方差的倒数即 $1/V$ 作为比较的基础；其他三种方法和简单随机抽样 $1/V$ 的比值，定义为各自的相对精度。②以 4 种方法分别从具有以下标准条件的总体（品种或其他种群）中抽样——总体中各系统的规模 N_h 相等，各系统所含群数 k_h 相等，总体中所有小群的规模 n_u 相等。因而，各系统的权 w_h 也相等，各系统（群或个体）的抽样率 f_h 相等。③N、K 分别代表总体规模和群数；S_T^2、S_h^2 和 s_u^2 分别代表基因频率的总均方、系统内均方和群间均方；p、p_h 和 p_{hu} 分别代表全品种、第 h 系统、第 h 系统第 u 群的基因频率。那么，在各抽样方法抽样规模相等时的相对精度和其他 3 种方法达到简单随机抽样同一精度所必需的抽样规模如表 4-1-8 所示。

表 4-1-8　抽样估计的相对精度

抽样方法	方差（无偏估计）	相对精度	精度与简单随机抽样相等时的规模	提要
简单随机抽样	$\dfrac{pq}{2(n-1)}\left(\dfrac{N-n}{N}\right)$	1	n	
随机整群抽样	$\dfrac{1-f}{k}\sum\limits^{k}\left(\dfrac{n_u}{N_u}\right)^2\dfrac{(p_u-p)^2}{K-1}$	$\dfrac{s_T^2}{s_u^2}$	$n' = \dfrac{ns_u^2}{s_T^2}$	总均方和群间均方的比值
系统随机抽样	$\sum\limits_{h=1}^{d}\dfrac{w_h^2 p_h q_h}{2(n_h-1)}(1-f_h)$	$\dfrac{s_T^2}{\sum w_h s_h^2}$	$n' = \dfrac{n\sum w_h s_h^2}{s_T^2}$	总均方与平均系统内均方的比值
系统随机整群抽样	$\sum\limits_{h=1}^{d}\left(\dfrac{N_h}{N}\right)^2 V(p_{hc})$	$\dfrac{s_T^2}{2n_u s_h^2}$	$n' = \dfrac{n \cdot 2n_u s_h^2}{s_T^2}$	总均方与 2 倍群含量乘以系统内均方的比值

对于家畜品种，特别是地方家畜品种来说，群间均方 S_u^2 通常比总均方 S_T^2 大得多，所以随机整群抽样的相对精度小于 1。系统随机抽样的相对精度是

$$\frac{v(p_s)}{v(p_{st})} = \frac{\frac{(1-f)}{2n}\left[\sum W_h S_h^2 + \sum W_h (p_h - p)^2\right]}{\sum W_h S_h^2 \cdot \frac{(1-f)}{2n}}$$

$$\because \sum W_h (p_h - p)^2 \geqslant 0$$

$$\therefore v(p_s)/v(p_{st}) > 1$$

式中，p_s 代表系统随机抽样下估计的基因频率的方差，p_{st} 代表简单随机抽样下估计的基因频率的方差。

也就是除非各系统的基因频率毫无差异，系统随机抽样的相对精度永远大于1。在系统间差异较大（系统内群间相对较一致）、群多而含量较小时，系统随机整群抽样的相对精度较高。虽然通常 $S_T^2 > S_h^2$，但相对而言 $2n_u$ 是一个大得多的数，所以系统随机整群抽样相对精度一般小于 1。

（二）两种整群抽样方法的对比

若以 SS_T、SS_h 分别代表基因频率的全品种总平方和与系统间平方和，则在抽样规模相等时，系统随机整群抽样的相对精度[$v(p_c)$]和随机整群抽样的相对精度[$v(p_{st\cdot c})$]之比为

$$\frac{v(p_c)}{v(p_{st\cdot c})} = \frac{(k-d)SS_T}{(k-1)SS_h} = \frac{S_T^2}{S_h^2}$$

式中，k 为群数；d 为品种包含的类别数；SS_T 为全品种总平方和；SS_h 为系统间平方和；S_T^2 为总均方；S_h^2 为系统间均方。比值等于总均方与系统内均方之比，其值显然大于 1。

若分别以 k' 和 k 代表系统随机整群抽样和随机整群抽样精度相等时的抽样群数，则

$$\frac{S_h^2}{k} = \frac{S_T^2}{k'}$$

因而，

$$\frac{k'}{k} = \frac{S_T^2}{S_h^2}$$

即当系统随机整群抽样和随机整群抽样的样本规模（群数）之比恰与总均方和系统间均方之比相等时，两者有相同的抽样估计精度。如前所述，通常 S_T^2 小得多，所以系统随机整群抽样所需要的规模相对较小。

系统随机整群抽样和随机整群抽样的基因频率估计值的标准差分别为

$$\sigma(p_{st\cdot c}) = \sqrt{V(p_{st\cdot c})} = \sqrt{S_h^2/k}$$

$$\sigma(p_c) = \sqrt{V(p_c)} = \sqrt{S_T^2/k}$$

因而，在同等相对偏差水准下有

$$\lambda_{st\cdot c} = \sqrt{\frac{S_h^2}{S_T^2}}\lambda_c$$

所以，系统随机整群抽样与随机整群抽样的基因频率估计值可靠性的比值为

$$\beta_{st\cdot c} : \beta_c = Pr\left\{-\sqrt{\frac{S_h^2}{S_T^2}}\lambda_c \leqslant \lambda \leqslant \sqrt{\frac{S_h^2}{S_T^2}}\lambda_c\right\} : Pr\{-\lambda_c \leqslant \lambda \leqslant \lambda_c\}$$

以下是比较两种整群抽样方法和简单随机抽样的一个实例。例如，某黄牛品种 B 型血红蛋白基因频率的分布如表 4-1-9 所示。

表 4-1-9　某黄牛品种 B 型血红蛋白基因频率的分布

指标	系统 I				系统 II			系统 III	
系统规模 N_h	268 913				157 427			216 591	
群别	1	2	3	4	1	2	3	1	2
群规模 n_{hu}'	20	10	31	23	47	14	18	28	28
群频率 p_{hu}	0.125	0.250	0.146	0.087	0.075	0.072	0.028	0.018	0.054
系统频率 p_h	0.137				0.064			0.036	
品种频率 p	0.085								

各系统内的方差：

$$v(p_{c\cdot I}) = \frac{1}{4\times 3}\times\left[\left(\frac{20}{21}\right)^2\times(0.125-0.137)^2+\cdots+\left(\frac{23}{21}\right)^2\times(0.087-0.137)^2\right]$$

$$= 0.000\,516\,8$$

$$v(p_{c\cdot II}) = \frac{1}{3\times 2}\times\left[\left(\frac{47}{26.3}\right)^2\times(0.075-0.064)^2+\cdots+\left(\frac{18}{26.3}\right)^2\times(0.028-0.064)^2\right]$$

$$= 0.000\,168\,6$$

$$v(p_{c\cdot III}) = \frac{1}{2}\times\left[(0.018-0.036)^2+(0.054-0.036)^2\right] = 0.000\,324\,0$$

系统随机整群抽样方差：

$$v(p_{st\cdot c}) = \left(\frac{268\,913}{642\,931}\right)^2\times 0.000\,516\,8+\cdots+\left(\frac{216\,591}{642\,931}\right)^2\times 0.000\,324\,0 = 0.000\,137\,3$$

全品种的 B 型血红蛋白基因频率的系统随机整群抽样估计值（相对偏差 $\eta\leqslant 0.5$）的可靠性：

$$\beta_{st\cdot c} = Pr\left(-0.5\times 0.085\times 0.000\,137\,3^{-\frac{1}{2}} \leqslant \lambda \leqslant 0.5\times 0.085\times 0.000\,137\,3^{-\frac{1}{2}}\right)$$

$$= \int_0^\lambda \frac{2e^{-\frac{\lambda}{2}}}{\sqrt{2\pi}} d\lambda \div 1.000\,0$$

而合并群体总群间均方估计值是

$$S_u^2 = \frac{1}{9-1} \times \left[\left(\frac{20}{24.3}\right)^2 \times (0.125-0.085)^2 + \cdots + \left(\frac{28}{24.3}\right)^2 \times (0.054-0.085)^2 \right]$$

$$= 0.002\,650\,5$$

在抽样总群数相同（$k=9$）时，随机整群抽样的方差为

$$v(p_c) = 0.002\,650\,5 \div 9 = 0.000\,294\,5$$

在抽样总头数相同（$n=219$）时，简单随机抽样的方差为

$$v(p_s) = \frac{0.085 \times (1-0.085)}{2 \times 218} = 0.000\,178\,4$$

因而，相对偏差 $\eta \leqslant 0.5$ 时，随机整群抽样的可靠性 $\beta_c=0.9867$。简单随机抽样的可靠性 $\beta_s=0.9985$。

于是，据此可得表 4-1-10。

表 4-1-10　在抽样总群数相同（$k=9$）、抽样总头数相同（$n=219$）时的抽样可靠性

抽样方法	精度 $\left(\frac{1}{V}\right)$	可靠性（β）	以 $v(p_{st\cdot c})$ 为准的必需抽样规模
$st\cdot c$	$1.373^{-1} \times 10^4$	1.0000	$\hat{k}=9$，$n=219$
c	$2.945^{-1} \times 10^4$	0.9867	$\hat{k}=19.3$
$st\cdot c/c$	2.1449	1.0135	0.47
s	$1.784^{-1} \times 10^4$	0.9985	$n=283.23$
$st\cdot c/s$	1.2993	1.0015	0.77

注：$st\cdot c$ 为系统随机整群抽样；c 为随机整群抽样；$st\cdot c/c$ 为比较系统随机整群抽样与随机整群抽样在精度或效率上的差异；s 为简单随机抽样；$st\cdot c/s$ 为比较系统随机整群抽样与简单随机抽样在精度或效率上的差异

在本例特定条件下，系统随机整群抽样的效率高于随机整群抽样或简单随机抽样。

四、抽样实施

实施抽样时首先考虑的问题是根据总体群体结构与环境背景的已知特点，以尽可能少的人力和经济消耗，获得尽可能全面、精确和可靠的遗传检测结果。根据检测目的确定需要预报基因的最低频率，以最低基因频率和抽样方式设计样本结构与必需规模，根据畜群环境背景和人力条件，最终计划实施路线和程序。

我国绝大多数固有的品种（群）是地方品种，内部一般存在着以地域为基础的系统划分，但是地域畜群间实际上并没有清晰的界线，往往存在过渡群体。因

此，在品种的中心分布区域，按照分区域系统进行随机整群抽样是高效率的。这种抽样方法称为"中心产区系统随机整群抽样"。

目前，有一些正在衰减的地方品种，在分布区域间可能已经被分隔，在中心产区可能已不存在。因品种保护的实际需要而进行的抽样检测，应考虑具体情况。

1）若品种已衰减成小群体，零星分布在较大的区域，全品种的随机整群抽样或典型群抽样是适宜的。只有全品种集中为规模有限、个体数清楚的少数几个畜群时，采用简单随机抽样或系统随机抽样是恰当的。

2）若品种衰弱已呈小群体零星分布之势，全品种的随机整群抽样或典型群抽样就是适宜的。通常前者优于后者。

只有全品种集中为规模有限、个体数清楚的少数几个畜群时，以个体为单位进行抽样，即采用简单随机抽样或系统随机抽样才是恰当的。根据检测目的确定需要预报的最低基因频率，根据最低基因频率和抽样方式设计样本结构与必需规模，根据这些情况与畜群背景和人力条件，计划实施路线和程序。它们都是家畜品种遗传检测的抽样工作环节。

第二节　家畜品种资源普查技术规范

畜禽种质资源系统是动态变化的，其消失风险因工业化、城镇化和气候变化而加剧，因此畜禽品种资源调查非常重要。调查的准确性和规范性是数据质量的基本要求，统一标准的调查数据有助于横向比较和评价。种质资源普查和调查的区别在于调查对象的范围，普查范围较大，是旨在特定目的的一次性全面调查，通常调查一定时间点上的总量，也可以调查某些时期现象的总量或非总量指标。调查是非全面调查，从所有调查对象中抽取部分品种进行调查，并据此估计和推断全部调查对象的情况。例如，2022 年第三次全国畜禽遗传资源普查是在全国范围内进行的大调查，各个品种同时调查的总和构成品种普查，旨在反映具体时间内在国家层面的品种总体情况。以第三次全国畜禽遗传资源普查为例，采用了一系列具体的方法，以确保普查结果的准确性和完整性，为国家的种业决策提供数据支持。

一、普查对象和基本情况统计

（一）品种（类群）名称

根据《国家畜禽遗传资源品种名录（2021 年版）》和"中国畜禽遗传资源志"的规定，新发现的家畜遗传资源和新培育的家畜品种将按照相关规定进行登记。2021 年版的品种名录收录了 897 个畜禽品种，包括地方品种、培育品种、引入品种及配套系，这些品种分属于 33 个种。这里涉及了畜牧学中的"品种"和动物学中的"种"这两个概念。

（二）其他名称

登记该品种的曾用名、俗名等。

（三）品种类型

根据《国家畜禽遗传资源品种名录（2021 年版）》填写地方品种、培育品种或引入品种。

（四）经济类型

按照品种的实际用途选择填写，可以多选。如有其他用途的，请在"其他"选项中标明。

（五）品种来源及形成历史

根据品种类型填写。地方品种填写（原）产地及形成历史；培育品种填写培育地、培育单位及育种过程、审定时间、证书编号；引入品种填写主要的输出国家以及引种历史等。

（六）中心产区

该品种在本省的主要分布区域，且存栏量占本省该品种存栏量的 20% 以上，可填写至县级。

（七）分布区域

按照 2021 年普查结果填写。

（八）群体数量及种公畜、基础母畜数量

根据 2021 年全国畜禽遗传资源普查信息系统的结果登记。

（九）自然生态条件

1. 地形地貌

应准确记录被调查家畜原产地的地形地貌特征，包括山地、盆地、丘陵、平原、高原等，并如实登记。

2. 海拔

需记录产区范围内的海拔，精确到米，表达为"××～××m"。

3. 经纬度坐标

应提供产区范围的经纬度坐标，包括东经××°××′～××°××′和北纬××°××′～××°××′。

4. 气候类型

根据被调查家畜原产地的自然生态条件，选择相应的气候类型进行登记，如热带雨林气候、热带草原气候、热带季风气候、热带沙漠气候、亚热带季风和湿润气候、地中海气候、温带季风气候、温带海洋性气候、温带大陆性气候、亚寒带针叶林气候、高原山地气候等。

5. 年均气温

记录单位为摄氏度（℃），提供正常年的年均气温数据。

6. 年均降水量

记录正常年的年均降水量，单位为毫米（mm）。

7. 无霜期

记录年均总天数，并注明时间范围，如××～××月。

8. 主要水源和土质

提供产区流经的主要河流等水文信息，并描述主要土壤类型。

9. 耕地面积和草地面积

提供产区范围内的耕地面积和草地面积数据。

10. 主要农作物和饲草料种类及生产情况

详细记录产区主要种植的农作物和饲草料种类，并描述其生产情况。

（十）消长形势

品种消长形势要描述近 15 年的数量规模变化、品质性能变化以及遗传多样性变化情况。

（十一）分子生物学测定

分子生物学测定是指该品种是否进行过生化或分子遗传学相关测定，如有，登记测定单位、测定时间和行业公认的代表性结果。

（十二）品种评价

品种评价内容包括遗传特性、优异性能以及可供研究开发的方向。遗传特性是描述基因组成和变异的重要指标，决定了品种的基本特征和生长繁殖能力。优异性能是在特定方面表现出的卓越性能，如高产量、强抗病性、优良品质等，具有应用价值和开发潜力。可供研究开发的方向包括新品种培育、适应性研究、生产技术改进等。深入的研究可以进一步挖掘潜力，提高效率和经济效益。总之，品种评价是一项全面的评估，为品种的选育、开发和利用提供了重要的参考依据。

（十三）资源保护情况

资源保护情况是评估物种保护状态的关键指标，其中包括对该物种的保种和利用计划的制定情况、设立保护区的状况以及保种场的使用情况进行详细记录。如果存在保种场或保护区，则需要准确记录其具体名称、级别以及群体数量等详细信息。此外，还需要关注是否建立了品种登记制度，并记录该制度的登记开始时间以及负责单位等信息。这些详细信息的记录对于评估物种的保护状况以及制定更加有效的保护策略具有极其重要的参考价值。

（十四）开发利用情况

提供的内容包括但不限于纯繁生产、杂交利用、新品种（系）培育、注明标准号的品种标准，以及产品开发、品牌创建、农产品地理标志申请等。

（十五）饲养管理情况

饲养方式包括圈养、全年放牧、季节性放牧以及补饲情况等。根据饲养方式的不同，管理难易程度、适应性以及饲料组成也会有所不同。其中，饲料组成主要包括全价颗粒料、配合料或草料等。

（十六）疫病情况

在进行疫病情况调查时，需要准确描述流行病和寄生虫病的种类、发生频率、影响范围和传播途径。同时，必须考虑这些疾病对当地农业生产和人民生活的影响。此外，还应详细描述品种的易感和抗病情况，包括易感的疾病种类以及抗病能力。如果品种对某些疾病具有较高的抗性，必须明确指出并解释其原因。如果品种易感某些疾病，则应列出预防和应对措施。调查的填写必须详细、全面，以便更好地了解品种原产地或中心产区的流行病和寄生虫病发生情况以及品种的易感与抗病情况，为制定科学有效的防控措施提供依据。

二、体型外貌个体登记

测定数量主要受到要求精度、主要目标性状变异系数和测定预算经费的影响。大家畜中的牛、马，成年公畜30头（匹）以上，成年母畜150头（匹）以上；绵山羊，成年公畜50只以上，成年母畜200只以上；猪，成年公猪30头以上，成年繁殖母猪50头以上。

具体方法如下。

（一）观察

现场调查前调查者要查阅相关文献资料，进一步了解所属品种类型的体型外貌特征，熟悉被调查品种的典型特征。现场调查时，调查者与被测家畜保持3～4m的距离，从被测家畜的正面、侧面和后面进行观察，然后令被测家畜走动以进一步观察，取得概括认知后，再走近被测家畜细致审查，如对牛、羊角型和尾部特征进行区分。

（二）毛色

毛色指被毛颜色，主要有全白、全黑、全褐、头黑、头颈黑、头褐、头颈褐、体花、其他等。

（三）肤色

肤色主要有白、黑、褐、青、粉、其他等。

（四）形态特征

1. 头型

指被测家畜头大小及形状。

2. 耳型

主要有大、小、直立、下垂等。

3. 角型

牛、羊的角型主要有无角、螺旋形角、姜角（小角）等。其中，山羊的角型主要有弓形角、镰刀形角、对旋角、直立角、无角等。

4. 鼻部

如羊只鼻部为隆起、平直、凹陷。

5. 颈部

主要分粗细、长短，有无肉垂，有无皱褶等。

6. 体躯

主要指胸部是否宽深，肋弓是否开张，背腰是否平直，尻部形状等。

7. 四肢

主要指四肢的长短、粗细。

8. 蹄色和蹄质

主要指蹄的颜色和质地坚实程度。

9. 尾型

如绵羊主要分为长瘦尾、短瘦尾、长脂尾、短脂尾、肥臀。山羊均为短瘦尾。具体形状可见图 4-2-1。

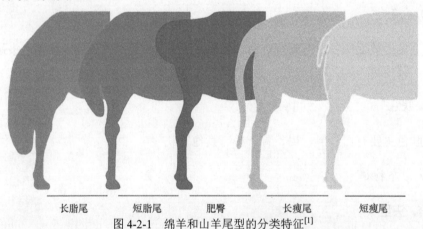

长脂尾　　　短脂尾　　　肥臀　　　长瘦尾　　　短瘦尾

图 4-2-1　绵羊和山羊尾型的分类特征[1]

（五）公畜睾丸发育情况

包括睾丸大小、质地、两侧睾丸是否大小一致、是否有隐睾等。

（六）母畜乳房发育情况

包括乳房大小、乳头长短及均匀情况、是否有副乳头等。

[1] 费晓娟. 不同尾型绵羊尾部脂肪 miRNA-Seq 分析及表达验证. 中国农业科学院硕士研究生学位论文, 2022.

（七）其他特殊性状

该品种存在的其他独特性状。

三、体型外貌群体调查

（一）参考依据

结合"中国畜禽遗传资源志"（牛志、羊志、马驴驼志、猪志等）和实际情况填写。若保种场的群体不能完全代表该品种的全部特性，则需要扩大统计群体的范围。

（二）体型外貌指标

毛色和肤色、头颈部、躯干四肢、公羊睾丸与母羊乳房等，其中能够定量的，填写不同类型的占比。若有不同类型的外貌特征，请注明各类型所占比例。

（三）具体要求

1. 毛色和肤色

被毛颜色及肤色。

2. 头颈部

分为头型、耳型、角型、鼻部、颈部。

3. 躯干四肢

分为体躯、四肢、蹄色、蹄质、尾型。

4. 公畜睾丸和母畜乳房发育情况

根据公畜睾丸发育情况和母畜乳房发育情况填写。

5. 其他特征特性

如果该品种存在其他独特性状，未在上面列出的内容里，请用文字描述。

四、体尺体重登记表

（一）测定数量

1）选择在正常饲养管理水平条件下的成年牛个体。其中，成年母牛选经产母牛；成年公牛一般指 24 月龄（普通牛）、36 月龄（水牛）或 48 月龄（牦牛）以上的公牛。测定数量为成年公牛 10 头以上，成年母牛 20 头以上。

2）成年公羊 20 只以上，成年母羊 60 只以上。每个家系至少测定成年公羊 3 只，如果家系情况不明则随机测定。

3）成年公马 10 匹以上、成年母马 50 匹以上。每个类型至少测定 2 匹成年公马、8 匹成年母马。如果类型情况不明，成年公马不足 10 匹的，测定全部成年公马。无保种场的，每个调查点至少测定成年公马 3 匹以上、成年母马 15 匹以上。

4）成年公驴 10 头以上、成年母驴 50 头以上。无保种场的，每个调查点至少测定成年公驴 3 头以上、成年母驴 15 头以上。

5）每个家系至少测定 2 头成年公猪、8 头成年母猪。如果家系情况不明，测定成年公猪 20 头以上、成年母猪 50 头以上；成年公猪不足 20 头的，测定全部成年公猪。

（二）测定指标

测定指标包括体重、体高、体长、胸围、管围等。脂尾羊需要测定尾长、尾宽、尾周长。

（三）测量数值记录

测量值小数点后保留一位。

（四）具体方法

1. 牛

（1）鬐甲高

鬐甲最高点到地面的垂直高度。采用测杖测量，单位为厘米（cm）。

（2）十字部高

牛体两腰角连线中点至地面的垂直高度，也称为腰高。髂骨的左右两侧髋结节（腰角）连线与腰椎形成垂直交叉的部位称为十字部。采用测杖测量，单位为厘米（cm）。

（3）体斜长

肩胛骨前缘到坐骨端后缘的距离。采用测杖或卷尺测量，单位为厘米（cm）。

（4）胸围

在肩胛骨后缘处垂直绕一周的胸部长度。采用软尺测量，单位为厘米（cm）。

（5）腹围

在十字部前缘腹部最大处的垂直周长。采用软尺测量，单位为厘米（cm）。

（6）管围

左前肢管部上 1/3（最细处）的周长。采用软尺测量，单位为厘米（cm）。

（7）胸宽

两前肢内侧胸底的宽度。采用测杖测量，单位为厘米（cm）。

（8）坐骨端宽

坐骨端外缘的直线距离。采用卷尺测量，单位为厘米（cm）。

（9）体重

体重即空腹重，牛只早晨未进食前测定的重量。体重应在磅秤或地秤上称量。

2. 马

（1）体尺

1）体高：鬐甲最高点到地平面的垂直距离。

2）体长：肩端前缘至臀端的直线距离。

3）胸围：在肩胛骨后缘处垂直绕一周的胸部长度。

4）管围：左前肢管部上 1/3 的下端（最细处）的周长。

（2）体重

体重即空腹重，马匹早晨未进食前测定的重量。体重应在磅秤或地秤上称量。测定成年母马应为空怀至妊娠 2 个月内的个体。

3. 驴

（1）体尺

1）体高：鬐甲最高点到地平面的垂直距离。

2）体长：肩端前缘至臀端的直线距离。

3）胸围：在肩胛骨后缘处垂直绕一周的胸部长度。

4）管围：左前肢管部上 1/3 的下端（最细处）的周长。

5）头长：额顶至鼻端的直线间距离。

6）颈长：耳根至肩胛骨颈缘的直线距离。

7）胸宽：两肩端外侧之间的宽度。

8）胸深：鬐甲最高点至胸下缘的垂直距离。

9）尻高：尻部最高点至地面的垂直距离。

10）尻长：腰角前缘至坐骨结节后缘间的距离。

11）尻宽：两腰角外侧间[左右两腰角（髋结节）最大宽度]的水平距离。

（2）体重

体重即空腹重，驴早晨未进食前测定的重量。体重应在磅秤或地秤上称量。测定成年母驴应为空怀至妊娠 2 个月内的个体。

4. 羊

（1）体重

羊只早上空腹时的活体重量（简称活重），成年母羊测定空怀时的体重，以千克（kg）表示。

（2）体高

用测杖测得的鬐甲最高点至地面的垂直距离，以厘米（cm）表示。

（3）体长

体长即体斜长，用测杖测得的肩端前缘至臀端后缘的直线距离，以厘米（cm）表示。

（4）胸围

用软尺测得的肩胛骨后缘处躯体的垂直周长，以厘米（cm）表示。

（5）管围

用软尺测得的左前肢管部上 1/3 最细处的水平周长，以厘米（cm）表示。

（6）尾长

从第一尾椎前缘到尾端的距离，以厘米（cm）表示。

（7）尾宽

尾幅最宽处测得的水平距离，以厘米（cm）表示。

（8）尾周长

尾幅最宽处测得的水平周长，以厘米（cm）表示。

（9）饲养方式

饲养方式包括"舍饲""放牧+补饲""放牧"等。

5. 猪

（1）体重

实测体重（kg）。

（2）体高

鬐甲最高点到地平面的垂直距离（cm）。

（3）体长

两耳根连线中点沿背线至尾根处的长度（cm）。

（4）胸围

在肩胛骨后缘垂直绕体躯一周的胸部长度（cm）。

（5）背高

背部最凹处至地面的垂直距离（cm），用硬尺或测杖量取。

（6）胸深

由肩胛骨至肋骨下缘的垂直距离（cm），用硬尺或测杖量取。

（7）腹围

腹部最粗处的垂直周长（cm），用软尺紧贴体表量取。

（8）管围

左前肢管部最细处的周长（cm），用软尺紧贴体表量取。

（9）活体背膘厚

B超仪测定倒数第3～4肋间活体背部的脂肪层厚度（mm）。

（10）活体眼肌面积

B超仪测定倒数第3～4肋间活体背最长肌的扫描横断面面积（cm²）。

五、生长发育

（一）测定阶段

测定阶段包括初生、断奶、6月龄和12月龄。

（二）测定数量及阶段

1. 牛

公牛10头以上、母牛20头以上。

（1）普通牛、水牛、瘤牛、大额牛

初生重、6月龄体重、12月龄体重、18月龄体重。

（2）牦牛

初生重、6月龄体重、18月龄体重、30月龄体重。

2. 马

初生重、6月龄体重、12月龄体重为必填项，18月龄体重为选填项。每个阶段需调查测定公马10匹以上、母马20匹以上。

3. 驴

初生重、6月龄体重、12月龄体重为必填项，3月龄体重、24月龄体重为选填项。每个阶段需调查测定公驴10头以上、母驴20头以上。

4. 羊

初生重、断奶体重需测定公羊、母羊各60只以上，6月龄体重、12月龄体重需测定公羊20只、母羊60只以上。

（1）初生重

羔羊出生后1h内吃初乳前的活重，以千克（kg）表示。

（2）断奶、6 月龄和 12 月龄时的体重

羊只早上空腹时的活重，以千克（kg）表示。

（3）饲养方式

饲养方式包括"舍饲""放牧+补饲""放牧"等。

（三）测量数值记录

统计结果保留小数点后一位。

六、育肥性状

（一）数量要求

育肥牛：20 头以上。其中，牦牛为自然放牧状态下在 5～10 月进行育肥测定。
猪：公（阉）、母各 15 头。

（二）测量数值记录

统计结果保留小数点后一位。

（三）具体测定内容

1. 年龄

填写初测体重时的月龄。

2. 初测体重

开始正式育肥时的空腹体重，单位为 kg。

3. 终测体重

育肥结束时的空腹体重，单位为 kg。

4. 日增重

计算公式为：日增重=（终测体重−初测体重）/育肥天数，单位为 kg/d。

5. 育肥形式

育肥形式指该品种采取哪种形式育肥，如直线育肥、强度育肥、放牧/未育肥。
直线育肥是指犊牛断奶后直接转入生长育肥阶段，使犊牛一直保持很高的日增重，
直至达到屠宰体重时为止。强度育肥是指对 300kg 左右的架子牛，在饲料条件较
好的舍饲条件下育肥。如在育肥猪的试验中，标注营养标准。

七、屠宰性能

（一）牛

1. 屠宰月龄

普通牛、水牛、瘤牛、大额牛通常为 18 月龄及以上；牦牛为 36 月龄及以上，建议在自然放牧状态下 9～10 月开展屠宰测定。

2. 屠宰数量

屠宰数量要求 10 头以上。

3. 测量数值记录

统计结果保留小数点后一位。

4. 具体填写事项

（1）宰前活重

禁食 24h 后临宰时的实际体重。单位为千克（kg）。

（2）胴体重

活体放血，去头、皮、尾、蹄、内脏（保留肾脏及周围脂肪）、生殖器官与周围脂肪、母牛的乳房及周围脂肪后的重量。单位为千克（kg）。注：胴体重测定需标明是热胴体重还是冷却 24h 后的冷胴体重。

（3）净肉重

胴体剔骨后的全部肉重，包括肾脏及周围脂肪。单位为千克（kg）。

（4）骨重

将胴体中所有肌肉剥离后所剩骨骼的重量。单位为千克（kg）。

（5）肋骨对数

记录屠宰牛只的实际肋骨对数。普通牛一般有 13 对肋骨，牦牛一般有 14 对肋骨。

（6）眼肌面积

眼肌面积指第 12～13 肋间的眼肌横切面积。测定时，在第 12 根肋骨后缘，将脊椎锯开，然后用利刀垂直切开第 12～13 肋间的肌肉。使用方格透明卡测定眼肌面积，可现场直接测定，也可利用硫酸纸将眼肌描样后保存，再用方格透明卡或求积仪计算。

（7）屠宰率

胴体重占宰前活重的百分比。

（8）净肉率

净肉重占宰前活重的百分比。

（9）肉骨比

净肉重与全部骨骼重的比值。

（二）羊

1. 数量要求

6 月龄或 12 月龄的公羊、母羊各 15 只。

2. 测量数值记录

测量值小数点后保留一位。

3. 具体填写事项

待测羊只宰前 24h 禁食，保持安静的环境和充足的饮水，宰前 2h 禁水后称羊只活重，颈动脉充分放血，剥皮后自第一颈椎与枕骨大孔间环割去头，前肢腕关节和后肢飞节以下部位卸蹄，顺腹中线开膛，取出内脏（保留肾脏及肾周脂肪）后进行测定和计算有关指标。其中，净肉重用左半胴体进行测定。

（1）宰前活重

待测羊只宰前禁食 24h、禁水 2h 后称得的羊只活重，以千克（kg）表示。

（2）胴体重

将待测羊只屠宰后，去皮、头、蹄以及内脏（保留肾脏及肾周脂肪），静置 30min 后称得的重量为胴体重，以千克（kg）表示。

（3）屠宰率

胴体重占宰前活重的百分比。计算公式：

$$屠宰率（\%）=\frac{胴体重}{宰前活重}\times100\%$$

（4）净肉重

将胴体上的肌肉、脂肪、肾脏剔除后称骨重，并以胴体重与骨重的差值作为净肉重。要求在剔肉后的骨上附着的肉量及耗损的肉屑量不能超过 1%。

（5）净肉率

净肉重占宰前活重的百分比。计算公式：

$$净肉率（\%）=\frac{净肉重}{宰前活重}\times100\%$$

（6）胴体净肉率

净肉重占胴体重的百分比。计算公式：

$$胴体净肉率（\%）=\frac{净肉重}{胴体重}\times100\%$$

（7）眼肌面积

眼肌面积指胴体第 12～13 肋间眼肌（背最长肌）的横切面积。一般用硫酸绘图纸描绘出胴体眼肌横切面的轮廓，再用求积仪计算出面积，以平方厘米（cm²）表示。如无求积仪，准确测量眼肌轮廓的高度和宽度，用以下公式估测眼肌面积。

$$眼肌面积（cm^2）=眼肌高度\times眼肌宽度\times0.7$$

（8）GR 值

GR 值是指胴体第 12～13 肋间，距背脊中线 11cm 处的组织厚度，作为代表胴体脂肪含量的标志，参见图 4-2-2，以毫米（mm）表示。其用游标卡尺测量。

（9）背脂厚

背脂厚是指胴体第 12～13 肋间眼肌中部正上方的脂肪厚度，参见图 4-2-3，以毫米（mm）表示。其用游标卡尺测量。

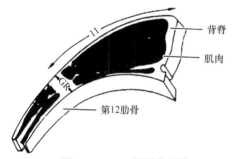

图 4-2-2　GR 值测定部位

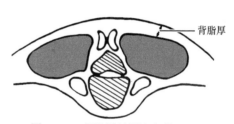

图 4-2-3　背脂厚的测定部位

（10）尾重

从胴体第一尾椎前缘割尾后称得的尾部重量，单位为克（g）。

（11）饲养方式

饲养方式指"舍饲""放牧+补饲""放牧"等。

（三）猪

1. 数量要求

测定育肥猪 20 头，阉公、母各半。

2. 测量数值记录

标*为选填项，所有测量结果保留小数点后一位。

3. 具体填写事项

1）宰前活重（kg）：屠宰日龄按当地习惯并注明。宰前空腹 24h。

2）胴体重（kg）：屠宰放血后，去掉头、蹄、尾和内脏（除板油、肾脏外）

后的两片胴体重。

3）胴体长：胴体耻骨联合前沿至第一颈椎前沿的直线长度。

4）平均背膘厚度=(肩部最厚处背膘厚度+最后肋骨处背膘厚度+腰荐结合处背膘厚度)/3。

5）第6～7肋处皮厚。

6）眼肌面积：最后肋骨处背最长肌的横断面面积，用硫酸纸描绘眼肌面积（两次），用求积仪或方格计算纸求出眼肌面积（cm²），或用下列公式：眼肌面积（cm²）=眼肌高度（cm）×眼肌宽度（cm）×0.7。

7）皮重和皮率：皮率（%）*=[皮重/(皮重+骨重+肥肉重+瘦肉重)]×100%

8）骨重和骨率：骨率（%）*=[骨重/(皮重+骨重+肥肉重+瘦肉重)]×100%

9）肥肉重和肥肉率：肥肉率（%）*=[肥肉重/(皮重+骨重+肥肉重+瘦肉重)]×100%

10）瘦肉重和瘦肉率：瘦肉率（%）=[瘦肉重/(皮重+骨重+肥肉重+瘦肉重)]×100%

11）屠宰率：屠宰率（%）=胴体重/宰前活重×100%。

12）肋骨数。

八、肉品质

（一）牛

肌肉大理石花纹、肉色和脂肪颜色3个指标的评分标准，均选用我国评分标准，分别为5分制、8分制、8分制，如下所列。

测定数量为10头以上。

统计结果保留小数点后一位。

具体填写事项如下。

1. 肌肉大理石花纹

肌肉大理石花纹反映肌肉横截面可见脂肪与结缔组织的分布情况。通常以第12～13肋间处眼肌横断面为代表进行标准卡目测对比评分，采用5分制评分标准，如图4-2-4所示。

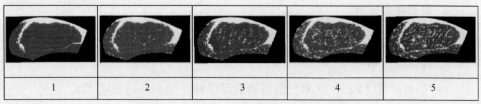

图4-2-4　肌肉大理石花纹5分制评分标准

2. 肉色

肉色为肌肉横截面颜色的鲜亮程度。牛屠宰后 24h 内，鉴定第 12～13 肋间眼肌横断面肉的颜色。肉色的测定方法通常有目测法和色差计法。

（1）目测法

在屠宰后 24h 内，对照肉色标准图，目测第 12～13 肋间眼肌横切面肉的颜色。采用 8 分制评分方法，如图 4-2-5 所示。

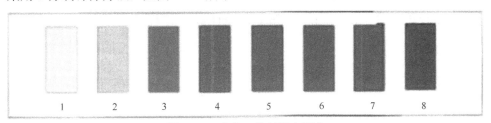

图 4-2-5　肉色 8 分制评定标准

（2）色差计法

在屠宰后 24h 内，取第 12～13 肋间眼肌横切面肉进行颜色测定。测定结果表示为 L-a-b 色度坐标。

3. 脂肪颜色

脂肪颜色指的是肌肉组织内脂肪的颜色。待测牛屠宰后，经历排酸处理 72h 以达到成熟状态后，在第 12～13 肋间取新鲜背部脂肪断面，目测脂肪色泽，对照标准脂肪色图评分；采用 8 分制评分标准，如图 4-2-6 所示。

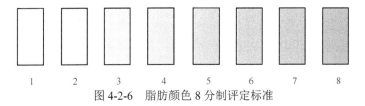

图 4-2-6　脂肪颜色 8 分制评定标准

4. 嫩度

嫩度指煮熟牛肉的柔软、多汁和易于被嚼烂的程度。最通用的评定嫩度的方法是借助仪器（剪切仪或质构仪）来衡量其切断力，又称剪切力，单位为 kg/cm^2。

嫩度测定的步骤如下。

1）取肉样：取外脊（前端部分）200g，修成 6cm×3cm×3cm 的肉样。

2）将肉样置于恒温水浴锅内加热，用针式温度计测定肉样中心的温度，当达到 70℃时，保持恒温 20min。

3）20min 后取出，在室温条件下测定。

4）用直径 1.27cm 的取样器，沿肌肉束走向取肉柱 10 个。

5）将肉柱置于剪切仪上剪切，记录每个肉柱被切断时的剪切值（用 kg/cm^2 表示）。

6）计算 10 个肉柱的平均剪切值，即为该肉样的嫩度。

5. pH

pH 为宰后 24h 内肌肉的酸碱度。在屠宰后 45～60min，用 pH 测定仪在第 12～13 肋间测背最长肌 pH，待读数稳定 5s 以上，记录 pH（即 pH$_0$）。在 4℃下，将胴体冷却 24h 后，在相同位置测定 pH（即 pH$_{24}$）并记录。

6. 肌肉系水力

肌肉系水力用滴水损失法或加压法测定。

（1）滴水损失法

滴水损失法是指在不施加任何外力，只受重力的作用下，蛋白质系统的液体损失量。具体测定方法：宰后 2h，取第 12～13 肋间处眼肌，剔除眼肌外周的脂肪和筋膜，顺肌纤维走向修成长宽高为 5cm×3cm×2cm 的肉条，称重。用细铁丝钩住肉条的一端，使肌纤维垂直向下，悬挂于食品袋中央（避免肉样与食品袋壁接触）；然后用棉线将食品袋口与吊钩一起扎紧，在 0～4℃条件下吊挂 24h 后，取出肉条，并用滤纸轻轻拭去肉样表层汁液后称重，并按下式计算。

滴水损失(%)=(吊挂前肉条重–吊挂后肉条重)/吊挂前肉条重×100%

（2）加压法

当外力作用于肌肉上，肌肉保持其原有水分的能力，称为肌肉系水力或持水性，可利用质构仪测定。

具体测定方法如下。

1）质构仪换上压力片，设置程序参数：压力重量 25kg，挤压时间 300s。

2）宰后 2h，取第 12～13 肋间处眼肌，修成边长约为 2cm 的立方体肉样，用分析天平称重，记下挤压前重量 M_1。

3）肉样上下各放 8～10 张滤纸，放到支撑座上。

4）开始挤压，由于滤纸比较松，压力会缓慢升到 25kg 的重量并保持 300s，一个肉样一般需要 6min 左右。

5）挤压结束后，取出肉样，揭去两侧粘的滤纸，然后放入分析天平上称重，记下挤压后重量 M_2。

6）挤压前重量与挤压后重量之差占挤压前重量的百分比即为肌肉系水力，计算公式为：肌肉系水力（%）=$(M_1-M_2)/M_1×100\%$

（二）羊

该表为选填表，由承担测定任务的保种单位（养殖场）和有关专家填写。

数量要求：6 月龄或 12 月龄公羊、母羊各 15 只。

测量值小数点保留一位。

具体方法如下。

1. 肉色

用色差仪测定背最长肌的亮度 L、红度 a 和黄度 b。测定部位为胸腰椎结合处背最长肌，将样品修整为 3cm 厚，放置在操作台上，在平整的肌肉切面上随机选择 1 个点测定肉色后旋转样品 45°再测定 1 次，然后再旋转样品 45°再测定 1 次，即每个点测 3 次。共测 3 个点，即 3 个平行样。3 个平行样的测定结果偏差应小于 5%。

2. pH

利用肉用 pH 计测定背最长肌的 pH。每个肉样测 2 个平行，每个平行测定 2 次。2 个平行样的测定结果偏差应小于 5%。

3. 滴水损失

取胸腰椎结合处背最长肌，剔除表面脂肪和结缔组织，沿肌纤维走向将肉块修整为 5cm×3cm×2cm 的长条，用 S 形挂钩挂住肉条一端，悬挂于一次性透明塑料杯内，保证在静置状态下肉块不与杯壁接触。然后将塑料杯置于 7 号自封袋内（规格为 20cm×14cm），使 S 形挂钩上端露出袋口，将袋沿封口封好，置于 0～4℃冰箱中保存 24h。若冰箱有挂架，将 S 形挂钩上端挂于挂架，若冰箱无挂架，可将塑料杯直立于冰箱内。24h 后取出肉块，用滤纸轻轻吸干肉块表面的水分，用精度为 0.001g 的天平测定悬挂前后的肉样重量，计算滴水损失。计算公式：

$$滴水损失（\%）=\frac{肉样挂前重-肉样挂后重}{肉样挂前重}×100\%$$

4. 熟肉率

取左侧腰大肌中段约 100g 或背最长肌 30g，剔除表面脂肪和结缔组织，将样品置于 5 号保鲜自封袋（规格为 15cm×10cm）内，挤尽袋内气体后封口，放置于恒温水浴锅内，100℃水浴 45min，在室温下（20℃左右）冷却 20min 后，取出样品，用滤纸吸干表面水分，用精度 0.001g 的天平测定蒸煮前后的肉样重量。计算公式：

$$熟肉率（\%）=\frac{肉样蒸后重}{肉样蒸前重}×100\%$$

5. 剪切力

取背最长肌剔除表面脂肪与结缔组织，修剪成约 6cm×3cm×3cm 的肉样，将样品置于 5 号保鲜自封袋（规格为 15cm×10cm）内，挤尽袋内气体后封口，放入恒温水浴锅内，80℃水浴 1h，取出肉样吊挂于阴凉干燥处，室温（20℃左右）冷却 20min。用直径 1.27cm 的圆形取样器沿肌纤维方向取中心部肉样，修剪为约 1.5cm×1.0cm×1.0cm，测试样块不少于 6 块，然后用质构仪测定剪切力，单位以牛顿（N）表示。

6. 特殊品质描述

特殊品质描述是指表中已有指标不能反映的特有肉品质。

7. 饲养方式

饲养方式主要指该品种的"舍饲""放牧+补饲""放牧"等形式。

（三）猪

测定育肥猪 20 头，阉公、母各半。说明测定的月龄。测定肌肉部位为背最长肌。

所有测量结果保留小数点后一位。

具体填写事项如下。

1. 肉色

宰后 24h 内，离体肌肉横断面颜色的测定也可用评分法。评分法参考《猪肉品质测定技术规程》（NY/T 821—2019）农业行业标准，在左半胴体倒数第 3～4 胸椎处向后取背最长肌，采用 6 分制评分，评分示意图见图 4-2-7。

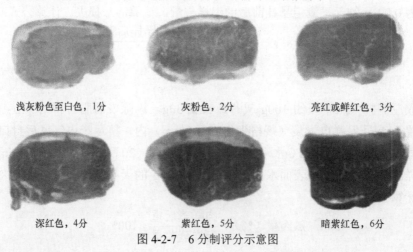

浅灰粉色至白色，1分　　　　灰粉色，2分　　　　亮红或鲜红色，3分

深红色，4分　　　　紫红色，5分　　　　暗紫红色，6分

图 4-2-7　6 分制评分示意图

2. 肌肉 pH

宰后一定时间内，离体肌肉酸碱度的测定值。其中，停止呼吸 1h 内测定的，用 pH_1 表示；在 0～4℃条件下保存至停止呼吸 24h 间测定的，用 pH_{24} 表示。

3. 滴水损失

在无外力的作用下，离体肌肉在特定条件和规定时间内流失或渗出的水量。规定用48h滴水损失（%）来表示。

4. 大理石花纹

肌肉横截面可见脂肪与结缔组织的分布情况。

5. 肌内脂肪含量

肌肉组织内的脂肪含量（用评分板时标明几分制）。

大理石纹和肌内脂肪含量参考NY/T 821—2019农业行业标准,肌内脂肪含量和大理石纹采样部位为左半胴体倒数第3～4胸椎处向后取背最长肌,肌内脂肪含量采用索氏浸提法,大理石纹的评分采用6分制评分,参考NY/T 821—2019,大理石纹评分示意图见图4-2-8。

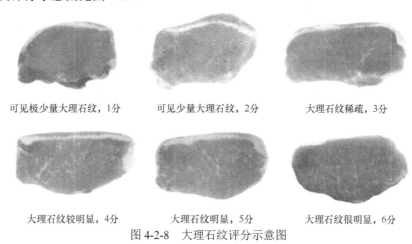

可见极少量大理石纹，1分　　可见少量大理石纹，2分　　大理石纹稀疏，3分

大理石纹较明显，4分　　　大理石纹明显，5分　　　大理石纹很明显，6分

图4-2-8　大理石纹评分示意图

6. 嫩度

测试仪器的刀具切断被测肉样时所用的力。

7. 其他要求

说明是否经过育肥，育肥的营养标准。

九、其他方面

其他方面包括牛的乳用性能、繁殖性能，羊的绒毛性能、皮用性能等，猪的繁殖性能（包括采精），马和驴的产乳性能，马的运动性能以及驴的繁殖性能等。最后将品种的各项调查结果汇总，填写畜禽保护品种动态信息调查表。这些信息应该汇集成大数据，形成知识库，建立专家系统，供各级用户使用。

第五章　家畜遗传资源保护

当前市场背景下，现代培育品种的优势在于可以提高家畜的个体产量和推动家畜育种的快速普及，从而提高了畜牧业的养殖效率和经济效益。然而，现代家畜育种导致少数欧美近代培育品种在世界许多地区取代了当地固有的地方品种（群），从而导致大量地方品种（群）的消亡，人类几千年来积累的丰富遗传资源也因此消失，这对未来家畜育种所依赖的基因库造成了严重的破坏。从遗传资源学的角度来看，当前世界畜牧生产中主流的欧美培育品种存在以下局限性：第一，这些品种大多起源于欧洲西（北）部，品种来源单一，是通过极小规模的闭锁繁育和"瓶颈效应"发展起来的群体；第二，这些品种经历了针对目的性状的专门化高强度选择，导致涉及其他性状的有利基因大量流失；第三，这些品种长期在良好的生态和饲养管理条件下进行选育，涉及抗性的有利基因几乎已经完全丧失。因此，从单个或总体角度来看，这些品种的遗传信息都非常匮乏。

家畜遗传资源枯竭是当前面临的现实威胁，也是全球动物遗传资源危机的一部分。为了确保家畜育种的持续发展并满足未来家畜育种业的需求，必须保存具有特点和潜在利用价值的品种，并维持遗传变异的多样性。因此，提出遗传资源保护问题，不仅是为了维持几千年来存在的品种更迭现象，更是为了应对当前这种前所未有的遗传资源枯竭现状。

第一节　家畜遗传资源保护概论

一、家畜遗传资源保护的意义

家畜遗传资源保护的目的是保护家畜起源系统、地域来源、生态类型、经济用途和文化特征的多样性。在目前特定的市场需求和生产背景下的高产品种是优势品种，如黑白花奶牛、夏洛莱牛、安格斯牛、美利奴羊、杜泊羊、萨福克羊、长白猪、大白猪、杜洛克猪等。它们是目前生产系统的产物，当前的生产系统对它们来说是一个发展系统，更是一个保护系统。可是还有一些固有的地方品种（群），它们虽然有自己的特点和潜在利用价值，但是在目前特定的产业形态和市场背景下，由于产量或产品价值相对较低，被高产品种逐步代替，面临着灭绝的危险。保护这些固有的地方品种（群）或地方群体是目前保持家畜遗传多样性的关键和重点。

固有的地方品种（群）与培育品种相比，低产所致的经济价值低的缺点明显。但从长远的可持续发展观点来看，保存有潜在价值的低产品种却是非常必要的。众所周知，现代流行品种遗传起源单一，遗传变异相对贫乏，但是社会需求和生态环境却是不断变化的，所以它们缺乏适应将来新的社会需求的遗传潜力。固有的地方品种（群）或地方家畜群体包含着许多基因型，拥有改进现代品种所需要的基因资源，可作为新品种培育或经济杂交的亲本，其作用不是简单的经济指标可以衡量的。例如，印度瘤牛、中国小尾寒羊、中国湖羊、中国太湖猪等，在现代品种培育中的作用就相当大。

固有的地方品种（群）具有十分明显的独特优点。①耐粗饲。其对农副产品及饲料具有很好的利用能力，特别体现在对粗饲料如秸秆、藤蔓、糟渣、下脚料等的消化吸收能力强，这是欧美培育品种所不能及的。例如，中国地方猪种的显著特点是消化道相对容积、大肠的长度和重量、粗纤维消化率与对纤维饲料的适应性均显著高于欧美培育品种。②繁殖力强。母畜发情明显，母性好，成活率高，产仔数多（如洼地绵羊、小尾寒羊、湖羊、太湖猪都是世界上著名的高繁品种）；公畜性欲旺盛，配种能力强。③抗逆性好。家畜群体存在对湿热、干旱、高海拔生境的抗性、耐性高的特点，能够很好地适应当地极端寒热湿等恶劣条件。在欧美培育品种易患的疾病方面，地方品种具有珍稀的非特异性免疫性基因资源和广泛的疫病抗性。例如，中国黄牛抗牛痘或结核病的能力高于欧美培育品种；中国地方猪抗猪痘、疥癣病、四肢病等疾病的能力也明显高于欧美培育品种，对猪瘟易感性低。④畜产品质量较高。例如，肌纤维细且密度大，肌肉脂肪组织多、碘值低、结缔组织少，肌肉系水力、总色素、嫩度、熟肉率、肌肉 pH 的测定值高，肌肉中干物质和呈味前体物质含量高。⑤遗传性有害基因频率相对较低。我国地方固有家畜种群中致死、半致死等有害基因的基因频率相对较低，有些家畜甚至完全没有有害基因。

从目前发展的情形来看，地方固有的品种（群）在新品种培育和满足新市场需求中所起的作用会越来越重要。这是由社会对畜产品的消费方式和不同类型畜产品的社会经济价值所决定的，能从半个多世纪以来市场需求的变化中感受到这一点。在 20 世纪中期以前，脂肪型畜禽产品在市场中广受欢迎，所以肉用畜禽贮积脂肪的能力是公认的有利性状。为此，欧洲人不惜花费两百年的时间来选择猪的厚背膘和牛的肉用体型。

20 世纪 60 年代以后，市场需求转向瘦肉型畜禽产品，对背膘进行负选择的瘦肉型育种成为育种的潮流。在 70 年代后期，高脂肪率（28.6%）肉牛胴体价格在非洲国际市场上只相当于非洲旋角羚胴体（脂肪率 2.9%）价格的 75%，当时肉牛育种实行负选择背膘。猪育种更是如此，对瘦肉猪的选育程度逼近了瘦肉率 70%的生物极限，更有甚者培育出了"无膘猪"。育种者满足于自己的成果还不到 20

年，肉品质下降带来的负面效应就冲淡了最初的喜悦。例如，大型鸡肉在市场上被称为"豆腐肉"，售价低廉；猪的 PSE 肉（俗称水猪肉）或 DFD 肉（暗红色、质地坚硬、表面干燥的肉）被列为劣质肉，有的国家禁止上市。于是，育种和生产又急转弯，如日本地方鸡种被视为"天然纪念物"，又作为宝贵的亲本纷纷用来生产"特殊鸡"或"高品质鸡"；名为'杜长大''洋三元'的商品猪迅速占领了中国的猪肉市场和养殖场，但其肉质较我国的"土著品种"差。其他家畜品种也是如此，如 20 世纪 70 年代中期至 80 年代中期，"奶山羊"风靡全国，使一部分固有绒山羊品种受到"杂交改良"的冲击，20 世纪 80 年代末期形势又完全逆转。可见，市场需求是不断变化的，人们对将来市场的预测能力非常有限。那么，应对的办法只有保护好丰富的畜禽遗传资源，才能满足这种不断变化的市场需要。

保护固有的地方品种（群）对疫病的非特异性免疫相关基因资源尤为重要。不同家畜品种的起源系统揭示了各种非特异性免疫相关基因的潜在分布范围。例如，牛结核、锥虫病、马传染性贫血（马传贫）、焦虫病等的易感性都与起源系统有关。现代培育品种起源系统单一化的实际结果是许多抗性基因资源的丧失。欧美良种的抗性基因的纯合水平较高，更缩减了免疫范围，增加了流行病暴发的风险。这些疾病一旦暴发，整个生产体系都会遭受惨重的经济损失。例如，20 世纪80 年代在非洲暴发的牛瘟，同时期在英国首次发现且迅速蔓延全球的疯牛病，以及 21 世纪暴发的禽流感、非洲猪瘟，这些事件都造成了经济损失特别巨大。同时说明单一品种的危险性和保护地方品种的重要性。

畜牧生产条件的多样性要求品种资源应该保持多样性。现代良种的经济优势是以高度集约化的饲养体制或优良草场为前提的。若这些条件不充分，这些高度集约化的培育品种往往并无优势。但是，地球上能够用于发展畜牧业的自然资源是多种多样的。例如，我国西藏的固有地方品种（群）对高寒、缺氧的高原环境适应性很好。在 20 世纪 70 年代之后的一段时期内，人们对西藏的牛、羊等家畜进行杂交改良，以提高生产速度从而增加经济效益。但杂交家畜抗自然灾害如雪灾的能力较差，易导致大量杂交家畜及其后代死亡，而多数固有地方家畜则安然无恙；杂交家畜及其后代对有毒有害杂草的识别、记忆能力差，因误采食毒草而中毒甚至死亡的发生率较地方家畜高。可见固有的地方品种（群）十分珍贵。在不同的自然条件和社会经济条件下育成的各种类型的品种，在各自的环境条件下有其独特的优势。地方品种作为现代品种的组成部分，有其各自的畜牧场景，有助于更合理更全面地利用那些存在于艰苦条件下的草场等自然资源。

古老的地方品种具有文化价值。地方品种是研究所属民族在不同历史阶段的畜牧业产业形态、经济和文化状况的实物依据之一。有的品种，如小型猪、矮马，是医学、生理学、解剖学或一般生物学的优良试验材料，具有良好的科学价值。

为了保证家畜育种的可持续发展，满足未来家畜育种业的需要，有必要保存那些有特点和有潜在利用价值的品种，以维持可遗传变异的多样性。

二、家畜遗传资源保护的内容

我国学者对畜禽保种理论进行了大量的探索研究。目前，对畜禽遗传资源的保存主要有两种观点：随机保种理论和系统保种理论。随机保种理论是将一个品种视为一个整体，结合群体遗传学理论基础，保存每个品种的全部基因。系统保种理论是将一定时空内某个品种具有的全部基因作为保护对象，结合、运用系统学思想和现代生物技术，保存品种基本基因体系。随机保种理论最大程度上保存了畜禽品种的所有遗传特征，但有限的群体很难实现保种与选育的可持续发展。相比之下，系统保种理论打破了随机保种理论的束缚，能够持续开发和选育畜禽遗传资源，同时保存品种的基本基因体系和特性基因。然而，由于无法保存所有基因，一些未知性状基因可能会丢失。随着现代生物技术和信息挖掘技术等的应用，可以有效减少系统保种理论存在的不利影响。

经典保种方法是以 1931 年 Wright 的群体有效含量为核心，即保持每个品种足够大的群体有效含量，以减小近交系数，同时避免选择，防止因遗传漂变致使基因丢失。经典的家畜保种理论认为，一个品种就是一个基因库，保种就是保存每一个品种，使该品种的每一个基因都不丢失。但保种群的群体有效含量应为多少比较适宜，对于这一问题众说纷纭。例如，Bidanel 等[1]认为随机留种时需 60 头公猪和 300 头母猪。这种经典的保种方法在实际工作中有些困难。究其原因，一是在经济上不可行，保种（特别是原始品种保存）需要投入较多的资金。我国家畜品种众多，若每一个品种都设保护区，是不现实的。二是对每一个家畜品种都进行保护，可能造成重复保护，因为很多品种具有相似的遗传特性。三是目前很多地方品种的群体已经相当小了，特别是无亲缘关系的公畜数量更少，事实上已无法达到经典保种方法对群体有效含量的要求。四是地方家畜品种的生产性能水平均较低，要对其进行有效的利用，尚需对其进行选优提纯，而选择是与传统保种理论相悖的，两者不能并举。

实际上，有学者对经典保种理论提出了质疑。陈瑶生和盛志廉率先对经典保种的理论与方法在我国畜禽遗传资源保护中的可行性提出了质疑[2]。他们认为保种重要的是要保存基因的种类和基因组合，而不是每一个基因的数量。因此，有目的地保护每个品种所拥有的遗传特性成为保种的直接目标，这就是所谓的"目标保种"理论。综合目前的观点，家畜遗传资源保护包括以下三方面的内容。

[1] Bidanel J P, 吴常信, 杨子恒. 法国对中国猪的十年试验总结(下)——大白猪和梅山猪品种间杂交参数估计: 生长和发育. 国外畜牧科技, 1990, (6): 6-12.

[2] 陈瑶生, 盛志廉. 通用选择指数应用研究. 遗传学报, 1989, (1): 27-33.

第一，保持孟德尔式群体多样化的基因组合体系。实践中，在一个家畜品种内保持体现品种起源系统、生态类型的多样化和以基因型为基础的生产力类型的多样化，在品种内维持若干个品系。

第二，保持特定位点的基因纯合态和基因组合体系的稳定性。实践中就是保持品种特性。猪、禽、绵羊中的近交系和实验动物中的纯系是其中的极端情况。

第三，保持孟德尔式群体遗传多样性，即各位点的基因种类，以保证群体对自然或社会需求环境变化的适应能力，作为未来支持家畜品种应对这些变化的基因储备。这是家畜遗传资源保护的最主要的内容。分布在恶劣生态环境中的家畜群体、受到强大自然选择作用的原始品种及生产力专门化程度很低、特点不明显的地方品种，如大额牛、沼泽水牛、牦牛、美洲羊驼、单峰驼、双峰驼、欧亚大陆驯鹿、藏猪、华北猪、藏羊、蒙古山羊、中国鹅和一部分华北驴群体则属于这种情况。

接受了目标保种策略，又把不同遗传特性分配到各个品种中去保护，对一个国家或一个地区来说，保种工作就成为一项系统工程，此后在这一观念的基础上发展了"系统保种"理论[1,2]。

上述保种新理论的提出在一定程度上解决了我国家畜保种工作的盲目性高、经济可行性低及保种、选育和利用相结合差等一系列实际问题。目标保种同样面临一个严峻的现实问题，即在较小的有限群体中要保住家畜的某一遗传特性（或其基因）的把握究竟有多大。若群体太小（很多地方品种的实际情况就是如此），至少有两类重要目标性状的保护有较大的风险。①遗传力低的数量性状和阈性状（如繁殖性状），这类性状的表型受环境的影响大，若根据表型资料留种，不一定能确保目标基因在小群体中不会丢失。同时，这类性状近交衰退最严重。②那些从表型上难以观测的性状（如某些抗病性状），对决定这类性状的基因在群体中的变化情况缺乏有效的监测和保护措施，因此，其难免因遗传漂变而丢失。此外，在群体不可能大的情况下，如何有效地控制保种群的近交系数，防止因近交衰退而导致品种衰亡的加速是难题。

近年来，随着动物胚胎工程技术、精液冷冻与人工授精技术的发展，探索利用家畜配子和胚胎冷冻技术以保存畜禽遗传资源的策略是有效的，成功地实现了许多"易地保护"（*ex situ* conservation）。目前这些技术对有些品种来说不仅可行，而且高效。当然，还有诸如猪和家禽等冷冻胚胎保存技术尚需攻关。目前或今后一段时期内，家畜活体保种和生物技术保种是遗传资源保护的基本方法。

---

[1] 潘玉春, 芒来. 畜禽保种——选择指数原理. 遗传学报, 1995, (1): 34-39.

[2] 张志武, 盛志廉, 冯维祺. 中国地方猪种遗传资源系统保存模型与方案. 东北农业大学学报, 1995, (4): 363-368.

三、家畜遗传资源保护的目标

动物遗传资源保护的总目标实际上是保持动物品种的遗传多样性。也就是说，各个家畜品种中所拥有的可遗传变异材料的储备，是一切家畜遗传资源保护工作共同追求的总目标。保持畜（禽）种内的品种或品系多样性也是保持家畜遗传多样性的一个方面。狭义地讲，家畜遗传资源保护实际上是保持品种（系）特性。

（一）保持品种（系）特性

1. 保持品种（系）多样性的内容

品种（系）的多样性不仅体现在品种（系）的数量上，而且还体现在以下几个方面：①多元的起源系统和广阔的地域来源；②生态类型丰富多样；③生产力类型多样化；④文化特征多元化。

保持品种（系）固有优良特性是保持品种多样性的基础。鉴于当代全世界家畜品种单一化的格局，保护除西、北欧之外其他地域起源的固有的地方品种（群）具有关键意义。在中国，保护千百年来与本民族经济和文化共同发展的固有优良家畜品种，是保持全球家畜品种多样化的一个重要环节。

2. 保持品种（系）特性的遗传实质

品种（系）特性的保持是指保持品种固有的优点，保持品种（系）典型的特定基因型，扩大其比例，进而使之在全品种（系）中固定。其本质是保持决定优良性状组合的某些特定的基因型。自然，相应的基因也就得到了保持。

尽管品种（系）特性的保持在正常情况下是一个育种学问题，但是目前已成为一个重大的遗传资源问题，主要原因在于：①广泛的杂交导致严重的品种混杂；②外来培育品种对固有的地方品种（群）的大量遗传侵袭，使固有的地方品种（群）衰减，同时由于疏于管理和选育，遗传漂变导致品种特性发生重大变化，若品种中一部分非典型或不良的群体幸存比例较大甚至产生建立者效应时，其作用尤甚。

保持品种（系）特性与保持群体基因多样性既有很大的共同点，也有一些区别。

共同点是保持品种（系）特性和保持群体的基因多样性是当代社会在家畜群体保持遗传多样性的两个着力点，两者的目标是相同的。家畜遗传资源作为自然和人类文化的遗产，既有在一定程度上表现出原始形态的家畜品种（群），也有各民族人民在特定的自然、经济和文化背景中育成的有突出优点的品种（系）。前者需要保持更基本的形态，以维持潜在的基因多样性；后者需要固定特定基因型。两者都是未来的家畜育种依赖的物质基础。两种不同的情况本身就是当代客观存在的遗传多样性的表现之一。

区别则在于两者的机制完全不同。群体遗传多样性可以利用某些遗传标记作局部估计，一般是作为概率或潜在可能性来加以保持；品种（系）特性的保持总是针对具体性状及其基因型。除明显有害的基因外，前者在各位点尽可能保持等位基因的种类数；后者不保留品种固有的一切基因或基因型，而只是保持决定优良品种特性的特定基因型；从位点来看，后者则要求有利基因固定。随机化原则是前者在方法上的主要基础；后者有选择。从任何基因位点来看，选择可以改变基因频率，以至减少基因种类，但不能产生新的基因，所以有碍于基因多样性的保持，对前者不利；选择可以提高特定基因型的频率，促使优良基因型的固定，并在数量性状上通过有利基因的积累，沿着品种固有优点的方向促使更有利的基因型出现，因而对后者有利。群体有效含量是保持基因多样性的关键。因此，前者通常需要一定的群体规模；后者的关键在于有关位点有利基因的纯合化，不一定需要较大规模。

保持品种（系）特性与纯种选育的关系。从纯种选育的技术特征来观察，保持品种（系）特性属于纯种育种或"本品种选育"的范畴。但是和一般的纯种育种相比较，它又有自己的特点。①目的不同。纯种育种通常的目标是满足当前社会对畜产品种类、数量、品质的需要，而保持品种（系）特性则主要着眼于为人类长远的需要进行遗传资源储备，保持可用于未来育种事业的、有优点的固有的地方品种（群）。②工作内容也不同。一般的纯种育种以改进当前市场追求的性状为内容；后者则针对当前流行的欧美品种的缺点，以保持和进一步改进各地域固有的地方品种（群）相应的优点为重。当然，两种情况没有截然界线。市场需求的变化可能导致品种地位的变化。

（二）数量性状的保持

品种特性包含数量性状（quantitative trait）和质量性状（qualitative character）。两者在遗传基础、关键问题和相应的保持方法上有一些区别。

数量性状特性的保持本质上是在有关位点保持有利基因既有的频率，以保持群体固有的加性基因效应不下降。对于尚能维持原状的品种来说，如果没有与其固有优点相悖的选择压力存在，即使没有任何育种措施，性状平均水平的保持也不会成为问题。然而，对于一时商业价值不高、规模正在缩小、需要保护的品种来说，往往存在以下几种改变基因频率的因素：①规模衰减导致遗传漂变；②杂交（迁移）导致品种混杂；③针对负遗传相关性状进行的选择，形成了对固有优点的逆向选择压力。

目前，数量减少和杂交这两种情况最为常见。这两个方面也就是通常所谓的"品种混杂、退化"的问题所在，是涉及品种固有的优良数量性状特性保持的关键。

1. 遗传漂变

对于商业效益一时不佳的品种，规模的缩减和分散压力的形成都难以避免；但分散压力改变基因频率的效应，却是可以遏制的。在这种条件下，可以抵消遗传漂变效应的因素是选择。沿着品种固有优点的方向进行选择而积累有利基因，这是防止基因频率在群体规模缩减的过程中发生不利变化、保持和发展品种固有优点的基本方法。为了选育出新的育种材料，如同质选配和近交、在选择基础上的适时闭锁，都是在这种特定情况下可以酌情实施的辅助方法。

2. 迁移

用于杂交的外来品种迁入实际上是遗传侵袭，它对品种的固有优点有破坏作用。就质量性状来看，品种混杂和品种特性潜在的恶化往往在短期内不易被察觉到。因此，保种群体作为种质资源储备空间，应该严格排除外来品种的迁入，杜绝品种杂交。

品种混杂对质量性状（如抗性、非特异性免疫性）可能有潜在危害。这些影响往往只在一定的环境中产生表面效应。因此，混杂程度的评估是重要问题。质量性状特性是否已受到迁移的影响及其影响程度，在固有的地方品种（群）具备原有检测、调查资料的条件下，各种遗传标记都可以作为评估的依据。质量性状特征通常也都可以利用这些条件来识别这种影响及其程度。

（三）质量性状的固定

优良质量性状组合的固定是保持品种特性的另一个方面。特定质量性状通常是识别品种的标志，所以优良性状组合固定的意义不局限在直接作为固定对象的性状本身，而且也可以在不同程度上表示保持品种的特性。就遗传基础来看，这个程度取决于性状涉及的基因数、基因的密码子含量和基因在染色体组中分布的均匀性。但在应用上通常只能以特定质量性状为参考。

1）质量性状的实质是固定决定性状的基因型。而各个有关性状的稳定遗传是固定性状组合的基础。几种可能的情况是：①性状由一个位点的特定等位基因决定，无论该基因在等位基因序列中的显性或者隐性顺位如何，要性状稳定遗传，必须使其基因纯合化。②性状由多个位点的若干特定基因之间的互作所决定。无论互作的具体内容（累加、抑制、修饰）如何，只要有关基因在该位点纯合化，性状就能稳定遗传。③性状由一个位点的特定杂合态决定，但这一种性状在群体中很难被固定下来。这类性状作为品种特性，大多发生在对地方品种的考察不周密、盲目定性的情况下。这类性状假如有特殊价值，只能在相应的不同类型中分别保持纯合子的情况下用于配套系经济杂交。

2）在上述前两种情况下，隐性基因的固定不困难。而优良性状组合中包含的多个显性性状的固定，原本是一个历史性的育种学难题。品种特性的固定涉及于此时，除这种组合在固有的地方品种（群）中的既有频率可能较高（否则无法成为"品种特性"）之外，也难免遇到同样的难题。

3）我国畜牧业自 20 世纪 50 年代初一度盛行"理想型横交固定"之说。其要点是，具有优良性状组合的个体（即所谓的"理想型"个体）相交配，以使各优良性状在后代群体中固定。其实质是表型选择加同质交配，和两个世纪前 Bakewell 提出的"以优配优"原则没有区别。

杨纪珂[1]从数学角度对"横交固定"过程中群体配子型和基因型频率的变化进行分析。他以"理想型"包含若干显性性状的家畜群体为基础，分别按携带显性基因的个数与显性基因纯合子位点数对配子和基因型进行分类；假定最初的"理想型"群体来自分别在不同位点已由显性基因纯合化的两个亲本群的杂交，这种群体在所有有关位点都是携带着隐性基因的杂合子，并由此计代，推导了关于横交各世代配子型和基因型概率（分别为 p_k 和 p_g）的两个公式。

$$p_k = C_n^r \left(\frac{t-1}{t+1} \right)^{n-r} \left(\frac{1}{t+1} \right)^r$$

$$p_g = C_n^h \left(\frac{t-2}{t+1} \right)^{n-h} \left(\frac{2}{t+1} \right)^h$$

式中，n——"理想型"涉及的显性基因数；

　　　t——横交代数；

　　　C——组合数；

　　　r——配子携带的隐性基因数（$r = 0,1,2,\cdots,n$）；

　　　h——呈杂合态的位点数（$h = 0,1,2,\cdots,n$）。

注：限于篇幅，本书对杨纪珂公式的形式稍作了一些修改。

例如，由上述第二式可得，在"理想型"群体中，出现显性基因纯合化的位点数分别是 n、$n-1$、$n-2$ 以至 0 的各类基因型的概率为

$$\left(\frac{t-2}{t+1} \right)^n, C_n^1 \left(\frac{t-2}{t+1} \right)^{n-1} \left(\frac{2}{t+1} \right), \ C_n^2 \left(\frac{t-2}{t+1} \right)^{n-2} \left(\frac{2}{t+1} \right)^2, \cdots, \left(\frac{2}{t+1} \right)^n$$

在这种交配制度下，各世代畜群在选择前存在从具有 n 个显性性状到没有任何一个显性性状的各类表型，"理想型"只是其中的一部分。在前述假定下，若增设 R 为表型特征中包含的隐性性状数，则"理想型横交固定"产生的群体中，具有 n 到 0 个显性性状的各类表型的概率为

$$p_L = C_n^R \left(\frac{t^2-1}{t^2} \right)^{n-R} \left(\frac{1}{t^2} \right)^R \quad (R = 0,1,2,\cdots,n)$$

[1] 杨纪珂. 随机过程在生物学中的一些应用. 科学通报, 1965, (04): 308-319.

因而，在全群中，所有 n 个位点都是显性基因纯合化的个体的概率为

$$p_{D_h} = \left(\frac{t^2-1}{t^2}\right)^n \left(\frac{t-2}{t+1}\right)^n = \left(\frac{t-1}{t}\right)^{2n}$$

这是在无连锁的"理想型横交固定"体制下优良质量性状组合的固定概率。达到一定 p_{D_h} 值所必需的世代则为

$$t = \left(1 - \sqrt[2n]{p_{D_h}}\right)^{-1}$$

例如，当一代迁移使固有的地方品种（群）4 个基因位点的有利显性性状成为杂合态时，以此表型选择加同质交配的方法使这些性状得以巩固和提高，3 代后的固定概率为

$$p_{D_h} = \left(\frac{t-1}{t}\right)^{2n} = \left(\frac{2}{3}\right)^8 = 0.039$$

要使 4 重显性纯合子恢复到 90%，所需要的时间为

$$t = \left(1 - \sqrt[2n]{p_{D_h}}\right)^{-1} = \left(1 - \sqrt[8]{0.90}\right)^{-1} = 76.43\,(\text{代})$$

假如是禽，最快也要 38 年；假如是牛（世代长最少为 3 年）至少需要 230 年。这个例子足以说明这种固定方法进度之慢。当然，遗传漂变或迁移导致的变化通常只危及固有的地方品种（群）中的一部分群体。这只改变起始世代的杂合子频率，不影响横交过程中的纯合进度。

（四）"多元测交"体制及其固定效率

1. 含义

对多重显性类型的公畜在多个位点进行的测交称为"多元测交（multiple test cross）"。利用这种方法选出多重显性纯合子公畜作种畜，以期在后代畜群中使优良性状组合包含的多个显性性状得到固定，这是多元测交体制的基本内容。

多元测交作为一种遗传学试验方法已有一百多年的历史。孟德尔证明自由组合定律的回交试验，可以说是多元测交的最早实践。20 世纪 70 年代，土库曼斯坦学者 Kokaboy 利用二元测交方法成功地固定了 Karakul 羊的金色性状，并提出了利用三元测交方法固定其银色性状的设想。20 世纪 80 年代，常洪提出多元测交概念，推导并以生物学试验证明了以此为基础的选种体系对固定孟德尔性状组合的效率。这种方法针对迁移或遗传漂变导致的变化，对恢复、固定品种所固有的优良质量性状组合也十分有效。

2. 公式

设优良质量性状组合涉及 n 个位点的显性基因，n 元显性基因，就纯合化位点数来看，有 $n+1$ 个可能的类别，例如，以 j 和 i 分别代表母系血缘关系两代的

杂合位点数（j=0,1,2,…,n；i=0,1,2,…,n），在后代以 n 元显性类型公畜交配的条件下，由母系血缘关系两代群体的类别的对应关系，可建立(n+1)×(n+1)维概率矩阵。

$$A = \begin{bmatrix} 1 & \dfrac{1}{2} & \cdots & \left(\dfrac{1}{2}\right)^j & \cdots & \left(\dfrac{1}{2}\right)^n \\ 0 & \dfrac{1}{2} & \cdots & j\left(\dfrac{1}{2}\right)^j & \cdots & n\left(\dfrac{1}{2}\right)^n \\ \vdots & 0 & & \vdots & & \vdots \\ \vdots & \vdots & & \vdots & & \vdots \\ \vdots & \vdots & & \left(\dfrac{1}{2}\right)^j & & \vdots \\ \vdots & \vdots & & 0 & & \vdots \\ \vdots & \vdots & & \vdots & & \vdots \\ 0 & 0 & \cdots & 0 & \cdots & \left(\dfrac{1}{2}\right)^n \end{bmatrix}$$

矩阵 A 是多元测交固定体制下，上、下两代为显性纯合化位点数相互关系的描述。A 中各元素的通式为

$$a_{(i+1)(j+1)} = C_j^i \left(\frac{1}{2}\right)^j$$

这种固定体制，以来自 n 元显性类型双亲的 n 元显性类型子代母畜组成初始母畜群，以后不再针对这 n 个位点对母畜群一方作选择。假如双亲在 n 个位点都是杂合态，初始母畜群有最低的纯合化概率；在这种最不利的条件下，按纯合化位点数区分的各类显性类型的概率，可利用列向量 b 作描述。

$$b = \begin{bmatrix} \left(\dfrac{1}{3}\right)^n \\ n\left(\dfrac{1}{3}\right)^{n-1}\left(\dfrac{2}{3}\right) \\ C_n^2\left(\dfrac{1}{3}\right)^{n-2}\left(\dfrac{2}{3}\right)^2 \\ \vdots \\ C_n^{n-1}\left(\dfrac{1}{3}\right)\left(\dfrac{2}{3}\right)^{n-1} \\ \left(\dfrac{2}{3}\right)^n \end{bmatrix}$$

因而，t 代后畜群各类个体的概率为 $P_t = A^t b$。

　　求矩阵 A 的 t 次幂，得矩阵 A^t。例如，以$(i+1)$为矩阵 A^t 的行标，$i=0,1,2,\cdots,n$；$(j+1)$为矩阵 A^t 的列标，$j=0,1,2,\cdots,n$；则 A^t 各元素的通式为 $C_j^i(2^t-1)^{j-i}/2^{jt}$。由之可得

$$P_t = \begin{bmatrix} C_n^0\left(\dfrac{3\times 2^{t-1}-1}{3\times 2^{t-1}}\right)^n \\[2.5em] C_n^1\left(\dfrac{3\times 2^{t-1}-1}{3\times 2^{t-1}}\right)^{n-1}\left(\dfrac{1}{3\times 2^{t-1}}\right) \\[2.5em] C_n^2\left(\dfrac{3\times 2^{t-1}-1}{3\times 2^{t-1}}\right)^{n-2}\left(\dfrac{1}{3\times 2^{t-1}}\right)^2 \\[1em] \vdots \\[1em] C_n^{n-1}\left(\dfrac{3\times 2^{t-1}-1}{3\times 2^{t-1}}\right)\left(\dfrac{1}{3\times 2^t-1}\right)^{n-1} \\[2.5em] C_n^n\left(\dfrac{1}{3\times 2^{t-1}}\right)^n \end{bmatrix}$$

　　再根据各类个体携带 n 到 0 个显性基因的各类配子的比例的对应关系，可建立一个与 A 相等的矩阵。因而，在任意世代 t，各类配子的概率为 $Q_t=AP_t$。

$$Q_t = \begin{bmatrix} C_n^0\left(\dfrac{3\times 2^t-1}{3\times 2^t}\right)^n \\[2.5em] C_n^1\left(\dfrac{3\times 2^t-1}{3\times 2^t}\right)^{n-1}\left(\dfrac{1}{3\times 2^t}\right) \\[2.5em] C_n^2\left(\dfrac{3\times 2^t-1}{3\times 2^t}\right)^{n-2}\left(\dfrac{1}{3\times 2^t}\right)^2 \\[1em] \vdots \\[1em] C_n^{n-1}\left(\dfrac{3\times 2^t-1}{3\times 2^t}\right)\left(\dfrac{1}{3\times 2^t}\right)^{n-1} \\[2.5em] C_n^n\left(\dfrac{1}{3\times 2^t}\right) \end{bmatrix}$$

　　列向量 P_t 和 Q_t 的各元素的通式分别为

$$p_t = C_n^b\left(\frac{3\times 2^{t-1}-1}{3\times 2^{t-1}}\right)^{n-h}\left(\frac{1}{3\times 2^{t-1}}\right)^h$$

$$q_t = C_n^r\left(\frac{3\times 2^t-1}{3\times 2^t}\right)^{n-r}\left(\frac{1}{3\times 2^t}\right)^r$$

式中，n——优良质量性状组合涉及的显性基因数；

t——固定所历世代；

h——呈杂合态的位点数（$h=0,1,2,\cdots,n$）；

b——组合选择的元素数量（$b=0,1,2,\cdots,n$）；

r——配子携带的隐性基因数（$r=0,1,2,\cdots,n$）。

在这种体制下，各世代群体全都是 n 重显性类型；其中 n 元显性纯合子的概率为

$$p_{D_h} = \left(\frac{3 \times 2^{t-1} - 1}{3 \times 2^{t-1}}\right)$$

在配子群中，携带 n 个显性基因的配子的概率为

$$q_{D_h} = \left(\frac{3 \times 2^t - 1}{3 \times 2^t}\right)^n$$

达到特定的 p_{D_h} 或 q_{D_h} 值所需要的世代分别是

$$t = \frac{-\lg\left[3\left(1 - \sqrt[n]{p_{D_h}}\right)\right]}{\lg 2} + 1 \text{ 和 } t = \frac{-\lg\left[3\left(1 - \sqrt[n]{q_{D_h}}\right)\right]}{\lg 2}$$

3. 固定效率

利用这种方法来解决前述 4 个位点显性性状的重新固定的问题，一代后，4 重显性纯合子的概率为 0.198，相当于"理想型横交固定"相应世代（$t=3$ 代）固定概率（0.039）的 5 倍多；达到 $p_{D_h}=0.90$ 所需要的时间则是 $t=4.68$ 代（前者需要 76.43 代），按前述世代间隔计算，假如是禽约为 2.5 年，牛为 14 年，比前者有效得多。常洪等以计算机模拟，当 $n=2,3,4,5$ 时，编绘两者固定概率随世代进展的曲线[1]，见图 5-1-1a 和 b。

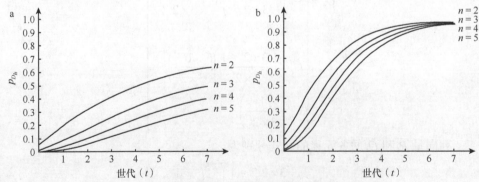

图 5-1-1　各世代（t）畜群中 n 位点显性纯合子的概率（p_{D_h}）

a. "理想型横交固定"；b. "多元测交"

[1] 常洪, 苏汉义, 耿社民. 家畜孟德尔性状不同固定方法育种进度的研究. 畜牧兽医学报, 1988, (3): 145-154.

由于种公畜都是以多元测交选出的多重显性纯合子,因此这种体制执行一代,群体在表型上就恢复了固有的优良性状组合状态。在新品种培育中应用这种方法可能遇到的困难是,当涉及显性基因较多(n较大)时,固定之始,n元纯合子概率低、测交经济负担大。针对迁移或遗传漂变而进行的固定包括优良性状组合的恢复和固定,由于这种组合中通常有较高的纯合态概率,因此不存在那种困难。而且,具有优良性状组合的第一代母畜群通常的纯合化位点数也高于列向量 b 所描述的水准。所以,多元测交体制是恢复、固定品种特性的较好方法。

例 5-1-1　证明如下理论,即利用横交固定进行品种提纯,在每个世代都利用纯合子公畜交配,其中涉及 3 个显性基因座(n=3)的任意世代(t),各类基因型在群体中的比例相同。

证明:设 3 个基因座分别为 A、B、C。

(1)建立概率矩阵 A

母本基因型		AABBCC	AaBBCC AABbCC AABBCc	AaBbCC AaBBCc AABbCc	AaBbCc
子代基因型	AABBCC	1	1/2	1/4	1/8
	AaBBCC AABbCC AABBCc	0	1/2	1/2	3/8
	AaBbCC AaBBCc AABbCc	0	0	1/4	3/8
	AaBbCc	0	0	0	1/8

以上各数据为子代某一类基因型的概率。根据上面母本和子代基因型的对应关系可归纳出下方的概率矩阵 A。

$$A = \begin{bmatrix} 1 & 1/2 & 1/4 & 1/8 \\ 0 & 1/2 & 1/2 & 3/8 \\ 0 & 0 & 1/4 & 3/8 \\ 0 & 0 & 0 & 1/8 \end{bmatrix}$$

(2)通过理想型横交固定得到的下一代的三显性类型中各类合子的比例

三显性纯合子比例为:1/27。

只有两个基因座完全显性的纯合子比例为:$3 \times \left(\dfrac{1}{3}\right)^2 \times \dfrac{2}{3} = \dfrac{6}{27}$。

只有一个基因座完全显性的纯合子比例为:$3 \times \dfrac{1}{3} \times \left(\dfrac{2}{3}\right)^2 = \dfrac{12}{27}$。

三显性杂合子比例为:8/27。

据此数据建立列向量 b。

$$b = \begin{bmatrix} 1/27 \\ 6/27 \\ 12/27 \\ 8/27 \end{bmatrix}$$

（3）多元测交选择的基因型概率

由上述矩阵和列向量可知，从多元测交选择的第 t 代群体中各类基因型的概率为 P_t

$$P_t = A^t \times b = \begin{bmatrix} 1 & 1/2 & 1/4 & 1/8 \\ 0 & 1/2 & 1/2 & 3/8 \\ 0 & 0 & 1/4 & 3/8 \\ 0 & 0 & 0 & 1/8 \end{bmatrix}^t \times \begin{bmatrix} 1/27 \\ 6/27 \\ 12/27 \\ 8/27 \end{bmatrix}$$

（4）求解 A^t

a. 建立线性变换方程（$Ax = \lambda x$）

$$\begin{bmatrix} 1 & 1/2 & 1/4 & 1/8 \\ 0 & 1/2 & 1/2 & 3/8 \\ 0 & 0 & 1/4 & 3/8 \\ 0 & 0 & 0 & 1/8 \end{bmatrix} \times \begin{bmatrix} X_1 \\ X_2 \\ X_3 \\ X_4 \end{bmatrix} = \lambda \begin{bmatrix} X_1 \\ X_2 \\ X_3 \\ X_4 \end{bmatrix}$$

b. 解方程得特征值

$$\lambda = 1, \quad \lambda = \frac{1}{2}, \quad \lambda = \frac{1}{4}, \quad \lambda = \frac{1}{8}$$

c. 将各特征值代入线性变换方程，求得对应于特征值的特征向量

$$\lambda = 1, \ [q \ \ 0 \ \ 0 \ \ 0]^T \quad \lambda = \frac{1}{2}, \ [s \ \ -s \ \ 0 \ \ 0]^T$$

$$\lambda = \frac{1}{4}, \ [r \ \ -2r \ \ r \ \ 0]^T \quad \lambda = \frac{1}{8}, \ [v \ \ -3v \ \ 3v \ \ -v]^T$$

其中，q、s、r、v 分别表示横交固定过程中的基因型比例变化：q 对应完全显性纯合子，s 对应两个显性基因座纯合子，r 对应一个显性基因座纯合子，v 对应三显性杂合子。

d. 将各特征向量标准化，得

$$\lambda = 1, \ q = 1[1 \ \ 0 \ \ 0 \ \ 0]^T$$

$$\lambda = \frac{1}{2}, \ s = \frac{1}{\sqrt{2}} \left[\frac{1}{\sqrt{2}} \ \ -\frac{1}{\sqrt{2}} \ \ 0 \ \ 0 \right]^T$$

$$\lambda = \frac{1}{4}, \ r = \frac{1}{\sqrt{6}} \left[\frac{1}{\sqrt{6}} \ \ -\frac{2}{\sqrt{6}} \ \ \frac{1}{\sqrt{6}} \ \ 0 \right]^T$$

$$\lambda = \frac{1}{8}, \ v = \frac{1}{\sqrt{20}} \left[\frac{1}{\sqrt{20}} \ \ -\frac{3}{\sqrt{20}} \ \ \frac{3}{\sqrt{20}} \ \ -\frac{1}{\sqrt{20}} \right]^T$$

e. 列出以标准化的特征向量组成的矩阵

$$U = \begin{bmatrix} 1 & 1/\sqrt{2} & 1/\sqrt{6} & 1/\sqrt{20} \\ 0 & -1/\sqrt{2} & -1/\sqrt{2} & -3/\sqrt{20} \\ 0 & 0 & 1/\sqrt{6} & 3/\sqrt{20} \\ 0 & 0 & 0 & -1/\sqrt{20} \end{bmatrix}$$

f. 求标准化特征向量组成矩阵的逆矩阵 U^{-1}

$$U^{-1} = \begin{bmatrix} 1 & 1 & 1 & 1 \\ 0 & -\sqrt{2} & -2\sqrt{2} & -3\sqrt{2} \\ 0 & 0 & \sqrt{6} & 3\sqrt{6} \\ 0 & 0 & 0 & -\sqrt{20} \end{bmatrix}$$

g. 列出 A 的特征值组成的对角线矩阵，求其 t 次方

$$D = \begin{bmatrix} 1 & 0 & 0 & 0 \\ 0 & 1/2 & 0 & 0 \\ 0 & 0 & 1/4 & 0 \\ 0 & 0 & 0 & 1/8 \end{bmatrix}$$

$$D^t = \begin{bmatrix} 1 & 0 & 0 & 0 \\ 0 & 1/2^t & 0 & 0 \\ 0 & 0 & 1/4^t & 0 \\ 0 & 0 & 0 & 1/8^t \end{bmatrix}$$

h. 求解 A^t

因为 $A^t = U \times D^t \times U^{-1}$，故：

$$A^t = \begin{bmatrix} 1 & \dfrac{1}{\sqrt{2}} & \dfrac{1}{\sqrt{6}} & \dfrac{1}{\sqrt{20}} \\ 0 & -\dfrac{1}{\sqrt{2}} & -\dfrac{2}{\sqrt{6}} & -\dfrac{1}{\sqrt{20}} \\ 0 & 0 & \dfrac{1}{\sqrt{6}} & \dfrac{3}{\sqrt{20}} \\ 0 & 0 & 0 & -\dfrac{3}{\sqrt{20}} \end{bmatrix} \times \begin{bmatrix} 1 & 0 & 0 & 0 \\ 0 & \dfrac{1}{2^t} & 0 & 0 \\ 0 & 0 & \dfrac{1}{4^t} & 0 \\ 0 & 0 & 0 & \dfrac{1}{8^t} \end{bmatrix} \times \begin{bmatrix} 1 & 1 & 1 & 1 \\ 0 & -\sqrt{2} & -2\sqrt{2} & -3\sqrt{2} \\ 0 & 0 & \sqrt{6} & 3\sqrt{2} \\ 0 & 0 & 0 & -\sqrt{20} \end{bmatrix}$$

$$
= \begin{bmatrix} 1 & \dfrac{1}{\sqrt{2}} & \dfrac{1}{\sqrt{6}} & \dfrac{1}{\sqrt{20}} \\ 0 & -\dfrac{1}{\sqrt{2}} & -\dfrac{2}{\sqrt{6}} & -\dfrac{3}{\sqrt{20}} \\ 0 & 0 & \dfrac{1}{\sqrt{6}} & \dfrac{3}{\sqrt{20}} \\ 0 & 0 & 0 & -\dfrac{1}{\sqrt{20}} \end{bmatrix} \times \begin{bmatrix} 1 & 1 & 1 & 1 \\ 0 & -\dfrac{\sqrt{2}}{2^t} & -\dfrac{2\sqrt{2}}{2^t} & -\dfrac{3\sqrt{2}}{2^t} \\ 0 & 0 & \dfrac{\sqrt{6}}{4^t} & \dfrac{3\sqrt{6}}{4^t} \\ 0 & 0 & 0 & -\dfrac{\sqrt{20}}{8^t} \end{bmatrix}
$$

$$
= \begin{bmatrix} 1 & 1-\dfrac{1}{2^t} & 1-\dfrac{2}{2^t}+\dfrac{1}{4^t} & 1-\dfrac{3}{2^t}+\dfrac{3}{2^{2t}}-\dfrac{1}{2^{3t}} \\ 0 & \dfrac{1}{2^t} & \dfrac{2}{2^t}+\dfrac{1}{4^t} & \dfrac{3}{2^t}-\dfrac{6}{2^{2t}}+\dfrac{3}{2^{3t}} \\ 0 & 0 & \dfrac{1}{4^t} & \dfrac{3}{2^{2t}}-\dfrac{3}{2^{3t}} \\ 0 & 0 & 0 & \dfrac{1}{8^t} \end{bmatrix}
$$

（5）求出 P_t

$$
P_t = A^t \times b = \begin{bmatrix} 1 & 1-\dfrac{1}{2^t} & 1-\dfrac{2}{2^t}+\dfrac{1}{4^t} & 1-\dfrac{3}{2^t}+\dfrac{3}{2^{2t}}-\dfrac{1}{2^{3t}} \\ 0 & \dfrac{1}{2^t} & \dfrac{2}{2^t}-\dfrac{2}{4^t} & \dfrac{3}{2^t}-\dfrac{6}{2^{2t}}+\dfrac{3}{2^{3t}} \\ 0 & 0 & \dfrac{1}{4^t} & \dfrac{3}{2^{2t}}-\dfrac{3}{2^{3t}} \\ 0 & 0 & 0 & \dfrac{1}{8^t} \end{bmatrix} \times \begin{bmatrix} \dfrac{1}{27} \\ \dfrac{6}{27} \\ \dfrac{12}{27} \\ \dfrac{8}{27} \end{bmatrix}
$$

$$
= \begin{bmatrix} \dfrac{1}{27}+\left(\dfrac{6}{27}-\dfrac{6}{27\times 2^t}\right)+\left(\dfrac{12}{27}-\dfrac{24}{27\times 2^t}+\dfrac{12}{27\times 4^t}\right)+\left(\dfrac{8}{27}-\dfrac{24}{27\times 2^t}+\dfrac{24}{27\times 2^{2t}}\right. \\ \left.-\dfrac{8}{27\times 2^{3t}}\right) \\ \dfrac{6}{27\times 2^t}+\left(\dfrac{24}{27\times 2^t}-\dfrac{24}{27\times 4^t}\right)+\left(\dfrac{24}{27\times 2^t}-\dfrac{48}{27\times 2^{2t}}+\dfrac{24}{27\times 2^{3t}}\right) \\ \dfrac{12}{27\times 4^t}+\left(\dfrac{24}{27\times 2^{2t}}-\dfrac{24}{27\times 2^{3t}}\right) \\ \dfrac{8}{27\times 8^t} \end{bmatrix}
$$

其中，第一行为：$1-\dfrac{54}{27\times 2^t}+\dfrac{36}{27\times 4^t}-\dfrac{8}{27\times 8^t}=\dfrac{27\times 2^{3t}-54\times 2^{2t}+36\times 2^t-8}{27\times 2^{3t}}$

$$= \frac{\left(3\times 2^{t-1}\right)^3 - 3\times\left(3\times 2^{t-1}\right)^2 + 3\times\left(3\times 2^{t-1}\right) - 1}{\left(3\times 2^{t-1}\right)^3} = \left(\frac{3\times 2^{t-1} - 1}{3\times 2^{t-1}}\right)^3$$

第二行为：$\dfrac{54}{27\times 2^t} - \dfrac{72}{27\times 4^t} + \dfrac{24}{27\times 2^{3t}} = 3\times\dfrac{18\times 2^{2t} - 24\times 2^t + 8}{27\times 2^{3t}}$

$$= 3\times\frac{\left(3\times 2^{t-1}\right)^2 - 2\times 3\times 2^{t-1} + 1}{\left(3\times 2^{t-1}\right)^3} = 3\times\left(\frac{3\times 2^{t-1} - 1}{3\times 2^{t-1}}\right)^2 \times\left(\frac{1}{3\times 2^{t-1}}\right)$$

第三行为：$\dfrac{36}{27\times 2^{2t}} - \dfrac{24}{27\times 2^{3t}} = \dfrac{3\times\left(12\times 2^t - 8\right)}{27\times 2^{3t}} = 3\times\left(\dfrac{3\times 2^{t-1} - 1}{3\times 2^{t-1}}\right)$

$$\times\left(\frac{1}{3\times 2^{t-1}}\right)^2$$

第四行为：$\dfrac{8}{27\times 8^t} = \left(\dfrac{1}{3\times 2^{t-1}}\right)^3$

即列向量 P_t 为

$$P_t = \begin{bmatrix} \left(\dfrac{3\times 2^{t-1} - 1}{3\times 2^{t-1}}\right)^3 \\ 3\times\left(\dfrac{3\times 2^{t-1} - 1}{3\times 2^{t-1}}\right)^2 \times\left(\dfrac{1}{3\times 2^{t-1}}\right) \\ 3\times\left(\dfrac{3\times 2^{t-1} - 1}{3\times 2^{t-1}}\right) \times\left(\dfrac{1}{3\times 2^{t-1}}\right)^2 \\ \left(\dfrac{1}{3\times 2^{t-1}}\right)^3 \end{bmatrix}$$

即采用多元测交方式固定群体显性基因，则第 t 代后群体按纯合化各基因座数划分的各类基因型的概率恰好是下列二项式的展开式。

$$1 = \left(\frac{3\times 2^{t-1} - 1}{3\times 2^{t-1}} + \frac{1}{3\times 2^{t-1}}\right)^3$$

上述二项式的依次展开分别为纯合化基因座数为 3、2、1、0 时的基因型概率。

故利用多元测交方式进行品种提纯涉及 3 个显性基因座的任意世代 t，三个基因座全为显性纯合子的基因型在群体中的比例为 $\left(\dfrac{3\times 2^{t-1} - 1}{3\times 2^{t-1}}\right)^3$。

只有两个基因座全为显性纯合子的基因型在群体中的比例为

$3\times\left(\dfrac{3\times 2^{t-1} - 1}{3\times 2^{t-1}}\right)^2 \times\left(\dfrac{1}{3\times 2^{t-1}}\right)$。

只有一个基因座全为显性纯合子的基因型在群体中的比例为

$$3 \times \left(\frac{3 \times 2^{t-1} - 1}{3 \times 2^{t-1}} \right) \times \left(\frac{1}{3 \times 2^{t-1}} \right)^2 。$$

三个基因座全为显性杂合子的基因型在群体中的比例为 $\left(\frac{1}{3 \times 2^{t-1}} \right)^3$ 。

例 5-1-2　若制约蛋鸡性成熟时间的基因座为两个常染色体基因座 E 和 E^1，两个基因座上的显性基因互补，两者同时存在可使个体性早熟（性成熟＜215 日龄）。另一常染色体基因座 P 决定产蛋持续性（推迟换羽的主效基因）。由于群体已混杂，混杂群体有以下两种类型：EEE^1E^1pp、eeE^1E^1PP。利用这样的群体进行品种提纯复壮，期望恢复早熟及产蛋持续性，分别利用横交固定和多元测交多少代才能使理想型个体占全群的 96%？

解：已知混杂后产生分离的基因有两对，即 E 和 e，P 和 p，故 $n=2$。

（1）横交固定

经过 t 世代，具 n 个显性性状的纯合子在全群中的概率为 p_{D_h}，即

$$p_{D_h} = \left(\frac{t-1}{t} \right)^{2n}$$

故 $t = \dfrac{1}{1 - \sqrt[2n]{p_{D_h}}} = \dfrac{1}{1 - \sqrt[4]{0.96}} = 98.49 \approx 99$（代）

（2）采用多元测交

经过 t 世代，具 n 个显性性状的纯合子在全群中的概率为 p_{D_h}，即

$$p_{D_h} = \left(\frac{3 \times 2^{t-1} - 1}{3 \times 2^{t-1}} \right)^n$$

故 $t = \dfrac{-\lg\left[3 \times \left(1 - \sqrt[n]{p_{D_h}}\right) \right]}{\lg 2} + 1 = \dfrac{-\lg\left[3 \times \left(1 - \sqrt[2]{0.96}\right) \right]}{\lg 2} + 1 = 5.04 \approx 5$（代）

利用横交固定方法时须经 99 代才能使理想型个体占全群的 96%，而多元测交则仅仅需要 5 代。

（五）其他有关保种的观点

有关家畜遗传资源保护方法和原理的讨论往往涉及对保护内容的不同理解。世界范围内这一领域的研究始于二战以后，在中国始于 20 世纪 70 年代末。中国几十年来有关保种内容和方法的各种见解与主张各有其合理性的一面，但可行性都不足。以下简略地讨论相关的几个学术问题。

国内有学者提出以性状而不是品种为单位进行遗传资源保护。这种观点的主要目的在于缩减保种的群体规模，以降低经济消耗。保种经费严重不足是目前保

种工作中普遍遇到的一大难点，所以这种保种方案是根据这个难点来的。这个方案有一个好的出发点，但是理论上的问题在于：①在以畜群保种的条件下，没有游离于具体品种之外的性状；②不同品种的相同性状不一定以同一基因型[或数量性状基因座（QTL）]为基础。被保护品种的简并和省略，可能导致有利基因的重大损失。当然，在起源系统、同种异名和性状遗传基础研究成果的基础上，可避免相同基因型基础的多个群体重复保护。目前，有许多工作是研究品种间遗传距离和相似性，其主要目的就是解决重复保种这个问题[1,2]。

通过随机化在有限数量的种群中保持遗传多样性的可能性或概率不同于各种繁殖保护种群所拥有的遗传多样性，前者只是后者的内容之一。保持品种特性和特定基因型也是后者的意义所在。在小群体中保持多样性特征的情况下，随机性原理可能不是最有效的。

国外有些学者忽视基因组合体系是基因库的一个特性，即忽视了基因型的保持也可能是基因库保种的内容之一。例如，Maijala[3]认为，只能利用基因库的形式保存某些基因物质。基因库里保存的是遗传资源、生物信息和基因数据，而不是特定的基因型。然而，孟德尔式群体的最大可能范围是物种，在育种中，基因库不仅包含基因，还反映了品种或生态型的基因型和遗传共适应等特征。除以随机化原则保存一切位点的基因多样性的概率之外，任何具体的有利基因的保存都应涉及包含它的有利基因型；甚至任何有利基因的鉴别都不能抛开其遗传共适应背景。保存有利基因和包含它的有利基因型通常是同一过程，因此这种观点有一定的片面性。

第二节　遗传资源保护的主体责任和受威胁程度评价

近 20 年来，我国为满足人们对肉、奶、毛（绒）等畜产品的需求，相继引进了大量的外来高产家畜品种对低产地方品种进行杂交，其消极后果是使某些地方品种逐渐被培育品种或杂交种所取代，致使具有丰富多样性的地方品种群体数量下降或消失。20 世纪 70 年代末至 80 年代初畜禽品种资源普查结果已证实，中国已有10 个地方良种消失，8 个濒临灭绝，20 个数量正在减少。最近研究表明，50%以上地方畜禽品种的群体数量处于不同程度的下降，其中一定群体处于濒危状态[4]。

[1] Jiang D M, Liu Z M, Cao C Y, et al. Desertification and Ecological Restoration of Keerqin Sandy Land. Beijing: China Environmental Science Press, 2003: 32-142.

[2] 张博, 邱丽娟, 常汝镇. 利用大豆育成品种的 SSR 标记遗传距离预测杂种优势的初步研究. 大豆科学, 2003, (3): 166-171.

[3] 张成忠, 钟光辉, Maijala K. 家畜遗传资源保存方法. 中国畜牧兽医, 1985, (4): 13-14.

[4] 马月辉, 吴常信. 畜禽遗传资源受威胁程度评价. 家畜生态, 2001, (2): 8-13.

一、主体责任

畜禽遗传资源保护的全称是国家畜禽遗传资源保护制度，是一项极其复杂的庞大系统工程，它包括国家畜禽遗传资源（物种）保护制度、国家畜禽遗传资源调查制度、国家畜禽遗传资源状况报告定期发布制度，全国畜禽遗传资源保护规划、保护名录，禽畜遗传资源的鉴定、评估制度，畜禽遗传资源分级管理制度、进出口管理制度等，目的是保护国家食物安全和经济产业安全，保护优秀畜禽遗传资源，这不仅符合中国人民的利益，也符合世界人民的利益。保护优良畜禽遗传资源，是中国人民和世界人民食物安全的重要保障。

国务院畜牧兽医行政主管部门设立由专业人员组成的国家畜禽遗传资源委员会，负责畜禽遗传资源的鉴定、评估和畜禽新品种、配套系的审定，承担畜禽遗传资源保护和利用规划论证及有关畜禽遗传资源保护的咨询工作。

国务院畜牧兽医行政主管部门根据全国畜禽遗传资源保护和利用规划及国家级畜禽遗传资源保护名录，省级人民政府畜牧兽医行政主管部门根据省级畜禽遗传资源保护名录，分别建立或者确定畜禽遗传资源保种场、保护区和基因库，承担畜禽遗传资源保护任务。享受中央和省级财政资金支持的畜禽遗传资源保种场、保护区和基因库，未经国务院畜牧兽医行政主管部门或者省级人民政府畜牧兽医行政主管部门批准，不得擅自处理受保护的畜禽遗传资源。

畜禽遗传资源基因库应当按照国务院畜牧兽医行政主管部门或者省级人民政府畜牧兽医行政主管部门的规定，定期采集和更新畜禽遗传材料。有关单位、个人应当配合畜禽遗传资源基因库采集畜禽遗传材料，并有权获得适当的经济补偿。

畜禽遗传资源保种场、保护区和基因库的管理办法由国务院畜牧兽医行政主管部门制定。

畜禽遗传资源保护以国家为主，鼓励和支持有关单位、个人依法发展畜禽遗传资源保护事业。

2005年12月全国人民代表大会常务委员会通过的《中华人民共和国畜牧法》规定，国家建立畜禽遗传资源保护制度。各级人民政府应当采取措施，加强畜禽遗传资源保护，将畜禽遗传资源保护经费列入财政预算。

二、受威胁程度评价

畜禽遗传资源是畜牧生产和可持续发展的基础，是满足未来不可预见需求的基因库。因此，世界各国对畜禽遗传资源的保护都极为重视。在制订保护计划的过程中，为了更有效地利用有限的人财物资源，需要对保护的资源进行选择，对需要保护的紧迫性和重要性加以区别。但是，如何客观评价品种资源受威胁的状况是一直讨论的问题。在品种资源受威胁的各种因素中，群体有效含量、群体规模、引入品种杂交等是较为重要的因素。所以在品种资源受威胁状况的讨论中主要考虑这三个因素。

群体有效含量可以由第二章讨论的公式计算。对于参加繁育公、母畜（禽）数量（分别为 N_m、N_f）为已知的品种，群体有效含量（N_e）可按下式计算。

$$N_e = 4N_mN_f / (N_m + N_f)$$

对于参加繁育公、母畜（禽）数量未知的品种，则根据群体规模分别估算繁育公、母畜（禽）数量。设群体规模为 T，群体纯繁比例为 p，则

$$N_f = pT / 4 , \quad N_m = N_f / 30$$

显然，上面公式中隐含了公母比例为 1∶30。这对于很多情况是需要调整的，特别是公畜数量特别少的情况。

1999 年，Simon 根据家畜品种保存 100 年的近交系数进行受威胁程度分类，将受威胁程度分为 5 类（表 5-2-1）。

表 5-2-1　遗传资源受威胁程度分类

保存 100 年的近交系数	受威胁等级
$F_{100} \leqslant 0.1$	安全
$0.1 < F_{100} \leqslant 0.2$	潜在威胁
$0.2 < F_{100} \leqslant 0.3$	最低威胁
$0.3 < F_{100} \leqslant 0.4$	威胁
$F_{100} > 0.4$	严重威胁

在进行群体受威胁程度分类时，应考虑群体的动态变化趋势和外来种杂交的影响。当出现下列情况之一时，可将分类等级划到威胁程度高一级的类型。①繁育母畜数下降到低于 1000 头时，或群体数量下降幅度大于 50%；②群体杂交比例在 20% 以上。

假设在一般的生产群和育种群，马、牛、羊、猪、禽的世代间隔分别为 4.5 年、3.5 年、2.5 年、1.5 年、1.0 年，则 100 年的世代数分别为 22、29、40、67、100。根据保存 100 年的近交系数得出的群体有效含量见表 5-2-2。其他物种的不同受威胁等级的群体有效含量也可以类似地计算出来。

表 5-2-2　不同受威胁等级的群体有效含量

家畜品种	安全	潜在威胁	最低威胁	威胁	严重威胁
马	≥105	(105, 50]	(50, 31]	(31, 22]	<22
牛	≥138	(138, 64]	(64, 40]	(40, 28]	<28
羊	≥190	(190, 90]	(90, 56]	(56, 39]	<39
猪	≥318	(318, 150]	(150, 94]	(94, 66]	<66
禽	≥475	(475, 224]	(224, 140]	(140, 98]	<98

　　根据以上标准和计算方法，以《中国家畜家禽品种志》所列的 193 个地方畜禽品种及 38 个重要的地方类型和新发现的畜禽遗传资源为研究材料，马月辉和吴常信[1]研究中国部分畜禽品种受威胁等级的情况如表 5-2-3 所示。从表中可以看出，我国畜禽资源受威胁的形势比较严重，其中猪最为严重。从 2020 年看来，畜禽资源受威胁的形势并没有好转，很多品种已经灭绝了。

表 5-2-3　中国的部分畜禽品种受威胁等级情况

家畜品种	安全	潜在威胁	最低威胁	威胁	严重威胁
马	9 (1)	5 (2)	1 (3)	—	2 (4)
驴	6 (5)	3 (6)	1 (7)	—	—
羊	39 (8)	4 (9)	—	1 (10)	2 (11)
猪	4 (12)	27 (13)	10 (14)	5 (15)	10 (16)
禽	45 (17)	4 (18)	4 (19)	2 (20)	1 (21)
牛	30 (22)	14 (23)	1 (24)	1 (25)	1 (26)
合计	133	57	17	9	16

　　注：(1) 大通马、岔口驿马、藏马、百色马、建昌马、蒙古马、哈萨克马、贵州马、云南马；(2) 河曲马、巴里坤马、焉耆马、锡尼河马、利川马；(3) 矮马；(4) 鄂伦春马、晋江马；(5) 德州驴、庆阳驴、佳米驴、晋南驴、广灵驴、新疆驴；(6) 泌阳驴、关中驴、西南驴；(7) 华北驴；(8) 滩羊、小尾寒羊、同羊、河南大尾羊、贵德黑裘皮羊、西藏羊、和田羊、大尾寒羊、乌珠穆沁羊、阿勒泰羊、岷县黑裘皮羊、广灵大尾羊、蒙古羊、哈萨克羊、巴音布鲁克羊、丹巴黑绵羊、浪卡子绵羊、中卫山羊、济宁青山羊、辽宁绒山羊、内蒙古绒山羊、隆林山羊、河西绒山羊、宜昌白山羊、长江三角洲白山羊、黄淮山羊、马头山羊、板角山羊、福清山羊、陕南白山羊、贵州白山羊、太行山羊、建昌黑山羊、雷州山羊、新疆山羊、西藏山羊、黔东南小香羊、日土山羊、尼王马山羊；(9) 成都麻羊、简阳大耳羊、岗巴绵羊、湖羊；(10) 汉中绵羊；(11) 兰州大尾羊、亚东山羊；(12) 滇南小耳猪、乌金猪、藏猪、湖川山地猪；(13) 民猪、二花脸猪、梅山猪、横泾猪、枫泾猪、八眉猪、姜曲海猪、荣昌猪、内江猪、汉江黑猪、皖浙花猪、福州黑猪、龙游乌猪、宁乡猪、华中两头乌猪、沂蒙黑猪、隆林猪、阳新猪、成华猪、关岭猪、海南猪、雅南猪、湘西黑猪、两广小花猪、大花白猪、黄淮海黑猪、圩猪；(14) 嘉兴黑猪、南阳黑猪、大围子猪、粤东黑猪、赣中南花猪、玉江猪、清平猪、东串猪、虹桥猪、香猪；(15) 里岔黑猪、江山乌猪、莆田猪、闽北花猪、槐猪；(16) 五指山猪、版纳微型猪、巴马香猪、金华猪、嵊县花猪、蓝塘猪、乐平猪、杭猪、武夷黑猪、达县碑庙猪；(17) 寿光鸡、丝羽乌骨鸡、仙居鸡、大骨鸡、茶花鸡、武定鸡、鹿苑鸡、霞烟鸡、溧阳鸡、桃源鸡、林甸鸡、边鸡、峨眉黑鸡、白耳黄鸡、杏花鸡、固始鸡、惠阳胡须鸡、静原鸡、藏鸡、河田鸡、腾冲雪鸡、泸宁鸡、兴文乌骨鸡、大余鸡、高邮鸭、绍兴鸭、金定鸭、荆江鸭、三穗鸭、北京鸭、巢湖、麻鸭、攸县麻鸭、莆田黑鸭、清远麻鸭、狮头鹅、长乐鹅、伊犁鹅、豁眼鹅、四川白鹅、霭县白鹅、太湖鹅、浙东白鹅、皖西白鹅、乌鬃鹅；(18) 旧院黑鸡、云龙矮脚鸡、连城白鸭、建昌鸭；(19) 狼山鸡、中国斗鸡、彭县黄鸡、樟木鸡；(20) 溆浦鹅、浦东鸡；(21) 北京油鸡；(22) 温岭高峰牛、云南高峰牛、天祝毛牦牛、九龙牦牛、麦洼牦牛、西藏高山牦牛、青海高原牦牛、斯布牦牛、日喀则驼峰牛、阿沛甲咂牛、雷琼牛、峨边花牛、秦川牛、鲁西牛、延边牛、蒙古牛、巴山牛、大别山牛、巫陵牛、盘江牛、西藏牛、乌珠穆沁牛、信阳水牛、西林水牛、滨湖水牛、福安水牛、德宏水牛、德昌水牛、江汉水牛、兴隆水牛；(23) 郏县红牛、复州牛、冀南牛、广丰牛、平陆山地牛、温州水牛、南阳牛、闽南牛、三江牛、枣北牛、渤海黑牛、哈萨克牛、晋南牛、皖南牛；(24) 上海水牛；(25) 舟山牛；(26) 大额牛

第三节　家畜遗传资源保护方法

　　对我国畜禽资源保护应该根据不同品种的具体情况采取相应的措施，在保持

---

[1] 马月辉，吴常信. 畜禽遗传资源受威胁程度评价. 家畜生态, 2001, (2): 8-13.

有限群体遗传多样性的目标下，有以下相应的技术措施：①在既定的财政条件下尽可能扩大群体规模；②尽可能缩小公、母畜禽个数的差距；③实行各家系等比留种；④在避免亲缘关系极近的个体交配的条件下，实行各公畜随机（等量）与母畜交配的原则；⑤避免群体规模的世代间波动；⑥延长世代间隔。

一、畜禽遗传资源保护分类

根据遗传资源本身的资源价值、目前规模与消长形势采取不同的保护形式。保护组织形式由国务院和各级人民政府分别管理。

第一，对于最重要和濒临灭绝的遗传资源，由国家投资并采取不同方式进行抢救性保护。受严重威胁的畜禽遗传资源，建议由国家畜禽遗传资源委员会指导，由国家采取保种场方式进行紧急保护。这些品种分别是：鄂伦春马、晋江马、大额牛、兰州大尾羊、亚东山羊、五指山猪、版纳微型猪、巴马香猪、金华猪、嵊县花猪、蓝塘猪、乐平猪、杭猪、武夷黑猪、达县碑庙猪、北京油鸡等 16 个品种。

第二，对于重要和濒危的受威胁遗传资源，必须由省（区、市）政府各有关部门负责采取相应措施进行保护，可采取保种场或划定保护区的方式进行。这些品种分别是：舟山牛、汉中绵羊、莆田猪、闽北花猪、槐猪、里岔黑猪、江山乌猪、溆浦鹅、浦东鸡等 9 个品种。

第三，对于受最低威胁的遗传资源，需要视具体情况，对于有必要进行保护的品种，可由省、市、县级种质资源保护相关部门进行保护。这些品种分别为：矮马、华北驴、上海水牛、嘉兴黑猪、南阳黑猪、大围子猪、粤东黑猪、赣中南花猪、玉江猪、清平猪、东串猪、虹桥猪、香猪、狼山鸡、中国斗鸡、彭县黄鸡、樟木鸡等 17 个品种。

第四，对于河曲马等 57 个潜在威胁品种资源，需要进行特别关注，要求在生产和利用过程中密切监测群体的动态与性能变化。

大通马等 133 个品种为安全遗传资源。

上述结果在一定程度上与1990年冯维祺等[1]提出的畜禽品种资源保护方案相一致。例如，受严重威胁需进行紧急保护的品种中，包括冯维祺等提出的建立国家保种场进行保护的第一类品种。同时，近 10 年来外来猪种的大面积推广和杂交应用，导致一定数量的其他类猪种已沦为严重威胁品种。

对面临灭绝和极度濒危的品种必须进行活体抢救性保护，主要是采取在原产地建立保护区和迁地保护两种方式。

---

[1] 马月辉，冯维祺. 畜禽种质资源评价. 家畜生态, 2002, 23(3): 5.

二、家畜品种保种形式

保护家畜遗传资源不仅是对孟德尔式群体遗传多样性的保持，还包括对孟德尔式群体多样化的基因组合体系与特定位点的基因组合态和组合体系的稳定性的保持。根据畜禽遗传资源保存采用的技术、手段，可将保种方案分为 6 种（表 5-3-1）。在实际应用中保种方案不是彼此排斥的，可以结合特殊情况应用其中的一个或几个。

表 5-3-1　畜禽遗传资源保种方案

保种方法	形式	措施	条件	地点	备注
传统活体保存	活体	1. 建立保种群 2. 避免近交 3. 家系等量留种 4. 尽可能延长世代间隔	一定有效的群体含量，没有迁移、选择；财政支持	品种主要分布区域	规划保种区，禽类和小家畜亦可建
系统基本保存	活体	将畜禽种基因库中的基因组合分配到组成大群体的各个品种中，结合选育保存	区分各个品种的特异性状或基因	家畜品种的主要分布区域	根据科技水平不断校正
辅助保存 1	冻精	在一定的取样方法和样本含量保证下，对每一品种采集若干头公畜的精液，在液氮中保存	专门设施；财政支持	不受限制	保存一定年限后需要更新基因资源
辅助保存 2	冻胚	在一定的取样方法和样本含量保证下，对每一品种采集若干枚胚胎，在液氮中保存	专门设施；财政支持	不受限制	保存一定年限后需要更新基因资源
综合保存 1	活体+冻精	方案 2+3	方案 2+3	方案 2+3	方案 2+3
综合保存 2	活体+冻胚	方案 2+4	方案 2+4	方案 2+4	方案 2+4

原产地建立保护区的方式，是由农户进行保护，避免外来种进入保护区，使濒危遗传资源摆脱危险境地，并使群体数量逐渐得到恢复。可采取家系等量留种轮式交配的方式，后代仍采取等量留种的方式。随着群体的不断扩大，可不断安排新的农户参与该工作。对于数量极少的资源，采取遗传保护指数（GPI）方法，设计公、母畜交配个体，最大限度地降低近交系数[1,2]。

第四节　保护区保护

保护区是生物多样性就地保护的主要场所。假如保护区规划得当，管理良好，动物多样性的保护就有了保障。这一点在世界生物多样性保护中是有许多成功先例的。例如，泰国大约 88%的非迁徙森林鸟类生存在保护区范围，所占面积约为国土面积的 7.8%（IUCN/UNEP，1986）；印度尼西亚的鸟类和灵长类种群都包括

[1] 马月辉，吴常信. 畜禽遗传资源受威胁程度评价. 家畜生态，2001，(2): 8-13.

[2] 陈幼春. 中国家畜多样性保护的意义. 生物多样性，1995，(3): 143-146.

在现存的与计划建成的保护区系统内（IUCN/UNEP，1986）；北非 11 个国家的 3/4 的鸟类见于现存的保护区内[1]。假如一些关键的生境被划为保护区并管理得当，非洲 90%以上的热带森林的脊椎动物将会得到保护。在对非洲 30 个保护区的一次调查中，佛法僧目（Coraciiformes）70 种鸟类中有 67 种在保护区，63 种见于一个以上的保护区，39 种见于 5 个以上的保护区（IUCN/UNEP，1986）。在哥斯达黎加，55%的刺蛾在圣罗莎（Santa Rosa）国家公园繁殖种群。当这个国家公园扩大成面积为 82 500hm^2 的瓜纳卡斯特（Guanacaste）国家公园时，135 种刺蛾全部都被包括在内。当然，在许多情况下，保护区内许多物种的种群数量仍然不足，这是一个需要关注的问题。

自然与现代化共存、生物多样性与经济发展共存是保护区的工作目标。这就要求把保护区的建设看作是土地利用的一种类型，与对待农地、林地、工矿利用地、道路和城镇建设一样予以重视，进行合理的规划和布局。根据保护区建设的特殊要求，制定相应的政策，这是区域规划的一项新任务。

对于一个国家或一个省份来说，应该建立一个保护区的综合体系，包括统一的管理机构、适当的资金来源、切实可行的管理方案、训练有素的职工，使保护区真正成为一个新型的管理自然的基本单位。这个综合体系的完整性和稳定性主要表现在是否有适当的立法与行政基础，而且在设计与管理方面，应该因地制宜，保证保护体系免遭任意的改变和压力。同时，一个国家应有一个全面的规划，使保护区在各个生态区域和生境类型都有均匀恰当的分布。

一个完整的保护区体系在自然保护方面和经济发展方面都将起到特殊作用。它维护了天然和半天然生态系统的安全，使生物多样性和历史文化遗产得到应有的保护，使人们在认识和研究自然、人类文化、历史发展方面能不断深化，并有可能持续利用丰富的生物资源，享受自然所赋予的风光，还能为人们提供收入与就业的机会。

一、保护区类型

保护区是一个泛称。实际上，由于其建立的目的要求和本身所具备的条件不同，它的类型是多种多样的，管理方法和侧重点也就不一样。

在 1978 年，世界自然保护联盟（IUCN）[2]就发表过一篇"保护区的类型、目标和标准"（Guidelines for protected area management categories）专文，共论述

[1] Sayer J A, Iremonger S, Salo J. The state of the world's forest biodiversity. World Forests, Society and Environment, 1999, 1(1): 129-136.

[2] CNPPA/IUCN, WCMC. Guidelines for protected area management categories. Gland and Cambridge: IUCN Publications Services Unit, 1994.

了 10 种类型的保护区，即科研保护区（research natural area）、国家公园（national park）、自然遗迹（national heritage）、自然保护区（nature reserve）、保护景观（protected landscape）、资源保护区（resources protection zone）、人文保护区（humanity protection zone）、多用途管理区（multiple use management area）、生物圈保护区（biosphere reserve）和世界遗产地（world heritage site）等。其中一些名称的含义不是很明确，也有所重复，划分原则也不一致。但是，在相当长的时间内，它们都得到了广泛的利用。

随着保护区事业的发展和有效管理的迫切要求，有必要制定一个更加合理的分类系统以供实际利用。世界自然保护联盟国家公园和保护区委员会的主席 Eidsvik 于 1991 年在"陆地和海洋保护区分类的框架"中，在 1978 年分类框架的基础上，将保护区分为 7 类。它们分别是：科研保护区（research natural area）、荒野保护区（wilderness area）、国家公园（national park）、自然遗迹（natural monument）、栖息地和野生生物管理区（habitat and wildlife management area）、保护地/海区（protected land/sea scape）、生态系统管理区（ecological system management area）。

二、中国保护区的发展

中国古代便有了朴素的保护自然和自然资源的思想，意识到保护和利用自然资源与人类生存和发展的关系，设立专门的部门负责管理，如历代的禁猎区、庙宇园林、村庄后山或附近具有特殊意义的山等。就目前的观点来看，它们多少也具有保护区的性质，客观上保护了部分自然环境，保存了许多物种，并留下了许多古代劳动人民保护自然的宝贵经验。

科学的保护区建设开始于 20 世纪 50 年代。1956 年，一些著名的科学家提出中国的自然和自然资源亟须加强保护，并强调要建立保护区才能达到预期的目的[1]。这项建议得到了政府的采纳，同年即划定了 40 多处，并制定和颁布了相应的法律与管理条例。

20 世纪 60 年代，保护区的数量没有太大的发展，但是，已建立的保护机构得到了一定的充实。70 年代，联合国人类环境会议的召开，大大促进了人们对环境保护重要性的认识，也就把自然保护与自然保护区的建设进一步推动起来。宪法、环境保护法、森林法、草原法和国家基础学科规划、科学技术发展纲要等都明确指出有关自然和自然资源的保护、研究与合理利用及保护区的建设问题，舆论宣传工作也不断得到加强。80 年代以来，随着政策的调整，保护区事业产生了

[1] 王献溥. 自然保护区简介(九)立法在自然保护区管理中的作用. 植物杂志, 1989, (1): 8-9.

巨大的变化，国民经济和社会发展规划中明确指出建立保护区网络的任务，值得一提的是保护区的数量大增，截至 1987 年初共有 481 处，面积达 23.7 万多平方公里，占国土总面积的 2.5%，有些省保护区的面积已占到全省总面积的 5%。根据 1992 年国家环境保护局的资料统计，保护区和风景名胜区总共已达到 1000 多处，面积达 76 万多平方公里，占国土总面积的 6% 以上。国家级保护区已达 51处。目前，保护区还在不断的发展中，年平均增长率为 36.1%，与工农业总产值、国内生产总值、国民收入、国家财政收入和居民平均消费水平等 5 项指标的平均增长率相比，高出 4 倍，出现了高速发展状况。这些保护区大多由省县两级主管部门管理，多数设立了专门机构，配备了适当的人员，无论在保护上还是科研工作上都有了明显进展。有些省份还制定、颁布了有关保护区和珍稀濒危物种保护的条例或规定，并取得了一些试点和有效管理的经验。有部分保护区已参加了联合国教科文组织“人与生物圈计划”的生物圈保护区网和自然与文化遗产公约，以及世界自然保护联盟、世界自然基金会。

尽管几十年来中国保护区事业有了飞速的发展，但无论在数量上还是在质量上都远不能适应国家经济建设和文化、科学事业发展的需要。人们对保护区的性质和作用还缺乏充分的了解，缺乏统一的监督和检查，没有真正把它看作经济建设和社会发展的一个不可缺少的组成部分。许多保护区是在公众舆论的影响下或者在迎合潮流的情况下建立起来的。

近年来，有关主管部门正在针对这种情况，制定全国性的保护区管理条例和保护工作管理指南，确定不同级别保护区建立的申请和审批程序，对已有的保护区逐个进行检查、评比和完善与提高，同时召开一系列会议，讨论有关经费筹集办法和渠道、有效管理途径、加强国际合作、资源保护和持续利用等问题，以便找到适当的解决办法。长期开展干部培训，力求适应 21 世纪经济发展和保护区建设的要求。

目前，中国保护区的网络系统已经形成。各个自然区域都形成了比较完整的布局，各个主要生境类型、生物多样性分布中心和特有种集中分布地都建立了相应的保护区。

旅游是保护区的一项业务，应在不影响保护的前提下逐步开展。目前，不少保护区都有为旅游者提供的食宿设施，有些还配备导游和一些观光项目。现在，已出现了生态旅游的新项目。一方面，让人们观赏不同的生态奇观，了解自然界的奥秘；另一方面，也要求人们遵守规定，不破坏和污染生态环境。这正是发展保护区教育和旅游的好时机，同时能提高保护区对经费的自筹能力，促进生态旅游、环境教育、科学研究等的进一步开发利用。现有的保护区管理水平要不断提高，新建的保护区要有一个可行的建设时间表。若要保护区能够正常运转，做到以下几个方面是必需的。

1）国家建立完善的保护区政策，确保人们能够参与评价并适时修订。

2）每一个保护区应该有一个适当的管理计划，并能有效地实施。

3）当地政府和有关单位能够有效地参加保护区的设计、管理与经营，同时鼓励地方（包括私人团体在内）根据本地发展要求建立和管理保护区。

4）保护区的经济收入用于保护区自身的发展。

5）保护区的分布格局能在维护物种及其遗传资源的生存中起关键作用；能帮助周围地区人们合理利用土地与水域，避免在一个单调的景观中形成狭小的多样性岛屿。

三、湖羊保护区

湖羊是世界著名的多胎稀有绵羊品种，为首批国家级畜禽遗传资源保护的138 个品种之一。其具有 5 个独特的优点：一是四季发情，繁殖率高；二是湖羊肉质鲜美，口味好；三是耐湿、耐热、宜舍饲；四是羔皮品质好；五是早期生长快，性成熟早。

国家为了保护湖羊种质资源，1983 年在江苏省苏州市吴中区东山镇建立了第一个以农户为单位的江苏省东山湖羊资源保护区。其目的在于，即使在湖羊产区整个品种遭受混杂或灭绝的情况下，亦能使湖羊基因库长期保存，为可持续利用这一宝贵资源提供材料。江苏省东山湖羊资源保护区采用的活体保种形式，是我国最早进行的活体保护措施。

2011 年农业部公告第 1587 号确定了浙江省湖州市吴兴区为国家级湖羊保护区。该保护区有 4 家湖羊专业合作社，参加专业合作社的社员有 428 户，保护区养殖户覆盖率达到 53.6%。其中，有示范性专业合作社 3 家，核心保种场有 5 家。从 2012 年起，该保护区组织省内专家对核心保种场进行评估，开展保种效果监测工作。经过多年来的保种选育，目前已经组建了保护区核心保种群 5 个，共拥有优质能繁母羊约 3389 只，60 个血统的优质种公羊共 473 只，核心保种群规模稳定增加，种群质量有了明显提高。该湖羊保护区种质保护的进展主要体现在以下三个方面。①种质特性纯化：由于没有外来绵羊品种的渗入，保护区在保持了原有品种纯度的基础上，种群品质有了较明显的提高，种质特性得到了进一步的恢复，湖羊特有的体型、头型及尾型等外貌特征更趋明显；②规模：保护区内湖羊养殖场（户）稳定在 80 家左右，湖羊种群数量从 2007 年的近 1 万只，增加到 2012年的 1.46 万只，其中拥有基础母羊 6755 只、公羊 867 只，种群数量提高了约 50%；③生产性能：2008~2012 年，历经 4 年的保种与选育，保护区湖羊母羊产羔率明显提高。

保护区以羔皮性能、外貌特征、多胎性能和成年体重为选育目标，分别组建了核心保种群，建立了母羊配种、母羊繁殖、羔羊选留和种公羊性能等保种选种档案，落实种羊系谱登记制度。羔羊经初生、断奶、6 月龄等三个阶段的鉴定，按选育目标进行留优去劣，再经后裔测定确定去留。同时，充分利用农业农村部种质资源保护项目资金，从保护区收集优良个体充实到核心保种群中，扩大核心保种群的规模和质量。

保护区不仅是湖羊种质资源保护基地，也已经成为重要的良种湖羊繁育基地和肉羊生产基地，提高了湖羊的养殖效益，促进了湖羊种质资源保护与湖羊产业的协调发展。

湖羊等家畜保护区在规划与建设进程中，积极汲取大熊猫保护区的成功范例经验，无论是严谨科学地界定保护区域，还是精心搭建全方位的监测网络体系，都有着对其成熟模式的借鉴与发展。当我们把关注点从举世闻名的大熊猫保护区转移出来时，便能清晰洞察到，尽管二者的保护对象存在差异，但在秉持的核心保护理念以及整体保护模式的架构层面，有着诸多契合与共鸣之处，可以共同为我国生物多样性保护的璀璨星空增添光芒。

四、大熊猫保护区

大熊猫为我国特有的珍稀动物。1869 年，法国传教士阿尔芒·戴维德在四川宝兴发现了大熊猫，将其定为新种。自那以后，西方各国以考察、探险、传教等不同形式，到中国捕捉或猎杀大熊猫，其生存状况渐趋濒危。中华人民共和国成立后，我国政府自 20 世纪 50 年代开始建立保护区以保护野生动植物及其赖以生存的栖息地。其中，广东鼎湖山（1956 年）、浙江天目山（1956 年）和黑龙江丰林（1958 年）为我国第一批以保护自然植被和珍稀动物为主的自然保护区[1]。

1972 年，美国总统尼克松访华，我国政府将一对大熊猫作为国礼相赠。至此，大熊猫走上了当代国际舞台，并在世界范围内掀起了"熊猫热"。

为查明野生大熊猫资源现状，我国政府于 1974～1977 年在全国有大熊猫分布的川、陕、甘 3 省进行了第一次本底调查。随后，国家主管部门在四川新建了马边大风顶、美姑大风顶、九寨沟（原南坪）、小寨子沟、唐家河和蜂桶寨 6 个自然保护区，并将卧龙自然保护区的保护范围进行了扩大。在陕西新建了佛坪自然保护区，在甘肃将原让水河自然保护区扩建为白水江自然保护区。此时，有关大熊猫的自然保护区总数增至 13 个，面积较 60 年代扩大了 5.5 倍，覆盖了全国大熊猫栖息地的 25%，使约 36% 的大熊猫个体生活在保护区内。

1988 年，我国颁布了《中华人民共和国野生动物保护法》，1989 年颁布了《中

[1] 胡锦矗，张泽钧，魏辅文. 中国大熊猫保护区发展历史、现状及前瞻. 兽类学报, 2011, 31: 10-14.

华人民共和国环境保护法》。这些法规的实施极大地推进了大熊猫自然保护区建设工作的向前发展。20 世纪 90 年代，国家主管部门在四川增建了白羊、泗耳（后更名为雪宝顶）、片口、千佛山、鞍子河、宝顶沟、黑竹沟、冶勒、白水河、九顶山、米亚罗、勿角、小河沟、龙溪–虹口等自然保护区；在陕西增建了长青、老县城和周至等自然保护区；在甘肃增加了光山等自然保护区，使全国大熊猫自然保护区的总数达到了 36 个，有效地保护了全国约 81% 的大熊猫栖息地，并使约 40% 的大熊猫生活在保护区内。

第五节　迁 地 保 护

迁地保护就是把物种或基因信息的种群迁移到栖息生境以外的适当地方，如动物园、植物园、水族馆和基因库等。尽管生物多样性的就地保护是重要而经济的保护手段，但是在当前生物资源遭受破坏或者过度利用的情况下，不能保证物种在原生境能够免遭灭绝威胁。所以在保护区事业不断发展的情况下，迁地保护是保护生物多样性的有益形式。

动物迁地保护往往由具有一定基础的迁地保护场承担。有关的管理机构与保护场签订工作合同，保护场按照保种设计要求，采取相应的保种方法，实现濒危动物资源的活体长期保护。在进行保护的同时，测定、记录不同世代的主要性状参数，评估活体保护效果，确定最优化保护方案。

动物园具有一定的迁地保护功能。全世界大约有 50 万种哺乳动物、鸟类、爬行类和两栖类动物饲养在动物园中。动物园对保护动物资源的多样性起着多方面的作用。它们饲养和繁殖受到威胁的物种，不断地引进新的物种，并通过研究和试验，应用新技术和新方法改进饲养与管理。这些成绩展现在参观者面前，使公众了解物种受威胁的严重程度，加深对保护物种的重要性的认识。动物园对保护生物多样性已经作出了巨大的贡献[1]。但是，动物园饲养的种类及其种群组成是很有限的，大多只是某些种的代表。

动物园作为长期保存物种的场所，它们的潜在作用常常受到空间和经费的限制，特别是对脊椎动物来说更是这样。例如，在美国动物园总共有 96 个自我维持的种群，其中有一些是受威胁的种类。假如将世界上所有动物园约一半的空间用来饲养受威胁的动物种类，每一种保持 500 个个体，总共也只能容纳 500 种。实际上，目前动物园所饲养动物的种类已超过了这个数字。这归功于两个措施：①在人工饲养的环境下，种群规模通常较小，大约每种有 100～150 个个体。在这种群体规模下，有害的近亲繁殖是难以完全避免的。为了保持种群遗传多样性达到一半以上，

[1] Qian H. Environment–richness relationships for mammals, birds, reptiles, and amphibians at global and regional scales. Ecol Res, 2010, 25(3): 629-637.

可能需要至少 100 代的时间[1]。②对于一些濒危物种，可以经过动物园的人工扩繁，将饲养 2～3 代的个体放归到自然界中去。动物园保存动物种类的这些巧妙措施已经取得了显著的成效，动物园正通过这样的计划来管理如加利福尼亚秃鹰、黑脚白鼬、麋鹿、野马、红狼、阿拉伯直角大羚羊、关岛秧鸡、关岛翠鸟、波多黎各亚马逊鹦鹉、粉红鸽和美洲鹤等珍贵动物种类。

目前，动物园中饲养的脊椎动物比较多，而其他动物种类则较少。这主要与动物园长期的历史发展和人们知道脊椎动物遭受严重的灭绝威胁情况较多有关，当然公众实际上对这些动物也有比较大的兴趣。可是，许多较小的无脊椎动物由于栖息地遭到愈来愈严重的破坏，迁地保护的要求十分迫切。关键要使人们对保护这些不大引人注目的物种的重要性有所认识，才能筹集到适当的资金。假如能采用新技术的话，动物园对保护物种及其遗传多样性的潜在贡献可能会大大提高。目前，动物园保护濒危物种种群的成就是有限的，在笼养的 274 种珍稀哺乳动物中只有 26 种具有自己繁殖的能力。这种情况需要利用新技术，如人工授精、胚胎移植和加强遗传管理来解决。

第六节　保种群的分子监测

无论采用何种现行的活体保种方法，保种群的群体有效含量始终是一个关键的因素。地方畜禽种群的现状决定了不可能组建较大的保种群。探索畜禽遗传资源保护的新理论和新方法，实现小群体高效保种就成了所面临的和必须解决的难题。

应用各种分子标记，如限制性片段长度多态性（RFLP）、可变数目串联重复（VNTR）、随机扩增多态性 DNA（RAPD）、DNA 测序等，可以分析种群地理格局和异质种群动态、确定种群间的基因流、研究瓶颈效应对种群的影响与确定个体间的亲缘关系等。所有这些研究都是指导物种保护和濒危种群恢复所必需的。种或品系特异性的分子标记技术能够解决形态分类中的模糊现象，确定基于遗传物质的谱系关系，可以用来分析近缘种间杂交问题。这些问题的解决有助于确定物种的优先保护顺序，选择保护地区。

自 20 世纪 80 年代初以来，动物基因组 DNA 中的多态性遗传标记（RFLP、VNTR）被陆续探明，并在动物群体遗传分析、基因定位和标记辅助选择等方面显示了广阔的应用前景。近年来，猪、牛、羊等重要家畜的基因组学研究取得了长足进步，遗传连锁图谱正在完善之中。这些研究成果为地方畜禽遗传资源保护开辟了新道路。小群体保种需解决两个关键问题，一是由遗传漂变而造成的目标

[1] Bretman A, Rodríguez-Muñoz R, Walling C, et al. Fine-scale population structure, inbreeding risk and avoidance in a wild insect population. Mol Ecol, 2011, 20(14): 3045-3055.

基因丢失；二是由高度近交而导致的品种衰退，而 DNA 分子标记正可在这两个方面发挥其独特作用。

一、利用位点特异性分子标记对目标基因进行跟踪

任何家畜的种质特性都是由特定的基因（或基因组合）决定的，质量性状的基因位点明确，数量性状也存在主效基因（major gene）。随着对家畜基因组研究的不断深入，利用广泛分布于家畜基因组中的众多标记位点已经有一些成功的例子，将来还会有更多。有了目标基因的连锁图谱，便可以利用与其紧密连锁的分子标记对该目标基因在保种群的世代传递过程中的分离和重组进行跟踪，有意识地选留，使其不因遗传漂变而丢失。这实际上是给目标基因贴上标签，以便于对其示踪和监控。

二、利用分子标记监测和控制保种群的近交系数

若用常规方法对小群体保种，因被迫高度近交，会不可避免地造成保种群的严重近交衰退，从而加速本来已濒临灭绝的品种的衰亡。研究"近交系数"的实质，就不难找到解决问题的突破口，也会发现多态性遗传标记，特别是多位点（multilocus）的分子标记在保种群近交程度的监控方面可发挥较大作用。近交系数指的是形成个体的两配子间等位基因同源的概率。例如，父本与其子代母畜交配所产生的后代，这个概率就是 25%，它是对这种亲缘交配所有后代而言的一个期望值，不是说每一个个体的"实际近交水平"（基因同源度）都一定是 25%。事实上，在整个基因组的分离和重组过程中，因孟德尔抽样可造成不同个体间实际近交程度有较大的差异（即使是同一亲缘交配）。据估计，猪亲代与子代交配后代的近交程度的标准差达 7%[1]。Welchman 等[2]利用 21 个多态性遗传标记对猪的一个父本与其子代母畜交配所产生的 37 个后代个体的实际近交程度进行测定，发现其平均值为 25%，范围是 6%～42%。以上关于近交程度的理论估计与实验研究结果显示，在小的保种群中，利用在基因组中广泛分布的分子标记，对各个世代不同个体的基因同源度进行监测和分析，将实际近交程度小的个体选留作种利用，则尽管理论近交系数可能上升较快，但是实际近交水平仍可能维持较低。

利用 DNA 分子遗传标记可有效地进行不同家畜品种种群间遗传关系和种群

[1] de Boer R A, Vega-Trejo R, Kotrschal A, et al. Meta-analytic evidence that animals rarely avoid inbreeding. Nat Ecol Evol, 2021, 5(7): 949-964.

[2] Welchman D D, Cranwell M P, Wrathall A E, et al. An inherited congenital goitre in pigs. Vet Rec, 1994, 135(25): 589-593.

内遗传变异的分析，在分子水平上对种质特性进行研究和评估。这些又是与家畜遗传资源的合理保护和利用密切相关的。上述这一整套方案被常洪称为家畜遗传多样性遗传标记辅助保护[1]。

三、遗传标记辅助保种

遗传标记辅助保种（genetic marker assisted preservation，GAP）需对下述问题进行系统化研究：①地方畜禽品种遗传特性的有关分子遗传机制的研究，包括DNA序列分析等；②分子标记辅助小群体的近交分析与控制的理论和方法，包括小群体个体间由于孟德尔抽样所产生的近交程度的变异及其分布，分子标记在近交监测与控制中的应用方法等；③分子标记对目标基因在多个世代传递过程中的跟踪方法与保护效果；④标记辅助保种制度下适宜的群体含量与群体结构；⑤标记辅助保种与地方畜禽品种的选育和利用的有机结合。

在小群体保种方案制定中，随机交配是重点和难点。这里举个实用的例子，它基本上体现了保证随机交配的意思。采用"千、百、十、个"耳号编排法，把种畜按预订方案进行耳号编排和分组，按照耳号千位数相同的公母畜配种方案配种，其后代公畜打父系千位数字耳号；后代母畜打父系千位数加1的数字耳号。按照种畜生产性能测试规程测定和选留后备畜群，其形成的种畜纯繁小群保种方法，可有效控制个体近亲交配，保持畜群遗传结构清晰、操作简单可行。

举例　假如有一个品种的牛必须保护，有关参数和保种目标如下：经营总规模限制在80～120头。现有的全群平均近交系数为7.658%。要求：保种目标期限分别为60年、80年、100年；保种最后一代的近交系数上限为12.5%；保种后繁殖率不下降，世代间隔可采用10年，方案中世代间隔不重叠。据以上材料，完成保种方案的技术部分。

技术处理：

（1）保种目标期限为60年时

第一步：估计现有牛群的近交系数，已知为0.076 58，即$F_0=0.076 58$。

第二步：确定牛群世代间隔为10年，据此确定保种世代数。

保种世代（t）=60年/(10年/代)=6（代）

第三步：据该牛群现有的近交系数F_0、可耐受的近交系数上限F_t和保种世代数t确定保种牛群必需的有效规模N_e。

$$N_e = \frac{1}{2}\left[\frac{1}{1-\left[(1-F_t)/(1-F_0)\right]^{\frac{1}{t}}}\right] = \frac{1}{2}\left[\frac{1}{1-\left[(1-0.125)/(1-0.076\,58)\right]^{\frac{1}{6}}}\right] = 55.94$$

[1] 常洪. 家畜遗传资源学纲要. 北京：中国农业出版社，1995.

第四步：据牛群有效规模（N_e）和保种开始世代现有近交系数（F_0），计算各世代群体平均近交系数的上限。公式如下。

$$F_t = 1 - \left(1 - \frac{1}{2N_e}\right)^t (1 - F_0)$$

0 世代 $F_0 = 1 - \left(1 - \frac{1}{2N_e}\right)^t (1 - F_0) = 1 - \left(1 - \frac{1}{2 \times 55.94}\right)^0 (1 - 0.076\,58) = 0.076\,58$

1 世代 $F_1 = 1 - \left(1 - \frac{1}{2N_e}\right)^t (1 - F_0) = 1 - \left(1 - \frac{1}{2 \times 55.94}\right)^1 (1 - 0.076\,58) = 0.084\,83$

2 世代 $F_2 = 1 - \left(1 - \frac{1}{2N_e}\right)^t (1 - F_0) = 1 - \left(1 - \frac{1}{2 \times 55.94}\right)^2 (1 - 0.076\,58) = 0.093\,01$

3 世代 $F_3 = 1 - \left(1 - \frac{1}{2N_e}\right)^t (1 - F_0) = 1 - \left(1 - \frac{1}{2 \times 55.94}\right)^3 (1 - 0.076\,58) = 0.101\,12$

4 世代 $F_4 = 1 - \left(1 - \frac{1}{2N_e}\right)^t (1 - F_0) = 1 - \left(1 - \frac{1}{2 \times 55.94}\right)^4 (1 - 0.076\,58) = 0.109\,15$

5 世代 $F_5 = 1 - \left(1 - \frac{1}{2N_e}\right)^t (1 - F_0) = 1 - \left(1 - \frac{1}{2 \times 55.94}\right)^5 (1 - 0.076\,58) = 0.117\,12$

6 世代 $F_6 = 1 - \left(1 - \frac{1}{2N_e}\right)^t (1 - F_0) = 1 - \left(1 - \frac{1}{2 \times 55.94}\right)^6 (1 - 0.076\,58) = 0.125\,01$

第五步：据 N、N_e 确定公畜比例和公牛、母牛头数（分别对应 N_m 和 N_f）。

$$d = \frac{\left(8 + \frac{N_e}{N}\right) - \sqrt{\left(\frac{N_e}{N}\right)^2 - 32 \times \frac{N_e}{N} + 64}}{16} = \frac{\left(8 + \frac{55.94}{100}\right) - \sqrt{\left(\frac{55.94}{100}\right)^2 - 32 \times \frac{55.94}{100} + 64}}{16}$$

$= 0.109$

$N_m = 100 \times 0.109 \approx 10$

$N_f = 100 - 10 = 90$

式中，N 为牛群总规模，d 为公母比例中的一个计算参数。

第六步：确定标准换代年度。

起始年代为 2000 年，第一次换代年为 2010 年，第二次换代年为 2020 年，第三次换代年为 2030 年，第四次换代年为 2040 年，第五次换代年为 2050 年，2060 年结束该牛群的保种。

（2）保种目标期限为 80 年时

第一步：估计现有牛群的近交系数，已知为 0.076 58，即 $F_0 = 0.076\,58$。

第二步：确定牛群世代间隔为 10 年，据此确定保种世代数。

保种世代（t）=80 年/(10 年/代)=8（代）

第三步：据该牛群现有的近交系数 F_0、可耐受的近交系数上限 F_t 和保种世代数 t 确定保种牛群必需的有效规模 N_e。

$$N_e = \frac{1}{2}\left\{\frac{1}{1-\left[(1-F_t)/(1-F_0)\right]^{\frac{1}{t}}}\right\} = \frac{1}{2}\left\{\frac{1}{1-\left[(1-0.125)/(1-0.076\,58)\right]^{\frac{1}{8}}}\right\} = 74.52$$

第四步：据牛群有效规模 N_e 和保种开始世代现有近交系数 F_0，计算各世代群体平均近交系数的上限。公式如下。

$$F_t = 1 - \left(1-\frac{1}{2N_e}\right)^t (1-F_0)$$

$$0\ 世代\ F_0 = 1 - \left(1-\frac{1}{2N_e}\right)^t (1-F_0) = 1 - \left(1-\frac{1}{2\times74.52}\right)^0 (1-0.076\,58) = 0.076\,58$$

$$1\ 世代\ F_1 = 1 - \left(1-\frac{1}{2N_e}\right)^t (1-F_0) = 1 - \left(1-\frac{1}{2\times74.52}\right)^1 (1-0.076\,58) = 0.082\,78$$

$$2\ 世代\ F_2 = 1 - \left(1-\frac{1}{2N_e}\right)^t (1-F_0) = 1 - \left(1-\frac{1}{2\times74.52}\right)^2 (1-0.076\,58) = 0.088\,93$$

$$3\ 世代\ F_3 = 1 - \left(1-\frac{1}{2N_e}\right)^t (1-F_0) = 1 - \left(1-\frac{1}{2\times74.52}\right)^3 (1-0.076\,58) = 0.095\,04$$

$$4\ 世代\ F_4 = 1 - \left(1-\frac{1}{2N_e}\right)^t (1-F_0) = 1 - \left(1-\frac{1}{2\times74.52}\right)^4 (1-0.076\,58) = 0.101\,11$$

$$5\ 世代\ F_5 = 1 - \left(1-\frac{1}{2N_e}\right)^t (1-F_0) = 1 - \left(1-\frac{1}{2\times74.52}\right)^5 (1-0.076\,58) = 0.107\,12$$

$$6\ 世代\ F_6 = 1 - \left(1-\frac{1}{2N_e}\right)^t (1-F_0) = 1 - \left(1-\frac{1}{2\times74.52}\right)^6 (1-0.076\,58) = 0.113\,14$$

$$7\ 世代\ F_7 = 1 - \left(1-\frac{1}{2N_e}\right)^t (1-F_0) = 1 - \left(1-\frac{1}{2\times74.52}\right)^7 (1-0.076\,58) = 0.119\,09$$

$$8\ 世代\ F_8 = 1 - \left(1-\frac{1}{2N_e}\right)^t (1-F_0) = 1 - \left(1-\frac{1}{2\times74.52}\right)^8 (1-0.076\,58) = 0.125\,00$$

第五步：据 N、N_e 确定公畜比例和公牛、母牛头数。

$$d = \frac{\left(8+\frac{N_e}{N}\right)-\sqrt{\left(\frac{N_e}{N}\right)^2-32\times\frac{N_e}{N}+64}}{16} = \frac{\left(8+\frac{74.52}{100}\right)-\sqrt{\left(\frac{74.52}{100}\right)^2-32\times\frac{74.52}{100}+64}}{16}$$

$$= 0.148$$

$$N_m = 100\times0.148 = 15$$

N_f=100–15=85

第六步：确定标准换代年度。

起始年代为 2000 年，第一次换代年为 2010 年，第二次换代年为 2020 年，第三次换代年为 2030 年，第四次换代年为 2040 年，第五次换代年为 2050 年，第六次换代年为 2060 年，第七次换代年为 2070 年，2080 年结束该牛群的保种。

（3）保种目标期限为 100 年时

第一步：估计现有牛群的近交系数，已知为 0.076 58，即 F_0=0.076 58。

第二步：确定牛群世代间隔为 10 年，据此确定保种世代数。

保种世代（t）=100 年/(10 年/代)=10（代）

第三步：据该牛群现有的近交系数 F_0、可耐受的近交系数上限 F_t 和保种世代数 t 确定保种牛群必需的有效规模 N_e。

$$N_e = \frac{1}{2}\left[\frac{1}{1-\left[(1-F_t)/(1-F_0)\right]^{\frac{1}{t}}}\right] = \frac{1}{2}\left[\frac{1}{1-\left[(1-0.125)/(1-0.076\,58)\right]^{\frac{1}{10}}}\right] = 93.08$$

第四步：据牛群有效规模 N_e 和保种开始世代现有近交系数 F_0，计算各世代群体平均近交系数的上限。公式如下。

$$F_t = 1-\left(1-\frac{1}{2N_e}\right)^t(1-F_0)$$

$$0\ 世代\ F_0 = 1-\left(1-\frac{1}{2N_e}\right)^t(1-F_0) = 1-\left(1-\frac{1}{2\times93.08}\right)^0(1-0.076\,58) = 0.076\,58$$

$$1\ 世代\ F_1 = 1-\left(1-\frac{1}{2N_e}\right)^t(1-F_0) = 1-\left(1-\frac{1}{2\times93.08}\right)^1(1-0.076\,58) = 0.081\,54$$

$$2\ 世代\ F_2 = 1-\left(1-\frac{1}{2N_e}\right)^t(1-F_0) = 1-\left(1-\frac{1}{2\times93.08}\right)^2(1-0.076\,58) = 0.086\,47$$

$$3\ 世代\ F_3 = 1-\left(1-\frac{1}{2N_e}\right)^t(1-F_0) = 1-\left(1-\frac{1}{2\times93.08}\right)^3(1-0.076\,58) = 0.091\,38$$

$$4\ 世代\ F_4 = 1-\left(1-\frac{1}{2N_e}\right)^t(1-F_0) = 1-\left(1-\frac{1}{2\times93.08}\right)^4(1-0.076\,58) = 0.096\,26$$

$$5\ 世代\ F_5 = 1-\left(1-\frac{1}{2N_e}\right)^t(1-F_0) = 1-\left(1-\frac{1}{2\times93.08}\right)^5(1-0.076\,58) = 0.101\,12$$

$$6\ 世代\ F_6 = 1-\left(1-\frac{1}{2N_e}\right)^t(1-F_0) = 1-\left(1-\frac{1}{2\times93.08}\right)^6(1-0.076\,58) = 0.105\,95$$

$$7\ 世代\ F_7 = 1-\left(1-\frac{1}{2N_e}\right)^t(1-F_0) = 1-\left(1-\frac{1}{2\times93.08}\right)^7(1-0.076\,58) = 0.110\,75$$

8 世代 $F_8 = 1 - \left(1 - \dfrac{1}{2N_e}\right)^t (1 - F_0) = 1 - \left(1 - \dfrac{1}{2 \times 93.08}\right)^8 (1 - 0.076\,58) = 0.115\,52$

9 世代 $F_9 = 1 - \left(1 - \dfrac{1}{2N_e}\right)^t (1 - F_0) = 1 - \left(1 - \dfrac{1}{2 \times 93.08}\right)^9 (1 - 0.076\,58) = 0.120\,28$

10 世代 $F_{10} = 1 - \left(1 - \dfrac{1}{2N_e}\right)^t (1 - F_0) = 1 - \left(1 - \dfrac{1}{2 \times 93.08}\right)^{10} (1 - 0.076\,58)$
$= 0.125\,00$

第五步：据 N、N_e 确定公畜比例和公牛、母牛头数。

$$d = \frac{\left(8 + \dfrac{N_e}{N}\right) - \sqrt{\left(\dfrac{N_e}{N}\right)^2 - 32 \times \dfrac{N_e}{N} + 64}}{16} = \frac{\left(8 + \dfrac{93.08}{100}\right) - \sqrt{\left(\dfrac{93.08}{100}\right)^2 - 32 \times \dfrac{93.08}{100} + 64}}{16}$$
$= 0.188$

$N_m = 100 \times 0.188 = 19$

$N_f = 100 - 19 = 81$

第六步：确定标准换代年度。

起始年代为 2000 年，第一次换代年为 2010 年，第二次换代年为 2020 年，第三次换代年为 2030 年，第四次换代年为 2040 年，第五次换代年为 2050 年，第六次换代年为 2060 年，第七次换代年为 2070 年，第八次换代年为 2080 年，第九次换代年为 2090 年，3000 年结束该牛群的保种。

显然，上述计算过程推导无误后就编制成计算机程序，用户就可以很方便地使用。在设计管理平台时，大数据和人工智能是后台关键技术。系统的先进性和自我更新能力可保障管理平台的持续发展。之所以在这里把过程详细地列出来，是因为我们主要想表达人工智能是方向，但先有人工再有智能是基本逻辑。

第六章　动物种质资源保护新技术

随着生物技术的发展，以胚胎移植为核心发展起来的一些新技术已用于遗传资源的保存，而且能够提高动物种质资源保护的效率。在现有的生物技术条件下，冷冻保存牛、羊的精子和胚胎是容易实现的；有些畜种（如猪、马、驴等）的精子和胚胎冷冻保存的难度较大，只能收集其特定组织细胞系或生殖细胞，建立细胞系或细胞株进行低温长期保存，到技术成熟的时候再利用。建立基因库是保种的重要方式，保存的遗传材料包括精液、胚胎和 DNA 等；配子冻存、人工授精、胚胎移植和克隆等是与之适配的新技术。

遗传资源是国家的重要战略资源，也是经济社会可持续发展的基石。畜禽对促进畜牧业可持续发展和提升种业竞争优势具有重要的意义。多数国家的基因库主要保存濒危品种。

欧洲国家（如英国、法国和荷兰等）已建立了国家畜禽基因库。这些国家的基因库的收集对象主要包括以下 3 类畜禽：濒危品种、生产性能表现优异的非濒危品种和育种群的典型样本。基因库主要收集和保存畜禽的精液、胚胎和 DNA 等遗传材料。同时，基因库对保存的遗传物质进行了备份，以防意外。欧洲基因库的保存对象是全面的、科学的，不仅保存濒危品种，也保存了良种和正在选育的新品种遗传材料。例如，荷兰遗传资源中心（Centre for Genetic Resources, The Netherlands）基因库收集了牛、猪、马、绵羊、山羊和犬等的冻精，包括珍稀品种和具有优良性状的商业品种的遗传物质。该遗传资源中心设在瓦格宁根大学，也便于该大学对种质资源开展研究工作。

美国的种质资源保护与利用中心设在科罗拉多大学，是在国家动物遗传资源保护计划（National Animal Germplasm Program）下建立的。这个中心收集和保存的遗传物质有精液、胚胎、卵子和 DNA，相关档案信息录入全美遗传资源信息网。这个中心制定了遗传材料冷冻保存的标准，并对收集到的遗传物质的活力进行评价。信息化水平高是这个中心的优点，查询非常方便。

印度国家动物遗传资源局（National Bureau of Animal Genetic Resources）成立于 1981 年，负责全印度畜禽遗传资源的鉴定、评估及保护利用。它建立的国家动物基因库收集了水牛、山羊、绵羊、骆驼、牦牛和马等 30 多个品种的近 10 万剂冷冻精液。它保存的遗传物质以冷冻精液为主，胚胎和卵子等较少。

中国建有 8 个国家级畜禽遗传资源基因库。它们分别是国家家畜基因库（北京）、国家地方鸡种基因库（江苏）、国家地方鸡种基因库（浙江）、国家水禽基因库（江苏）、国家水禽基因库（福建）、国家蜜蜂基因库（吉林）、国家蜜蜂基因库（北京）、国家地方鸡种基因库（广西）。其中，国家家畜基因库（北京）的主要保种形式为冷冻保存，保存的遗传物质有精液、胚胎、卵子和 DNA 等；其他基因库均是活体保存。国家家畜基因库（北京）于 2008 年经农业部批准成立，前身是全国畜牧总站畜禽遗传资源保存利用中心。至 2013 年，国家家畜基因库（北京）冷冻保存 69 个国内牛、羊优良地方品种的精液 16 万余剂，胚胎 9000 余枚；10 个牦牛、绵羊和山羊品种的成纤维细胞系 3600 余份；收集了 277 个品种的猪、牛、羊、马血样和基因组 DNA 1.5 万余份。时间跨度较大，第一批保存的 4 个牛品种（秦川牛、南阳牛、延边牛、晋南牛）和 3 个绵羊品种（小尾寒羊、湖羊、中国美利奴羊）的冷冻精液目前保存时间长达 30 余年，最初保存的牛、羊冷冻胚胎至今也已有 20 多年。部分品种的遗传物质多次回输原产地，不仅验证了遗传物质长期保存的有效性，而且对提高现有群体品质和培育优良品种有明显效果。

畜禽基因库通过在液氮中低温保存精液、胚胎等遗传物质，实现了对可恢复的小群体的长期保存。随着分子生物学技术的不断发展，基因库将在畜禽遗传资源保护中发挥日益显著的作用。2019 年，农业农村部印发的《畜禽遗传资源保护与利用三年行动方案》：2019 年，采集 40 个以上国家级地方猪等保护品种的体细胞、精液、胚胎等遗传材料；2020 年，采集牛、羊、鹿等 10 个以上地方品种的精液、胚胎、体细胞等遗传材料；2021 年，采集牛、羊、马、兔等 10 个以上地方品种的精液、胚胎、体细胞等遗传材料，分批纳入国家级家畜基因库超低温冷冻保存，做到应保尽保。这为今后我国畜禽种质资源创新、培育新品种（系）提供了充足的育种素材。

第一节　配子冻存

精子和卵子统称配子。在各类保种方案中保存配子的技术成熟，综合效率高。

一、冷冻精液

（一）冷冻精液的意义

冷冻精液技术在产业和种质资源保护方面都具有十分重要的意义。一方面，该技术可以使一些优秀地方品种种质资源以精子库的形式得到无限期保护，极大地提高了优良公畜的利用率，加速了品种的育成和改良，为将来的品种培育提供了育种材料，还可以保存由基因工程技术和诱导突变得到的动物新品系的精子；另一方面，冷冻精液使人工授精技术不再受时间和地域的限制，为动物人工授精技术的大规模应用提供精液来源，便于开展国内外种质资源交流，提高优良品种的利用率。

（二）冷冻精液保存的原理

精液经过精子活力等精液品质的检查、稀释等特殊处理后，保存在–78.5℃干冰或–196℃的液氮中，使其代谢活动接近完全停止状态。在生命静止状态下保存，解冻后精子能复苏且不失去受精能力。

（三）冷冻精液保存的发展简史

1. 常规冷冻精液技术

1949 年，英国的 Polge[1]发现在进行低温保存精子时，加入甘油可以有效提高精子活力，从而揭开了冷冻精液技术的序幕；1951 年，在 Stewart 等[2]的不懈努力下，通过人工授精技术，用解冻的精液授精后的首头犊牛顺利出生；1956 年，Polge 等[3]首次报道了成功利用猪冷冻精液进行人工授精并获得了仔猪；1991 年，我国第一个珍稀野生动物精子库在成都动物园建立，保存了大熊猫、白唇鹿和黑猩猩等十余种珍稀野生动物的精子；1996 年，张振中等[4]利用植物中提取的高活性抗冻蛋白制作出新型的抗冻保护剂；2002 年，Moussa 等[5]提出利用低密度脂蛋白（LDL）取代卵黄冷冻牛精液；2010 年，李青旺等[6]研究表明在冷冻稀释液中添加一定量的红景天多糖，可以提高猪冷冻精液的品质，并且具有一定的抗氧化作用。

2. 性控冷冻精液技术

Johnson 等[7]根据 X 精子和 Y 精子 DNA 含量的微小差异，首先报道了利用流式细胞仪成功分离活的 X 精子和 Y 精子，并利用分离的精子受精而产下后代。

[1] Smith A, Polge C. Survival of spermatozoa at low temperatures. Nature, 1950, 166: 668-669.

[2] Stewart D L. Artificial insemination of cattle; a review of the work of the Reading Cattle Breeding Centre, October 1st, 1944, to September 30th, 1948. The Veterinary Record, 1950, 62(27): 389-395.

[3] Mann T, Polge C, Rowson L E. Participation of seminal plasma during the passage of spermatozoa in the female reproductive tract of the pig and horse. The Journal of Endocrinology, 1956, 13(2): 133-140.

[4] 张振中, 陈秀英, 周亚惠, 等. 应用植物抗冻剂冷冻牛和绵羊精液的效果. 黑龙江动物繁殖, 1996, (3): 12-14.

[5] Moussa M, Marinet V, Trimeche A, et al. Low density lipoproteins extracted from hen egg yolk by an easy method: cryoprotective effect on frozen-thawed bull semen. Theriogenology, 2002, 57(6): 1695-1706.

[6] 李青旺, 江中良, 胡建宏, 等. 多糖在猪精液冷冻稀释液的作用研究//中国畜牧兽医学会动物繁殖学分会. 中国畜牧兽医学会动物繁殖学分会第十五届学术研讨会论文集. 下册. 西北农林科技大学动物科技学院, 2010: 5.

[7] Johnson L A, Flook J P, Hawk H W. Sex preselection in rabbits: live births from X and Y sperm separated by DNA and all sorting. Biology of Reproduction, 1989, 41: 199-203.

Cran 等[1]在牛上成功应用性控冷冻精液技术。我国的性控精液试验研究工作起步较晚，但近年来发展迅速，现阶段在奶牛上已经得到了广泛的应用。2001 年，黑龙江省首先开展了精液分离冻存的相关技术；2003 年，第一头性控奶牛犊诞生；2004 年，奶牛性控冻精开始规模化生产。目前我国奶牛性控冻精的生产能力居世界前列。

（四）冷冻精液保存的操作步骤

冷冻精液保存的操作步骤如图 6-1-1 所示。

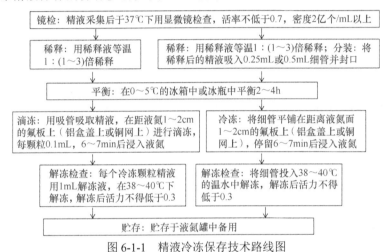

图 6-1-1　精液冷冻保存技术路线图

（五）影响冷冻精液保存效果的因素

1. 物理损伤

降温和升温时，在-60～0℃范围内，细胞易形成大冰晶结构。

2. 化学损伤

甘油浓度过高，细胞脱水（不同家畜品种的精子对甘油浓度的反应有差异：牛为 5%～7%；猪和绵羊为 1%～3%）。

3. 氧化损伤

氧化损伤是细胞氧化应激过程中自由基水平和细胞抗氧化能力之间的氧化还原失去平衡，细胞抗氧化能力相对不足，部分强毒性活性氧自由基增加，破坏生物大分子引起的细胞和组织（质膜、顶体、DNA）损伤。

[1] Cran D G, Johnson L A, Miller N G, et al. Production of bovine calves following separation of X- and Y-chromosome bearing sperm and *in vitro* fertilisation, Vet Rec, 1993, 132: 40-41.

（六）冷冻精液保存的试剂与方法

1. 冷冻稀释液

目前常利用的有糖类（单糖和双糖，提供能量与非渗透性保护剂）、脂类（卵黄，保护精子顶体膜和维持活力，耐低渗与高渗）。

2. 冷冻保护剂

冷冻保护剂可以分为渗透性和非渗透性两种。渗透性冷冻保护剂有甘油、二甲基亚砜、乙二醇等，非渗透性冷冻保护剂有单糖、双糖等；冷冻添加剂有抗氧化剂如维生素 E、丙二醇；咖啡因；磷酸二氢钾、柠檬酸钠、Tric 和乙二胺四乙酸（EDTA），维持 pH 7.0～7.5。

3. 稀释方法

一次稀释法（颗粒冻精）、二次稀释法（冷冻保护 I 液、冷冻保护 II 液）、三次稀释法（乳糖-卵黄稀释剂）。

4. 冷冻剂型

颗粒冻精（易交叉污染）、细管冻精（国内 0.5mL、国外 5mL）。

5. 解冻方法

干解冻（试管直接融化、解冻液）、湿解冻（试管于水中解冻）。

（七）冷冻精液保存重点研究的问题

1）目前精子冷冻过程中细胞结构、细胞膜受损伤的过程和机理尚不完全清楚。

2）冷冻稀释液和冷冻保护剂缺少更加高效安全的替代物。

3）缺少一套简便、快速和准确的精子质量评估方法。

二、冷冻卵子

（一）冷冻卵子或卵巢的意义

利用超数排卵、活体采卵技术在低温环境下保存卵子和卵巢，相当于延长了母畜的配种年龄，保存了母畜的优良性状基因。当一个品种处于濒危状态时，可迅速使卵子复苏或从卵巢中采集卵泡，进行体外受精、繁殖。

卵巢组织的冷冻保存无需控制供体的生殖周期及取卵，可用于保存濒危动物或受意外伤害动物的卵母细胞,为性成熟前失去生殖能力的动物提供生殖保险和增加卵母细胞的来源,并可用于建立生殖细胞(卵母细胞)的冷冻库。同时,卵巢皮质含有大量的各阶段未成熟卵泡,而原始卵泡对低温的敏感性比成熟卵泡要低。因此,随着低温生物学技术及生殖医学的发展,卵巢组织的冷冻成为保存雌性生殖能力最具潜力的选择。

(二)冷冻卵子或卵巢的操作步骤

1. 冷冻卵子

从种母牛的卵巢中取出未成熟的卵子,在人工培养基中培养21h,使其成熟;利用酶去除包围卵子的卵丘细胞后,在含12%丙二醇的冷冻保护剂中冷冻,-196℃液氮中保存2d后,使其解冻,并体外受精,结果显示,3.1%的卵(520枚卵内的16枚卵)培育到可移植的阶段(囊胚期)。把这种囊胚移植于2头荷兰牛中,结果1头受胎,后来产下牛犊1头。该项技术对于牛的品种改良具有重要作用。

2. 冷冻卵巢

切除小鼠双侧卵巢,在显微镜下分割成1mm×1mm×(1~2)mm的小块。放入含1.5mol/L的二甲基亚砜(DMSO)的冷冻保护剂中,分别应用三步法进行平衡,装入冷冻管后直接投入液氮中。解冻时在37℃的水中复温5min,放入解冻液中置换出冷冻保护剂,放入培养箱中平衡30min。解冻后分离组织块中的窦前卵泡,用体外卵泡培养液培养卵泡12d之后,将培养液换为体外成熟液,培养15d,观察卵丘-卵母细胞复合体(COC)排出及生发泡破裂(GVBD)情况,去除颗粒细胞,收集成熟卵子。

(三)冷冻卵子或卵巢需解决的关键问题

卵母细胞的体外成熟技术已成为冷冻卵巢组织保存与利用的一个理想选择,但从原始卵泡到成熟卵母细胞的体外成熟十分困难。随着人们对卵泡生长的信号和控制系统的更深入了解,只要找到合适的培养条件,将卵巢组织冷冻与卵母细胞体外成熟两种技术相结合,必将给卵巢组织冷冻和生育贮存带来新的希望。

三、冷冻卵母细胞

(一)冷冻卵母细胞的意义

随着体外受精、核移植、转基因动物及胚胎移植等胚胎工程技术的迅速发展,卵母细胞的需求量越来越大,常规的采卵方法已不能满足特殊需求,迫切要求卵母细胞的冷冻保存技术能为科学研究及商业应用建立"卵子库"。卵子结构复杂，冷冻极易造成其不可逆的病变甚至死亡。因此，影响卵母细胞冷冻效果的因素很多，对卵母细胞冷冻保存的研究进展缓慢。目前，除小鼠和家兔的成熟卵母细胞的冷冻保存技术已趋于完善外，其他动物的研究尚处于初级阶段，不同的研究者采用不同的冷冻方法、保护剂浓度，冷冻时所处的不同温度、解冻方法、玻璃化液组合及不同的冷冻解冻程序都能影响到卵母细胞的冷冻效果，卵母细胞成熟状态也会影响卵子冷冻结果。成熟卵子和未成熟卵母细胞因其结构不同，对冷冻的耐受性也不同。冷冻卵母细胞可能是更好的选择。

（二）冷冻卵母细胞的简史

Whittingham[1]首次冻存小鼠卵母细胞并使其产仔。1996 年，Martino 等[2]发明的通过减少冷冻保护液体积来提高降温速率的超快速冷冻法用于牛成熟卵母细胞，冻融后囊胚形成率为 15%，比常规玻璃化冷冻法提高了 50%。Vajta 等[3]首创的开放式拉长细管（OPS）法将牛卵母细胞冻融后的囊胚发育率提高到 11%～25%。朱士恩[4]采用 OPS 法玻璃化冷冻小鼠卵母细胞，解冻后其形态正常率达 85%，卵透明带打孔后受精率大幅提高到 84.73%。周佰成[5]利用不同冷冻方法研究冷冻绵羊卵母细胞，结果显示，玻璃化冷冻法优于程序化冷冻法，OPS 法优于囊胚细管（Straw）法玻璃化冷冻。莫显红等[6]利用不同浓度的紫杉醇预处理卵母细胞，可以降低绵羊成熟卵母细胞的冷冻损伤并提高受精后胚胎的发育能力；目前，研究主要集中在降低卵母细胞冷冻后的损伤（细胞骨架损伤、微管解聚导致纺锤体紊乱）和提高卵母细胞冷冻后的发育能力等方面。

（三）冷冻卵母细胞的操作步骤

1. 卵母细胞的获取

将 8～10 周龄雌鼠腹腔注射 10IU/只的尿促性素（hMG），50h 后，注射 10IU/

[1] Whittingham D G. Fertilization and development to term of unfertilized mouse oocytes previously stored at −196℃. Reprod Fert, 1977, 49: 89-94.

[2] Martino A, Pollard J W, Leibo S P. Effect of chilling bovine oocytes on their developmental competence. Molecular reproduction and development, 1996, 45(4): 503-512.

[3] Vajta G, Holm P, Kuwayama M, et al. Open pulled straw (OPS) vitrification: a new way to reduce cryoinjuries of bovine ova and embryos. Molecular Reproduction and Development, 1998, 51: 53-58.

[4] 朱士恩. 卵母细胞与胚胎玻璃化冷冻保存技术研究新进展. 中国畜牧兽医学会动物繁殖学分会. 中国畜牧兽医学会动物繁殖学分会第十五届学术研讨会论文集（上册），2010, 97-101.

[5] 周佰成. 不同冷冻方法对 GV 期绵羊卵母细胞发育效果的影响. 中国草食动物, 2009, 29(6): 3-4.

[6] 莫显红, 李俊杰, 夏威, 等. 不同浓度紫杉醇预处理对绵羊卵母细胞玻璃化冷冻保存效果的影响. 中国畜牧杂志, 2010, 46(21): 24-27.

只的人绒毛膜促性腺激素（hCG），于注射 hCG 后的 18～20h 颈椎脱臼处死，取出输卵管，置于 10mol/L 洗卵液中，利用 1mL 注射器针头在实体显微镜下刺破输卵管膨大部位，可见卵冠丘复合体自动排出。将收集的卵冠丘复合体移入含 80IU/mL 的透明质酸酶溶液中进行消化，收集形态正常、第一极体是一级的卵母细胞，于洗卵液中清洗后，置于生长液环境，37℃、5% CO_2 培养箱中备用。

2. 玻璃化冷冻

常利用的玻璃化溶液为：20.5% DMSO、15.5%乙酰胺、10%丙二醇和 6%乙二醇，然后调节 pH 为 8.0。

在室温，将卵子在 1.5mol/L 的乙二醇（EG）中预处理 5min，然后将其放入玻璃化冷冻液中，最后靠虹吸作用将含 1～2μL 玻璃化冷冻液的卵母细胞装入 OPS 管中，迅速将 OPS 管投入液氮中 2h。到 30d 后，解冻，将 OPS 管停留于空气中 5s 后，吹入 0.5mol/L 解冻液中，按照 0.5mol/L、0.25mol/L、0.125mol/L 的梯度进行。经前期培养、体外受精及胚胎培养等过程后产仔。

玻璃化冷冻技术的特色就是使细胞本身及冷冻溶液在冷冻时，呈现黏稠而不产生结晶的玻璃化状态，利用这种不结冰的原理改善慢速冷冻的缺点，从而可以有效地保护卵母细胞，保证对其后期的孤雌激活。

第二节　人 工 授 精

人工授精就是借助器械和工具，将采出的公畜的精液经适当的处理后，再输入到发情母畜的子宫深部，使母畜受精。人工授精可以使用新鲜精液，也可以使用经复苏处理后的冷冻精液。

人工授精的优点包括：①可以提高优秀种公畜的利用率。采用人工授精，每头种公畜可承担 500～800 头基础母畜的配种任务。人工授精技术可以显著降低种公畜的使用强度，也可以减少场内种公畜的存栏量，从而节省了大量种公畜的饲养费用。②提高母畜的受胎率。③防止因配种导致的疾病传播。④实现异地配种，这一点在动物的育种和生产中是极为重要的。优秀的种公畜不一定分布在同一个育种场内。为了加快育种进程，育种者有望调用一个地区、一个国家，甚至整个世界的动物品种资源。如果没有人工授精和精液冷冻技术，要实现这个目标是不可能的。人工授精技术克服了品种资源分布的时空障碍。因此，该技术在动物育种和生产中得到大量应用。

在动物育种和生产中进行人工授精，要配备相应的组织机构和技术规范。组织机构是人工授精大面积推广的保障；技术规范是人工授精成功的保证。在育种和生产中二者缺一不可。

一、人工授精方法及步骤

（一）各项必需的准备工作

1. 母畜的发情鉴定

1）利用试情公畜识别发情母畜。选择体质健壮、性欲旺盛的公畜进行试情，按照母畜数的 20%～30%匹配试情公畜。试情公畜要带上试情布，防止公、母畜直接交配。

2）试情时，将试情公畜放入试情母畜圈中，如发现试情公畜追逐母畜而母畜站立不动、接受爬跨，则该母畜被认为发情。然后将发情母畜送到授精室授精。

2. 器材和用具的准备与消毒

（1）假阴道、采精瓶的洗涤、灭菌和消毒

采精瓶和假阴道内胎常用 2%的碳酸氢钠刷洗。利用清水冲洗干净后，再用75%酒精浸泡或蒸馏水洗 2 次，采精瓶置于纱布罐内保存，干后用蒸气灭菌待利用。内胎洗完后要用纱布裹好。

操作者的手和长柄镊子需先用 75%酒精棉消毒，内胎需用长柄镊子夹上 75%的酒精棉球自胎的一端开始细致地一圈一圈擦至另一端进行消毒。外壳用酒精棉球消毒后放入消过毒的盆内至酒精完全挥发干后再使用。

（2）输精器材的洗涤与消毒

输精器材需先用 2%的碳酸氢钠清洗然后用清水冲洗，之后利用蒸馏水冲洗数次，用毛巾包好，进行蒸气灭菌。使用前再取出，并用生理盐水冲洗数次。注意在完成一次输精后，输精器的尖端要先利用 75%的酒精棉球擦拭，再利用灭菌器内的生理盐水棉球进行擦拭后，才能给另一只母畜输精。开殖器的消毒常用酒精外焰消毒。消毒之后的开殖器要置于灭菌生理盐水中待利用。

（3）其他器材的消毒

玻璃器材通常是利用 2%的碳酸氢钠溶液清洗干净，利用清水冲洗之后再进行蒸气灭菌。纱布、毛巾和台布等用肥皂水洗干净，再用清水冲洗两遍后进行蒸气灭菌。外阴部的消毒布用肥皂水洗干净后，用 0.05%～0.1%的新洁尔灭浸泡消毒5min，之后晾干备用。

（二）采精

假阴道能引起公畜射精的三个条件是温度、压力和润滑度。所以在准备假阴道时要注意这三个方面。采精前向假阴道内注入 50～55℃热水 150～180mL。将清洁玻璃棒蘸上经消毒的凡士林，涂在假阴道内壁上。除套集精杯的一端留出 3～

5cm 外，其余部分都应均匀涂抹，使公畜射精时有润滑的感觉（也可以将消毒后的集精瓶灌食盐水，插入假阴道的一端，深 2～3cm，进行振荡冲洗后，将水倒出，使内胎湿润，以代替润滑剂）。之后，从气嘴吹入空气至入口处呈三角形为宜。假阴道内的温度在采精前要利用已消毒的温度计进行测量，在采精前以 40～42℃为宜，集精杯也应保持在 35～36℃。采精前先要用温水浸湿毛巾将种公畜阴茎的包皮周围擦拭干净。采精人员以右手握假阴道，蹲在发情母畜或假台畜的右侧，集精杯一端向上，使假阴道与地面呈 35°～40°角。当公畜爬跨时，采精人员应用手指托住公畜的包皮，使阴茎插入假阴道内（注意：不要让假阴道的边缘或手触到阴茎）。当公畜身体向前耸动后，采精人员应立即取出假阴道，使集精杯的一端向下竖起，然后取下集精杯，加盖送实验室检查。

（三）精液品质鉴定

1. 肉眼观察

正常的精液呈乳白色、云雾状，无味或略有腥味。凡带有腐败臭味，呈红色、褐色、绿色的精液不能用于授精。几种常见家畜的射精量一般为：猪 150～500mL、绵羊 0.5～2.0mL、山羊 0.5～1.5mL、肉牛 4～8mL、奶牛 5～10mL、水牛 3～6mL、牦牛 2～8mL、马 30～100mL、驴 20～80mL、马鹿 3.5～5.5mL、梅花鹿 0.5～2.5mL。

2. 显微镜检查

利用 200～400 倍的显微镜在温度为 18～25℃的室内进行精液的镜检。利用清洁的吸管或玻璃棒，蘸取一小滴精液，滴在载玻片中央，再盖上盖玻片（注意：不要有气泡），然后放在显微镜下检查。检查的内容有密度、活力和形态等。在繁殖实际利用中，常检查精液的密度和活力。

（1）密度检查

视野内精子间距小于一个精子的长度，评为"密"；约为一个精子的长度，并能看到精子的活动，评为"中"；超过一个精子的长度，评为"稀"；视野中见不到精子，用"无"表示。利用血球计数器检查，可以知道确切的精子数。

（2）活力检查

一般用呈直线运动的精子所占的比率表示精子活力。评价方法为十级制评分法五级制评分法。在十级制评分法中，若 100%的精子直线前进，评为 1.0；90%的精子直线前进，评为 0.9；依此类推。在五级制评分法中，100%的精子直线前进，评为 5 分；80%的精子直线前进，评为 4 分；依此类推；直线前进的精子不足 20%时记为 0。

动物正常精液的精子密度应为"密"，每毫升精子数在几十亿以上；若密度过稀、活力在 3 分以下者，不能用于输精。

（四）精液的稀释

有些动物的精液精子的密度较大，经检验合格后，在使用前还必须进行稀释才能应用、保存和运输。以羊为例，常利用的精液稀释方法有如下几种。

1）将鲜羊奶或牛奶用 7 层纱布过滤后，装入烧杯中置于热水锅中煮沸消毒 10～15min（或蒸汽灭菌 30min），冷却后除去奶皮，然后稀释 3～5 倍，注入精液瓶内，混匀备用。这种稀释液通常可以稀释精液 4～8 倍。

2）蒸馏水 50mL、葡萄糖 1.5g、柠檬酸钠 0.7g、鲜蛋黄 10mL，可以制成葡萄糖-卵黄稀释液。配制方法是：将葡萄糖、柠檬酸钠放入蒸馏水中溶解后，滤过 2 至 3 遍，水沸后蒸煮 30min，取出降温至 25℃，加入新鲜卵黄 10mL，振荡溶解即可。

3）0.9%的氯化钠溶液（生理盐水）90mL，加新鲜蛋黄 10mL，拌匀亦可利用。

4）0.9%的氯化钠溶液也可用来稀释精液，但精液只能按照 1∶（1～2）的比例进行稀释。

注意：通常稀释倍数以不超过 4 倍为宜。

（五）输精

输精前把发情母畜固定在输精架内，或由助手两腿夹住母畜头部并提起母畜后肢。利用一小块纱布将母畜的外阴擦拭干净。预先利用输精器吸入原精液 0.1mL 或稀释好的精液 0.2mL（保证直线运动的精子数在 7000 万以上），注意不要吸入气泡。将已消毒的开殖器顺阴门裂方向合并插入阴道，旋转 45°角后再打开开殖器。检查阴道及子宫颈口是否正常，若正常，把输精器插入子宫颈口内 0.5～1.0cm 处推入精液。输精结束后，缓慢抽出输精器，最后抽出开殖器。

为提高母畜的受胎率，一般给发情母畜输精 2 次，即在第一次输精后 8～12h 再输一次。在实际生产中，通常每日早晚分别对母畜群进行一次发情鉴定，上午发情下午输精，下午发情次日早晨输精。受精母畜要做好标记，以便于识别。

二、精液的保存和运送

在人工授精前，公畜的精液必须以一定方式妥善保存并送至输精站，才能保持较高的活力，提高受胎率。在人工授精中，做好种公畜的精液品质检查记录和母畜的配种繁殖记录工作，可以帮助总结经验、摸索规律，检验品种改良和育种的成果。而对准确记录的定期统计和分析，也可以对日常工作起到十分重要的指导作用。

（一）精液的保存

1. 新鲜精液的保存

分装后的精液不能立即放入 17℃左右的恒温冰箱内，应在 25℃下放置 1h，以免因温度下降过快而刺激精子，造成死精增多。放入冰箱中的精液应分开放置，不论是瓶装或是袋装都应平放，可叠放。放入冰箱的精子每隔 12h 要摇匀一次，否则会出现沉淀，引发精子死亡。每次摇动都应有人员和时间记录。整个保存过程一定要注意冰箱内部的温度变化，防止冰箱内部温度骤升骤降。

2. 冷冻精液的保存

冷冻精液的保存原则是精液应完全浸入液氮中。由于每取用一次精液就会使整个包装的冷冻精液脱离液氮一次，因此取用不当易造成精液品质下降。在取用精液时一定要注意，不可将精液提筒超越液氮罐颈部下沿，脱离液氮时间不得超过 10s；保存中还要注意不能使不同品种、个体的精液混杂。

（二）精液的运送

大多数的输精点本身不饲养种公畜，其所需的精液由精液提供方定时送达。送往输精点的精液需满足以下要求。

1. 新鲜精液的运输

新鲜精液在运输前一定要使其在实验室中逐渐达到15～20℃的最佳保存温度范围。从精液处理分装完毕到精液的温度降低至最适宜温度范围内，总耗时 2～3h。然后将其保存在能够在整个运输过程中维持其温度的容器中。利用双层集精瓶采取的精液不必倒出，在外侧贴上标签，注明公畜号、采精时间、精液量和等级，盖上盖后装入广口保温瓶，瓶底及四周垫上棉花。

根据中华人民共和国农业行业标准的有关规定：在运输过程中，新鲜精液应保存在 16～18℃的环境下。温度高会加速细菌的繁殖，温度低则会使精子因受到冷应激而死亡。运送中要尽量缩短时间，并要防止产生剧烈震动。精液送到取出后，置于 18～25℃室温下缓慢升温，经检查合格后即可用于授精。

2. 冷冻精液的运输

冷冻精液的运输应有专人负责，采用充满液氮的容器来运输，其容器外围应包上保护外套，装卸时要小心、轻拿轻放，装在车上要安放平稳并牢牢固定。运输过程中不要强烈震动，防止暴晒。长途运输中要及时补充液氮，以免损坏容器和影响精液质量。

（三）人工授精的记录

种公畜的采精及繁殖母畜的配种和产羔记录表样式如表 6-2-1 和表 6-2-2 所示，一些基本的记录均已包括在内，可供参考。

表 6-2-1　种公畜精液品质检查及利用记录表

品种：　　　　　　公畜号：　　　　　　使用单位：　　　　　　年份：

采精		采精量	原精液				稀释液	稀释精液		授精量	授精母畜	备注
时间	次数	（mL）	密度	活力	色泽	气味	种类	倍数	活力	（mL）	数量	

表 6-2-2　母畜配种繁殖记录

场别：

编号	配种前体重	第一情期		第二情期		第三情期		预计分娩日期	实际分娩日期	产羔						父号
		种公畜号	日期	种公畜号	日期	种公畜号	日期			羔羊号	性别	羔羊号	性别	羔羊号	性别	

三、人工授精站的建立

在育种区域内，分布合理的人工授精站是必需的。人工授精站的分布要与牛、羊、猪等畜群的分布相一致。这样才能方便配种工作的进行。这些人工授精站应具备的条件是：一要有专业技术人员，二要有优良品质的种公畜，三要有场地，四要购置必要的器械和药品。现在一些人工授精站由于不完全具备上述条件，因此大大降低了动物育种效率。人工授精站的基本简介如下。

（一）种公畜的准备

1）按照育种方向，选择结实、体质匀称、生产性能高、生殖器官正常、有明显雄性特征、精液品质优良的公畜作为种公畜。

2）查看种公畜的上代并看其后代，再加上公畜本身的性状参数，看其是否可以作为主配公畜。事先对种公畜调教是人工授精站建立的必需环节。注意人工授精的公畜必需都是一级公畜。

3）按每头公畜配 200～400 头母畜计算好所需种公畜数。有条件的场可预备 1～2 头后备公畜。种公畜不够的站，应于配种前一个月配备到位。

4）初配种公畜一般应加以调教。

5）种公畜在配种前 3 周开始排精。第一周隔两日排精一次，第二周隔日排精一次，第三周每日排精一次，以提高种公畜的性欲和质量。

（二）必备的器材和药品

现将必备器材和药品列表如下（表 6-2-3）。

表 6-2-3　人工授精器材和药品表

器材或药品名称	规格	单位	数量
显微镜	600 倍	架	1
药物天平	称量100g，感量0.1g	台	1
蒸馏器	小型	套	1
假阴道外壳	猪/牛/羊利用	个	4
假阴道内胎	猪/牛/羊利用	条	10
假阴道塞子	标准型带气嘴	个	8
玻璃输精器	1mL	支	10
输精器调节器	标准型	个	5
集精杯	标准型	个	10
金属开殖器	大、小两种	个	各3
温度计	100℃	支	5
室温计	普通型	支	3
载玻片	0.7mm	盒	1
盖玻片	1.5mm×1.5mm	盒	2
酒精灯	普通型	个	2
玻璃量杯	50mL，100mL	个	各1
蒸馏水瓶	5000mL，10 000mL	个	各1
玻璃漏斗	8cm，12cm	个	各2
漏斗架	普通型	个	2
广口玻璃瓶	125mL，500mL	个	各4
细口玻璃瓶	500mL，1 000mL	个	各2
玻璃三角烧杯	500mL	个	2
烧杯	500mL	个	2
玻璃培养皿	10～20cm	套	2
带盖陶瓷杯	250mL，500mL	个	各2～3
钢筋锅	27～29cm 带蒸笼	个	1
陶瓷盘	20cm×30cm，40cm×50cm	个	各2
长柄镊子	18cm	把	2
剪刀	直头	把	2
吸管	1mL	支	2
广口玻璃瓶	手提 8lb（1lb = 0.453 592kg）	个	2
玻璃棒	直径 0.2cm、0.5cm	支	各1
瓶刷	中号、小号	把	各2
擦镜纸	普通	本	2

器材或药品名称	规格	单位	数量
药勺	角质	把	2
滤纸	普通型	盒	2
纱布	普通型	kg	1
药棉	脱脂棉	kg	5
试情布	普通棉布	m	2
脸盆	普通型	个	4
肥皂	普通型	条	5~10
酒精	95%，500mL	瓶	5
氯化钠	分析纯，500g	瓶	1
碳酸氢钠	分析纯，500g	瓶	5
白凡士林	1000g	盒	1

（三）场地准备

每个人工授精站应有授精室（兼作采精室）、精液处理室。精液处理的温度应控制在18~25℃。此外，尚需有种公畜圈、试情用公畜圈、待授精母畜圈和已授精母畜圈若干个。对配种场所和放置器械、药品的房子，要进行彻底消毒。室内保持阳光充足，无异味。

（四）技术人员配置

每个人工授精站至少要有2~3名技术人员，用于负责公畜的保健和人工授精等事宜。

第三节　胚　胎　移　植

胚胎移植又叫受精卵移植，是将处于某一发育阶段的早期胚胎移植到与其生理阶段相对应的同种母畜输卵管或子宫内，使之受孕并产仔的技术。提供胚胎的母体称为供体，接受胚胎的母体叫作受体，随着相关胚胎生物技术的发展，移植的胚胎不仅来自供体母畜，而且还可通过体外受精技术在体外产生。胚胎移植实际上是由产生胚胎的供体和养育胚胎的受体分工合作共同培育后代的技术。

一、胚胎移植在动物繁育中的意义

（一）可以迅速提高动物遗传素质

由于超数排卵技术的应用，一头优秀的母畜一次排出比正常更多的卵子，因为免除其本身的妊娠期和负担，所以能留下更多的后代。一般一年可以从一头优秀的母畜身上获得40~50头后代。这样可以加大对母畜的选择强度，从而增加遗传进展，大大加速品种改良速度，扩大动物种群。

（二）便于保种和基因交流

在动物的育种和改良过程中，应该吸取其他家畜品种的经验教训，注意对我国固有的地方品种进行保护。常规保种是个艰巨的任务，需要大量的资金和人力。从某种意义上讲，胚胎库就是基因库，利用胚胎保种可以使我国不少优良地方品种经胚胎冷冻后长期保存。胚胎的国际交流可省去活体运输的种种困难，如检疫、管理上的困难等。

（三）提高动物繁殖力

由胚胎移植技术演化出来的"诱发多胎"方法，即向已配种的母畜移植一个或两个胚胎，这种方法不但提高了供体母畜的繁殖力，同时也提高了受体母畜的繁殖率。另外，还可以向未配种的母畜移植两个或两个以上的胚胎，这样在母畜数量不增加的情况下，降低繁殖母畜的饲料利用量，增加经济效益。

（四）克服不孕

优秀母畜容易发生习惯性流产或难产，或者由于其他原因（如年老体弱）不宜负担妊娠过程的情况下，通过超数排卵采集其卵子经体外受精，再利用胚胎移植，移至可正常妊娠母畜体内。例如，美国科罗拉多州有研究报道，一头长期屡配不孕的母牛通过胚胎移植在15个月内获得了30头后代。

（五）对濒危动物进行保护和利用

胚胎移植有利于保护动物遗传资源，对挽救濒临灭绝的野生动物、保护生物多样性、维持生态平衡有重要意义。

（六）是生物技术领域必不可少的技术手段

体外受精、转基因动物生产和克隆等胚胎生物技术的实施都离不开胚胎移植。

二、胚胎移植的基本原则

胚胎移植的生理基础：①母畜发情后生殖器官孕向发育，无论配种与否都将为妊娠作准备；②早期胚胎处于游离状态，还未与母体建立实质性联系；③受体对胚胎没有免疫排斥作用，可使移植的胚胎继续发育；④胚胎遗传特性不受受体母畜的影响。

（一）供体和受体生殖内环境应相同

胚胎移植前后供体和受体的生殖内环境应是相同或相近的，具体包括以下几个方面。

1. 供体和受体在种属上必须一致

供体和受体两者属同一物种，但是这不排除种属不同但在进化史上关系较近、生理和解剖特点相似个体之间胚胎移植成功的可能性。一般来说，在分类学上亲缘关系较远的物种，由于胚胎的组织结构、胚胎发育所需条件和发育进程差异较大，移植的胚胎绝大多数情况下不能存活或只能存活很短的时间。例如，将绵羊、猪、牛的早期胚胎移植到兔的输卵管内，仅能存活几日。而且，不同种属之间移植日龄较大的胚胎不容易存活。

2. 生理同期化

供体和受体的母畜在生理上必须同期化，即受体母畜在发情的时间上与供体母畜发情的时间一致，通常情况下是以受体母畜发情排卵的时间和卵母细胞体外受精的时间为参照。一般相差不超过 24h，否则移植成功率会显著下降。

3. 部位一致

供体胚胎的收集部位和受体胚胎的移植部位应一致，即从供体输卵管内收集到的胚胎应该移植到受体的输卵管内，从供体子宫内收集到的胚胎应该移植到受体的子宫内。

胚胎移植之所以要遵循上述同一性原则，是因为发育中的胚胎对母体子宫环境的变化十分敏感，子宫在卵巢类固醇激素的作用下，处于动态变化之中。在一般情况下，受精和黄体形成几乎是在排卵后同时开始的，受精后胚胎和子宫内膜的发育也是同步的。胚胎在生殖道内的位置随胚胎的发育而移动，胚胎发育的各个阶段需要相应的特异性生理环境和生存条件，生殖道的不同部位（输卵管和子宫）具有不同的生理生化特点，与胚胎的发育需求相一致。了解上述胚胎发育与母体生理变化的原理，就不难理解受体母畜与供体母畜生理状况同期化的重要性。一旦胚胎的发育与受体生理状况的变化不一致或因某种原因导致受体生理状况紊乱，将导致胚胎的死亡。

（二）时间适宜

收集和移植胚胎的时间要适宜。胚胎的收集和移植的时间一定不能超过周期性黄体的寿命，并且必须在胚胎附植之前进行。胚胎的收集和移植时间最长不能超过发情配种后的第 7 天，最好是在发情配种后的第 3~7 天进行，否则受体子宫会发生未孕的退行性变化，导致胚胎死亡。

（三）胚胎发育正常

在收集和移植胚胎时，应在一个无菌条件下进行，有利于胚胎存活，操作要谨慎，尽量不使胚胎受到物理、化学和生物方面的影响；同时，胚胎移植前需进行品质鉴定，并利用胰蛋白酶清洗，防止病毒等微生物的传播，确定发育正常才能进行移植。

三、胚胎移植的操作步骤

（一）供体和受体的准备

1. 供体的选择与超排前的准备

用于胚胎移植的供体母畜应具有该品种的典型遗传特性，健康无病。供体母畜生殖系统机能应正常。因此，对供体的生殖系统要进行彻底检查，如生殖器官发育是否正常，有无卵巢囊肿、卵巢炎和子宫炎等疾病，有无难产史和屡配不孕史等情况。如有上述情况就不能用作供体。此外，膘情要适中，过肥或过瘦都会降低受精率。牛、猪等家畜产后两个月以上的健康优良个体才能作为供体。

2. 受体母畜的选择与同期发情前的准备

受体应是价格经济的青年母畜，最好是固有的地方品种（群），数量较多，体型中等偏上，供体和受体体型不能相差太大，不然易发生难产。每头供体需准备数头受体，受体应具有良好的繁殖性能，无生殖系统疾患。患子宫和卵巢幼稚病、卵巢囊肿等家畜不能作受体，受体要具有良好的健康状态。检疫和疫苗接种与供体相同；受体要隔离饲养，以防止流产或其他意外事故。

在大量胚胎移植之前，应对供体和受体进行发情同期化处理，以提高胚胎移植的成功率。在集约化程度较高的牧场，通过同期化处理，可以使母畜的配种、移胚、妊娠、分娩等过程相对集中，便于合理地饲养管理，节省人力、物力和费用，同时由于同期化过程能诱导母畜发情，因此还可以提高繁殖率。

3. 同期发情药物和给药方法

常利用的同期发情药物根据其性质可分为三类：①抑制卵泡发育和发情的药物，如孕酮、甲羟孕酮、甲地孕酮、氟孕酮、18 甲基炔诺酮等；②使黄体提早消退、缩短发情周期的药物，如前列腺素（PG）；③促进卵泡生长发育和成熟排卵的药物，如孕马血清促性腺激素（PMSG）、促卵泡素（FSH）、人绒毛膜促性腺激素（hCG）、促黄体素（LH）。

同期发情的给药方法有阴道栓塞法、口服法和注射法，具体如下。

1）阴道栓塞法。阴道栓塞是动物同期发情常利用的一种方法。利用海绵或泡沫塑料做成阴道栓，一般做成圆柱形，也有做成方块状的。阴道栓的直径和厚度可以根据动物个体大小来决定，太小易滑脱，太大易引起母畜努责而被挤出来。阴道栓一端有细线，线的一端引出阴门之外，便于处理结束时拉出。用灭菌后的阴道栓浸入激素制剂溶液，利用长柄钳和开殖器将其放置于阴道深处。

2）口服法。每日将孕酮、甲羟孕酮、甲地孕酮、氟孕酮、18 甲基炔诺酮等中的一种按一定量均匀地拌入饲料中，持续饲喂 12～14d。甲羟孕酮的每日用量与阴道栓法相同。使用此种方法应注意药物搅拌均匀，采食量保持一致，少则不起作用，多则起副作用。

3）注射法。每日按一定剂量皮下或肌内注射药物，持续一定日数后也能取得同样的效果。若将一次剂量分两次注射，间隔 3～4h，可以提高同期发情效果。

在同期发情的不同阶段，动物的内分泌环境、生化和组织学特性对不同发育阶段的胚胎有不同的影响。所以胚胎是从供体的哪一部位取出的，就应移植到受体的同一部位，才有利于其继续发育。鲜胚移植时，要对受体进行同期发情处理。山羊供体和受体的发情同步误差允许有 1d 的差异，但同一天的成功率较高。供体在发情后的 4～5d 回收的胚胎，移植于比供体发情早一天的受体的输卵管，妊娠率为 50%；移植给同日或晚一日发情的受体，妊娠率分别为 69%和 67%。2～4 个细胞的胚胎，即使输入到完全同期的受体输卵管内，其妊娠率也只有 25%左右。受体的发情处理要和供体的超排处理同步。由于山羊的发情持续期在个体之间差异很大，因此以发情终止时间来计算同期化程度比较合理。对羊来说，无论其发情持续多久，其排卵时间一般都是在发情终止前 4～6h 或在发情终止后。

同期发情的处理是通过缩短黄体期或延长黄体期，有前列腺素处理法和孕激素处理法两种，具体如下。

（1）前列腺素处理法

缩短黄体期的同期发情药物是前列腺素或其类似物，即 $PGF_{2\alpha}$ 或其类似物。该药物有溶解黄体的作用，黄体溶解后，卵巢上就会有卵泡发育继而发情。一般说来，$PGF_{2\alpha}$ 诱导同期发情，卵巢上需有黄体存在，且处于发育的中后期。在母畜排卵后的 1～5d，由于黄体上尚未形成 $PGF_{2\alpha}$ 受体，因此对其处理不起反应。

在繁殖季节，如果不能确定受体的发情周期，可采用两次注射法。受体在第一次注射后，凡卵巢上有功能性黄体的个体可在注射后发情，选出发情个体作为受体。其余的母畜间隔 10～12d 进行第二次注射。一般母畜在注射 $PGF_{2\alpha}$（1～2mg）后发情率可达 100%。使用 $PGF_{2\alpha}$ 诱导同期发情，可在供体开始超排处理的次日给受体注射。利用这种方法处理方便可靠，但费用较高。

（2）孕激素处理法

延长黄体期的同期发情方法就是利用孕激素或其类似物，抑制母畜发情。孕酮能够抑制腺垂体释放促卵泡素，从而起到促排效果。肌内注射用量为每日10～20mg。经阴道海绵栓给予孕酮或其类似物50～60mg，处理12～18d即可以抑制卵泡发育。撤除阴道海绵栓后，孕酮的抑制作用消失，卵巢上有卵泡开始发育，从而使受体发情。通常母畜会在停止注射或撤除海绵栓后2～3d发情。受体的撤栓时间应比供体提前一日。

这种方法在发情季节内较为有效。有部分母畜虽然发情，但卵巢上无卵泡发育成熟，更不形成黄体。在发情季节来临之前或是为了提高排卵的效率，孕激素处理结束的前一日，给予小剂量的促性腺激素是非常必要的。

孕激素处理法的优点是费用低，缺点是处理持续时间长，受体妊娠率低。

（二）供体的超数排卵与授精

1. 供体母畜的超数排卵

（1）超数排卵及其意义

在母畜发情周期的某一时期，以外源促性腺激素对母畜进行处理，促使动物卵巢上多个卵泡同时发育，并且排出多个具有受精能力的卵子，这一技术称为超数排卵，统称"超排"。

动物特别是肉用绵羊，在自然状态下以单胎为多，双胎率及多胎率随品种的不同而有所差异；同时供体通常都是通过选择的优良品种或生产性能好的个体。因此，利用超数排卵，充分发挥其繁殖潜力，使其在生殖年龄尽可能地多留一些后代，从而更好地发挥其优良的生产性能，有巨大的生产实践意义。

（2）超排常利用药物

促性腺激素常利用孕马血清促性腺激素（PMSG）和促卵泡素（FSH）。辅助激素常利用促黄体素（LH）、人绒毛膜促性腺激素（hCG）和促性腺激素释放激素（GnRH）。

（3）超排处理方法

方法一：在发情周期的第16～18天，一次肌内注射或皮下注射PMSG 750～1500IU；或每日注射两次FSH，连用3～4d，出现发情后或配种当日再肌内注射hCG 500～700IU。

方法二：在发情周期的中期，即在注射PMSG之后，隔日注射$PGF_{2\alpha}$或其类似物。如采用FSH，用量为20～30mg（或总剂量130～180IU），分3日6～8次注射。第5次同时注射$PGF_{2\alpha}$。

家畜品种不同，其处理方法和所利用激素的种类也有差异。利用 PMSG 处理，羊仅需注射一次，比较方便，但由于其半衰期太长，因此发情期延长，使用 PMSG 抗血清虽然可以消除半衰期长的副作用，但其剂量仍较难掌握。目前多采用 FSH 进行超排，连续注射 3～5d，每日两次，剂量均等递减，效果较好。

（4）影响母畜超排效果的因素

超排效果受到母畜遗传特性、体况、年龄、发情阶段、产后时间长短、卵巢状态和功能、季节及激素的种类、质量与用量等多种因素的影响。

2. 超排母畜的人工授精

超排母畜的排卵持续期可达 10h 左右，且精子和卵子的运行也发生某种程度的变化，因此要严密观察供体的发情表现。当观察到超排供体接受爬跨时，即可进行人工授精。人工授精的剂量应较大，间隔 6～12h 后进行第二次人工授精。如对于配种三次以上仍表现发情并接受交配的母畜，这多为卵泡囊肿的表现，这类羊通常不易回收胚胎；对少数超排后发情不明显的母畜应特别注意配种。通常上午发现发情可进行第一次输精，也可以下午输精，视具体情况而定。

（三）胚胎的收集和鉴定

1. 胚胎的收集

（1）冲卵液和保存液制作

冲卵液有很多种，目前常用的是杜氏磷酸盐缓冲液（PBS）和"199 培养液"。这些全合成的培养液不但用于冲洗收集胚胎，还可用于体外培养、冷冻保存和解冻胚胎等处理程序。

PBS 是比较理想而通用的冲卵液和保存液，室内和野外均可使用，配制比较方便。PBS 和"199 培养液"或其他培养液有成品出售。

改良 PBS 的配制方法是：在容量瓶内依次溶解下列试剂，氯化钠 8g、氯化钾 0.2g、磷酸二氢钠 1.15g、磷酸二氢钾 0.2g、牛血清白蛋白 3g、葡萄糖 1g、丙酮酸钠 0.036g、抗生素 0.2g（可利用青霉素和链霉素），再加入 700mL 三蒸水配成 I 液；称取无水氯化钙 0.2g 溶于 100mL 三蒸水中配成 II 液；再称取氯化镁（含 6 个结晶水）0.1g 溶于三蒸水中配成 III 液，混合后定容为 1000mL。再用碳酸氢钠或盐酸调 pH 至 7.2，之后利用 G6 滤器抽滤灭菌。

以上操作过程要严格遵守无菌操作的规程。密封后该液可在 4℃保存 3～4 个月，不可在低温冰箱中保存。

在无条件配制 PBS 且胚胎在体外保存时间又非常短的时候，也可以用生理盐水作为冲卵液，但只有在保存时间很短时才能利用此法。

鲜胚在移植时，胚胎回收时间以 3～7d 为宜。若进行胚胎冷冻保存或以胚胎分割移植为目的时，胚胎的回收时间可以适当延长，但不要超过配种后 7d。

（2）胚胎回收步骤

a. 胚胎回收前的准备工作

a）场所、器械和人员的准备

手术室要清扫洁净、消毒。金属器械常用化学消毒法消毒，即在 0.1%新洁尔灭溶液内加 0.5%亚硝酸钠浸泡 30min 或利用纯来苏尔液浸泡 1h。玻璃器皿和敷料、创布等物品及其他用具必须进行高压灭菌。冲卵管、移卵管、吸冲卵液用的注射器、收取胚胎冲洗液的接卵杯、保存卵的培养皿、解剖针等一切与卵接触的用品，在消毒后使用前，还必须用灭菌生理盐水及冲卵液洗涤，以免影响卵的存活。手术操作人员首先要将指甲剪短，并锉光滑，除去各个部位的油污，再利用氨水-新洁尔灭浸泡消毒，也可以利用肥皂水或酒精消毒。

b）供体的术前准备

在胚胎回收手术前一日或当日，有条件时可进行腹腔镜检查，观察卵巢的反应情况，以确定是否适宜用手术法进行采卵。对于卵巢发育良好、适宜手术的供体，应在术前一日停止饲喂草料而只给少量饮水，否则腹压过大，会造成手术的困难和供体生殖器官的损伤。饲喂干草的母畜，饥饿时间不得少于 24h，饲喂青草或在草地上放牧的牛羊，停饲时间可以减少至 18h。术部剃毛时，常有许多剃断的毛黏附于皮肤，很难清除干净，手术中易带入创口而造成污染。若有必要可在术前一日剃毛，也可采用干剃法。把滑石粉涂于要剃毛的部位，再利用剃刀剃毛，然后用干毛刷将断毛刷除干净。

c）手术前的麻醉可用局部浸润或硬膜外麻醉

硬膜外麻醉需在手术台保定以前进行，利用 9 号针头（对于体型较大的羊，针头号可再大一些）垂直刺向百会穴（位于脊椎中线和髋结节尖端连线的交叉点上，即最后腰椎与荐椎的椎间孔），针刺入的深度为 3～5cm，当刺穿弓间韧带时，会感到一种刺穿窗户纸的感觉，且阻力骤减。接上吸有 20%盐酸普鲁卡因的注射器，如推送药液时感觉阻力很小，轻按时即可将药液注入，说明部位正确。如有阻力，说明针头位置不在硬膜外腔，需调整针头位置。通常根据羊的大小，药液剂量选在 6～8mL。注射后 10s，羊出现站立不稳的现象。麻醉持续时间可达 2h 以上。亦可将静松灵和阿托品结合使用。每头羊颈部皮下一次肌注 2mL 静松灵，再注射 0.5mL 阿托品，5～10min 可产生麻醉效果。术部皮肤一般在腹中线、乳房前 3～5cm 处先利用 2%～4%的碘酒消毒，晾干后再利用 75%的酒精棉球涂擦脱碘。

b. 采卵过程

手术开始时，按层次分离组织，利用外科刀一次切开皮肤，成一直线切口，切口长 4～6cm。肌肉用钝性分离方法沿肌纤维走向分层切开，最后切开腹膜。切开过程中注意及时止血。全部分开，腹内脏器暴露后，最好再铺上一块消毒后的清洁创布。

术者将食指及中指由切口伸入腹腔，在与盆腔和腹腔交界的前后位置触摸子宫角，子宫壁由于有较发达的肌肉层，因此质地较硬，其手感与周围的肠道及脂肪组织很容易区分。摸到子宫角后，就用二指夹持，因势利导牵引至创口表面，先循一侧的子宫角至该侧的输卵管，在输卵管末端转弯处，找到该侧的卵巢，不直接用手捏卵巢，也不要触摸充血状态的卵泡，更不要用力牵拉卵巢，以免引起卵巢出血，甚至被拉断的事故。

若是给羊采卵，在羊的乳房前端、腹中线两侧剃毛消毒后，铺清洁创布，乳房前端、腹中线两侧各划 2～3cm 的小口，向腹腔充 CO_2 气体后，借助腹腔内窥镜，用长钳把卵巢-子宫-输卵管拉至体外清洁创布上，开始采卵。

观察卵巢表面的排卵点和卵泡发育情况并做记录，若卵巢上没有排卵点，该侧就不必冲洗。若卵巢上有排卵点，表明有卵排出，即可开始采卵。采卵方法通常有冲洗输卵管法和冲洗子宫法，现分述如下。

a）冲洗输卵管法

先将冲卵管的一端由输卵管伞的喇叭口插入 2～3cm 深（利用钝圆的夹子或利用丝线打一活结扣固定或助手用拇指和食指固定），冲卵管的另一端下接集卵皿。利用注射器吸取 37℃的冲卵液 2～4mL。在子宫角与输卵管相接的输卵管一侧，将针头沿着输卵管方向插入。控紧针头，为防止冲卵液倒流，然后推压注射器，使冲卵液经输卵管流至集卵皿。冲卵操作要注意下述几点：第一，针头从子宫角进入输卵管时，要仔细看清输卵管的走向，留心输卵管与周围系膜的区别，只有针头在输卵管内进退通畅时，才能冲卵。若将冲卵液误注入系膜囊内，就会引起组织膨胀或冲卵液外流，使冲卵失败。第二，冲洗时要注意将输卵管撑直，特别是针头插入的部位，并且要让输卵管保持在一个平面上。第三，推注冲卵液的力量和速度要持续适中，若过慢或停顿，卵子容易滞留在输卵管弯曲和皱襞内，影响取卵率。若用力过大，可能造成输卵管壁的损伤，可使固定不牢的冲卵管脱落和冲卵液倒流。第四，冲卵时要避免针头刺破输卵管附近的血管，把血带入冲卵液，给检卵造成困难。第五，集卵皿在冲卵时所放位置要尽可能比输卵管端的水平面低。同时，要确保集卵皿中不要起气泡。冲洗输卵管法的优点是卵子的回收率较高，用的冲卵液较少。因此检查卵也不费时间。缺点是组织薄嫩的输卵管（特别是伞部）在手术后容易发生粘连，甚至影响繁殖力。

b）冲洗子宫法

在子宫角的顶端靠近输卵管的部位用针头刺破子宫壁上的浆膜，然后由此将冲卵管导管插入子宫角腔，并使其固定，导管下接集卵杯。在子宫角与子宫体相邻的远端利用同样方法，即先刺破子宫浆膜，再将装有 10～20mL 冲卵液并连接有钝性针头的注射器插入，用力捏紧针头后方的子宫角，迅速推注冲卵液，使其经过子宫角流入集卵管。集卵杯的位置同上。冲洗子宫法的卵子回收率要比冲洗输卵管法低，也无法回收输卵管内的受精卵，所需冲卵液较多。检查卵前需要先使集卵管静置一段时间，等卵沉降至底部后，再将上层的冲卵液小心移去，才能检查下层的冲卵液，所以花费时间较多。

c）输卵管、子宫分别冲洗法

这种冲洗的目的是期望最大限度地回收受精卵，可以有两种操作方法。一种是先后将上述两种方法各行一次。另一种是先固定子宫角的远端，而由输卵管伞部向子宫方向注入一定量的冲卵液，使输卵管内的卵被带入子宫内，然后再利用冲洗子宫法回收。在一侧冲洗完毕后，再依同样方法冲洗另一侧。在整个操作过程中，要尽量避免出血和创伤，防止造成手术后生殖器官粘连之类的繁殖障碍，这对供体来说是非常重要的。生殖器官裸露于创口外的时间要尽量缩短。因此要求冲卵动作熟练、配合默契。并要注意器官在裸露期间内防止干燥，避免用纱布与棉花之类的物品去接触它，并不时地在裸露器官表面喷洒灭菌生理盐水。冲卵结束后，不要在器官上散布含有盐酸普鲁卡因的油剂青霉素，因为普鲁卡因对组织有麻痹作用，它对器官活动的抑制作用容易导致粘连的发生。为防止粘连，操作过程中最好利用37℃的灭菌生理盐水散布于器官上。一些品质优良的供体可考虑散布低浓度的肝素稀释液。生殖器全部冲洗完毕、复位后，进行缝合。腹膜和腹壁肌肉可用肠线作螺旋状连续缝合。腹底壁的肌肉层连续锁边缝合，丝线和肠线均可。皮肤一律用丝线作间断性的结节缝合。皮肤缝合前，可撒一些磺胺粉等消炎防腐药。缝合完毕后，在伤口周围涂以碘酒，最后利用酒精消毒。

2. 胚胎的鉴定

（1）检卵前准备

检卵吸管的制作及处理，利用长8cm左右、外径4～6mm的壁厚质硬无气泡的玻璃管，把玻璃管在酒精喷灯上转动加热，待玻璃管软化呈暗红色时，迅速从火焰上取下，两手和玻璃管保持直线，将其均匀用力拉长，使玻璃管中间拉长部分的外径达到1.0～1.5cm，从中间割断，将断端在火焰上烧平滑，尖端内径达250～500μm即符合要求。吸管拉好后，将尖端向上，竖放在冲洗液中浸泡一昼夜，取出后先用清水冲洗，再用蒸馏水将吸管内外冲洗干净，烘干、包好，临用前再进行干烤灭菌，用时给吸管粗端接一段内装玻璃珠的乳胶管，即可以用来吸取胚胎。

（2）胚胎的检查

回收到的冲洗液盛于玻璃器皿中，37℃静置10min，待胚胎沉降到器皿底部，移去上层液就可以开始检卵，检查胚胎发育情况和数量多少。因回收液中往往带有黏液，甚至有血液凝块，常把卵裹在里面，不容易识别而被漏检；血液中的红细胞将卵子藏住，不易被看到，可利用解剖针或加热拉长的玻璃小细管拨开或翻动以帮助查找。检卵室外的温度保持在 25～26℃，对胚胎无不良影响。但温度波动过大对胚胎不利。检卵杯要求透明光滑，底部呈圆凹面，这样胚胎可滚动到杯的底部中央，便于尽快将卵检出。在实体显微镜下看到胚胎后，利用吸卵管把胚胎移入含有新鲜 PBS 的小培养皿中。待全部胚胎检出后，将检出胚胎移入新鲜的 PBS 中洗涤 2～3 次，以除去附着于胚胎上的污染物。洗涤时每次更换液体，利用吸卵管吸取转移胚胎，要尽量减少吸入前一容器内的液体，以避免将污染物带入新的液体中。胚胎净化后，放入含有新鲜并加入胎牛血清的 PBS 中直到移植。在移植前若贮存时间超过 2h，应隔 2h 更换一次新鲜的培养液。

（3）胚胎的质量鉴定

胚胎质量鉴定的目的是选出发育正常的胚胎进行移植，这样可以提高胚胎移植的成活率。鉴定胚胎可以从如下几个方面着手：形态、匀称性、胚内细胞大小、胞内细胞质的结构及颜色、胞内是否有空泡、细胞有无脱出、透明带的完整性、胚内有无细胞碎片。

正常胚胎的发育阶段要与回收时应达到的胚龄一致，胚内细胞结构紧凑，胚胎呈球形。胚内细胞间的界限清晰可见，细胞大小均匀、排列规则、颜色一致，既不太亮也不太暗。细胞质中含有一些均匀分布的小泡，没有细颗粒，有较小的卵周间隙，直径规则。透明带无皱缩，泡内无碎片。检卵时要用拨卵针拨动受精卵，从不同的侧面观察，才能了解确切细胞数和胞内结构。未受精的卵无卵周隙，透明带内为一个大细胞，细胞内有较多的颗粒或小泡；桑椹胚可见卵周隙，透明带内为一细胞团，将入射光角度调节适中，可见胚内细胞间的分界；变性胚的特点是卵周隙很大，透明带内细胞团细胞松散，细胞大小不一或为很小的一团，细胞界限不清晰。处于第一次卵裂后期的受精卵，其特点是透明带内有一纺锤状细胞，胞内两端可见呈带状排列的较暗的杆状物（染色体）；山羊 8 细胞期以前的单个卵裂球都具有全能性，有发育为正常羔羊个体的潜力，早期胚胎的一个或几个卵裂球受损，不影响以后的存活力。

经鉴定认为可用的胚胎，可短期保存在新鲜的培养液中等待移植。在 25～26℃的条件下，胚胎在 PBS 中保存 4～5h 对移植结果没有影响。要想保存更长的时间，需要对胚胎进行降温处理。胚胎在液体培养基中，逐渐降温至接近 0℃时，虽然细胞成分特别是酶不稳定，但是仍可保存 1d 以上。

（四）胚胎冷冻保存

胚胎的保存是胚胎移植大量应用于生产的关键问题。胚胎的冷冻保存为胚胎移植的推广提供了技术支撑。胚胎冷冻保存就是对胚胎采取特殊的保护措施和降温程序，使其在−196℃下代谢停止而进行保存，同时升温后其代谢又得以恢复，并可继续发育。这样可以将胚胎进行长期保存，为生殖生产提供技术支撑。目前，除猪胚胎的冷冻保存技术尚不成熟外，其他动物的胚胎冷冻保存技术均已应用于生产。

1. 胚胎冷冻保存的概况及意义

动物的胚胎保存分为短期保存和冷冻保存。使用新鲜胚胎，从冲卵到移植只要在一个小时或几个小时内就可完成，这段时间保存在室温（25~26℃）环境里对受胎率影响不大。鲜胚的移植受胎率目前可以达到 60%~90%，而冻胚在一般情况下，可以达到的最高妊娠率为 50%，但一般低于这个比率。胚胎冷冻以 7~8d 的受精卵为好。1992 年，国内有研究者报道将胚胎冷冻后再解冻移植，获得了 60.5%的妊娠率和 39.7%的产羔率。胚胎冷冻保存在今后有巨大的研究与应用价值，如同冻精一样，冻胚可以长期保存，应用价值很大，并为畜牧行业的发展带来新的希望。

胚胎冷冻的用途及潜在优越性在于：①可减少同期发情受体的需要量；②贮存动物非配种季节的胚胎在最适宜时间移植；③可在世界范围内运输优良动物种质；④可以通过运输胚胎代替运输活畜以降低成本；⑤可建立种质库；⑥有利于保种。

2. 胚胎冷冻保存方法

目前动物胚胎冷冻保存试验有多种改进方法，但现行动物胚胎冷冻法主要有以下两种。

（1）程序化冷冻法

程序化冷冻法分慢速冷冻法和快速冷冻法两种。快速冷冻法是目前最成熟的方法。冷冻胚胎解冻后移植成活率高，为目前生产中常用的方法。其操作步骤如下。

1）胚胎的收集。收集方法同前述，并将采得的胚胎在含有 20%胎牛血清的 PBS 中洗涤两次。

2）加入冷冻液。洗涤后的胚胎在室温条件下加入含有 1.5mol/L 甘油或 DMSO 的冷冻液中平衡 20min。

3）装管和标记。胚胎经冻前处理后即可以装管。一般利用 0.25mL 的精液冷冻细管，将细管有棉塞的一端插入装管器，将无塞端伸入保护液中吸一段保护液（Ⅰ段）后吸一小段气泡，再在显微镜下仔细观察并吸取含有胚胎的保护液（Ⅱ段），然后再吸一个小气泡，再吸一段保护液（Ⅲ段）。把无棉塞的一端用聚乙烯醇粉末填塞，然后向棉塞中滴入保护液和解冻液。冷冻后液体冻结时两端即被封。

4）冷冻和诱发结晶。快速冷冻时，要先做一个对照管，对照管按胚胎管的第Ⅰ段、第Ⅱ段装入保护液。把冷冻仪的温度传感电极插入Ⅱ段液体中上部，放入冷冻器内，若使用 RPE 冷冻仪，可以调节冷冻室和液氮面的距离，使冷冻室温度降至 0℃并稳定 10min 后，将装有胚胎的细管放入冷冻室，平衡 10min，然后调节冷冻室外至液氮面的距离，以 1℃/min 速度降至–5～–7℃，此时易诱发结晶（可以从室外温度开始以同样的速度降至–5～–7℃）。诱发结晶时，用镊子把试管提起，利用预先在液氮中冷却的大镊子夹住含胚胎段的上端，3～5s 即可以看到保护液变为白色晶体，然后再把细管放回冷冻室。全部细管诱发结晶完成后，在此温度下平衡 10min。在此期间，可见温度仍在下降，在–9～–10℃时温度突然上升至–5～–6℃，接着缓慢下降。这种现象是因为对照管未诱发结晶，保护液在自然结晶时放出的热量所致。10min 后，温度可能降至–12℃左右，此时重新调节冷冻室至液氮面的距离，以 0.3℃/min 的速率降至–30～–40℃后再投入液氮保存。

5）解冻和脱除保护剂。试验证明，冷冻胚胎的快速解冻优于慢速解冻，快速解冻时，使胚胎在 30～40s 内由–196℃上升至 30～35℃，瞬间通过危险温区使其来不及形成冰晶，因而不会对胚胎造成大的破坏。解冻方法是：预先准备 30～35℃的温水，然后将装有胚胎的细管由液氮中取出，立即投入温水中，并轻轻摆动，1min后取出，即完成解冻过程。胚胎在解冻后，必须尽快脱除保护剂，使胚胎复水，以便移植后可正常发育。目前，多用蔗糖液一步法或两步法脱除胚胎里的保护剂。用 PBS 配制成 0.2～0.5mol/L 的蔗糖溶液，胚胎解冻后，在室温下放入这种液体中保持 10min，在显微镜下观察，胚胎扩张至接近冻前状态时，即认为保护剂已被脱除，然后移入 PBS 中准备检查和移植。

（2）玻璃化冷冻法

玻璃化冷冻法分为常规玻璃化冷冻和超快速玻璃化冷冻两种。超快速玻璃化冷冻是目前胚胎冷冻应用最广泛的一种。其操作步骤为：以添加 20%胎牛血清的PBS 液为基础液，配制 10%的甘油、20%的 1,2-丙二醇的混合 I 液和 25%的甘油、25%的 1,2-丙二醇的混合 II 液作为玻璃化液，胚胎先在室温 20℃移入 I 液中平衡10min，再移入 II 液中。取 0.25mL 的冷冻细管一支，两端分别装入含有 1mol/L蔗糖的 PBS 稀释液，中间装入 II 液，然后将 I 液中的胚胎直接移入到 II 液中，封口，标记。同时，从液氮罐中提出充满液氮的提斗，将细管垂直缓慢地插入液氮中。解冻时，将含有胚胎的细管从液氮中取出，立即缓慢插入预先准备好的20℃的温水中进行水浴，数秒后用棉球将细管外的水擦干，剪去两端，将其中的液体一起吹入培养皿，再移入含有 20%胎牛血清的 PBS 液中，反复冲洗 3 遍。此法移植时操作简便，受胎率可达 50%以上。

3. 胚胎冷冻保种存在的问题

1）超低温冷冻是否会导致胚胎在遗传方面发生改变，仅从目前所产后代的数量来看，尚不足以消除人们对此的忧虑。

2）胚胎冷冻技术尚需完善。目前主要存在超排药物剂量不易掌握（个体反应差异大）、手术采卵易造成组织粘连、抗冻剂对冷冻配子和胚胎有毒害作用、操作规程没有程序化等问题，还需解决。冷冻胚胎质量（活力）的鉴定主要以形态为主。此外，研究者多倾向于在其他家畜中照搬牛冷冻精液的经验，这也在客观上阻碍了这些技术的进一步发展。

（五）胚胎移植

1. 移植胚胎的器械

目前，除外科手术器械外，国内尚无商品化的移卵用的工具。移卵管和吸卵管多是自制的。最简单的一种是利用直径为 0.6~0.8cm 的玻璃管拉成的前端弯曲（或直的）内径为 0.1~0.5 cm 的吸管（前部要稍尖），在其后部装有一个橡皮吸球，即可以用来进行移卵。子宫内移植时，需先用针头在子宫壁上扎一个小洞，然后插入移卵管。也有人采用套管移植方法，即取一根 12 号针头，将其与注射器连接的接头去除，同时将其尖端磨平，变成一个金属导管，接上一段细的硅胶管与吸管相连。也可用于移植操作。

2. 移植适宜时间

移植胚胎给受体时，胚胎的发育必须和子宫的发育相一致，即既要考虑供体和受体发情的同期化，又要考虑子宫生理状态变化与胚胎发育阶段是否适应。而子宫的生理状态有经验者多根据黄体的表型特征来鉴定。实际上，由于供体提供的是超排卵，各个卵子排出的时间往往有些许差异，因此，不能只考虑发情同期化。在移植前，要对受体动物进行仔细检查，若黄体发育到胚胎移植所要求的程度，即使与发情后的日数不吻合也可以移植，反之，就不能移植。

3. 移植时受体的准备

受体在移胚前应证实卵巢上有发育良好的黄体。有条件时可进行腹腔镜或阴超检查，确定黄体的数量、质量和所处的位置，移植时不必再牵引卵巢进行检查。受体在术前应饥饿 20h 左右，并于术前一日剃毛，最好是干剃法剃毛。

4. 移植操作

移植分为输卵管移植和子宫移植两种。由输卵管获得的胚胎，应由伞部移入输卵管中；经子宫获得的胚胎，应当移植到子宫角前 1/3 处。

吸取胚胎时，先利用吸管吸入一段培养液，再吸一个小气泡，然后吸取胚胎，胚胎吸取后，再吸一个小气泡，最后吸一段培养液。这样可以防止在移动吸管时丢失胚胎。

输卵管法移植前要注意到，输卵管前近伞部处往往因输卵管系膜的牵连而形成弯曲，不利于输卵。因此术者应调整伞部的输卵管使其处于较直的状态，以便移卵者能见到牵出的输卵管部分处于输卵管系膜的正上面，并能见到喇叭口的一侧。此时，移卵者将移卵管前端插入输卵管，然后缓缓加大移卵管内的压力，把带有胚胎的保存液输入输卵管内。若原先移卵管内液体过多，则大量的液体进入输卵管时会引起倒流，胚胎容易流失，所以要控制好移卵管内的液体量。移卵后要保持输卵管内的指压，抽出移卵管。若在输卵管内放松指压，移卵管内的负压就会将输卵管内的胚胎再吸出来。输卵后还要镜检移卵管，观察是否还有胚胎存在，若没有，说明已移入，及时将器官复位，并做腹壁缝合。

子宫移胚时，可以使用自制的移胚管。移胚时，将要移植的胚胎吸入移胚管后，直接利用钝性导管插入母畜的子宫角腔，当移胚管进入子宫腔内时，会有插空的手感。此时，稍向移胚管内加压，若移胚管已插入子宫腔，移胚管内的液体会发生移动。若不能移动，需调整钝性导管或移胚管的方向或深浅度，再行加压，直至顺利挤入液体为止。

第四节　动　物　克　隆

动物克隆是指动物不经过有性生殖的方式而直接获得与亲本具有相同遗传物质后代的过程。通常，将所有非受精方式繁殖获得的动物均称为克隆动物，将产生克隆动物的方法称为克隆技术。在自然条件下，高等哺乳动物的同卵双生也是一种自然的克隆；因此，广义地讲，动物克隆包括孤雌激活生殖、卵裂球分离与培养、胚胎分割和细胞核移植。狭义地讲，克隆主要是指细胞核移植技术，就是将供体细胞核移入去核的卵母细胞中，使后者不经过精子穿透等有性过程即无性繁殖，就可被激活、分裂并发育成新个体。生产中应用最多的克隆技术是胚胎分割和细胞核移植。

一、胚胎分割

（一）发展概况

早期胚胎的每一个卵裂球都有独立发育成个体的全能性，可以通过胚胎分割方法获得同卵双胎或同卵多胎，这种方法极大地扩大了胚胎的来源。20 世纪 30 年代，Pinrus 等[1]首次证明兔胚胎 2 细胞阶段的单个卵裂球在体内可发育成体积较

[1] Pincus G, Enzmann E V. The comparative behavior of mammalian eggs *in vivo* and *in vitro*: I. the activation of ovarian eggs. The Journal of Experimental Medicine, 1935, 62(5): 665-675.

小的胚泡。之后，Tarkowski 等[1]的实验胚胎学研究成果进一步证明哺乳动物胚胎 2 细胞阶段的每一个卵裂球都具有发育成正常胎儿的全能性。自 20 世纪 70 年代以来，随着胚胎培养和移植技术的发展与完善，哺乳动物胚胎分割方法取得了突破性进展。Mullen 等[2]于 1970 年分割鼠胚胎 2 细胞阶段，通过体外培养及移植等程序，获得了小鼠同卵双生后代。我国从 20 世纪 80 年代初开始这方面的研究工作，之后相继获得了小鼠、山羊的同卵双生后代，还获得了四分胚的牛犊。

（二）胚胎分割方法

胚胎分割方法主要有显微操作仪分割法和手工分割法两种。

1. 显微操作仪分割法

显微操作仪的左侧有固定吸管可固定胚胎，在右侧将切割刀（针）的切割部位放在胚胎的正上方，并垂直施加压力，当触到平皿底时，稍加来回抽动，即可将胚胎的内细胞团从中央等分切开，也可只在透明带上作一切口，切割并吸出半个胚胎。此法成功率高，但对仪器设备的要求较高。

2. 手工分割法

此法先需自制切割刀片，市面售剃须刀刀片的刀口部分折成 30°角后，利用砂轮将其尖端背侧磨薄，利用医用止血钳夹住刀片即可进行操作。切割时需先利用 0.1%～0.2%的链霉蛋白酶软化透明带，在实体显微镜下，利用自制的切割刀直接等分切割胚胎。通常是将胚胎置于微滴中进行切割，这样可以有效地防止胚胎在切割时滑动。切开后要及时加入液体。这种方法比较简单，但对操作的经验方面要求较高。

以上两种方法获得的半胚可以分别装入空透明带中，或者直接进行移植；若分割胚为囊胚，须沿着等分内细胞团的方向分割胚胎。因为内细胞团一般到囊胚阶段才出现，它是发育为胚胎的基础细胞，其他细胞为滋养细胞，只为胚胎和胎儿发育提供营养。若分割时不能将内细胞团均等分割，会出现含内细胞团多的部分正常发育的能力强，少的部分出现发育受阻或发育不良甚至不能发育等问题。而桑椹胚的分割无方向性。

分割后的半胚在冷冻后再解冻并进行移植，有发育成新个体的能力。这样获得的后代在育种上称为异龄双生后代，具有重要的利用价值。所以将胚胎移植技

[1] Tarkowski A K, Wróblewska J. Development of blastomeres of mouse eggs isolated at the 4- and 8-cell stage. Journal of Embryology and Experimental Morphology, 1967, 18(1): 155-180.

[2] Mullen R J, Hoornbeek F K. Genetic aspects of fertility and endocrine organ size in rats. Genetical Research, 1970, 16(3): 251-259.

术与胚胎冷冻技术结合起来，不仅可以获得大量的胚胎，而且使胚胎移植能随时随地进行，极大促进了胚胎移植技术的推广。

二、体细胞克隆

体细胞克隆是将供体细胞核移入去核的卵母细胞中，使后者不经精子穿透等有性过程即被激活、分裂并发育，使核供体的基因得到完全复制，经过体外培养后，将发育良好的胚胎移植到动物体内的技术。

（一）发展概况

1997 年，英国罗斯林研究所的 Wilmut 等[1]利用成年母羊的乳腺细胞成功克隆出多莉羊，揭开了体细胞克隆的序幕。1998 年，Wakayama 等[2]将颗粒细胞作为供核细胞克隆出小鼠；同年 Cibelli 等[3]得到第一头体细胞转基因牛。相对来看，猪的体细胞克隆研究进展较慢，直到 2000 年，Onishi 等[4]和 Polejaeva 等[5]同时获得首例体细胞克隆猪。2003 年，西北农林科技大学冯秀亮[6]得到了人体细胞和猪卵母细胞异种核移植囊胚。中国农业大学李宁教授课题组成员[7]于 2005 年 8 月获得我国第一头体细胞克隆猪，我国成为世界第 7 个获得猪体细胞克隆后代的国家。

在异种动物克隆方面，1998 年 Wells 等[8]利用异种体细胞克隆获得一头珍稀母牛。2001 年，Loi 等[9]将濒危动物欧洲盘羊的颗粒细胞移入去核的绵羊卵母细胞内，重构克隆胚胎，移植到受体绵羊后，产下一只正常的欧洲盘羊。这是保存细胞可以恢复性获得后代的直接实验证据，至今未见用保存的细胞成功恢复一个群体的报道。

[1] Wilmut I, Schnieke A E, McWhir J, et al. Viable offspring derived from fetal and adult mammalian cells. Nature, 1997, 385(6619): 810-813.

[2] Wakayama T, Yanagimachi R. The first polar body can be used for the production of normal offspring in mice. Biology of Reproduction, 1998, 59(1): 100-104.

[3] Cibelli J B, Stice S L, Golueke P J, et al. Transgenic bovine chimeric offspring produced from somatic cell-derived stem-like cells. Nature Biotechnology, 1998, 16(7), 642-646.

[4] Onishi A, Iwamoto M, Akita T, et al. Pig cloning by microinjection of fetal fibroblast nuclei. Science, 2000, 289(5482): 1188-1190.

[5] Polejaeva I A, Chen S H, Vaught T D, et al. Cloned pigs produced by nuclear transfer from adult somatic cells. Nature, 2000, 407(6800): 86-90.

[6] 冯秀亮. 人-猪异种细胞核移植研究. 西北农林科技大学博士学位论文, 2003.

[7] 李京华. 我国第一头体细胞克隆猪诞生. 人民日报, 2005-08-09(011).

[8] Wells D N, Misica P M, Tervit H R, et al. Adult somatic cell nuclear transfer is used to preserve the last surviving cow of the Enderby Island cattle breed. Reproduction, Fertility, and Development, 1998, 10(4): 369-378.

[9] Loi P, Ptak G, Barboni B, et al. Genetic rescue of an endangered mammal by cross-species nuclear transfer using post-mortem somatic cells. Nature Biotechnology, 2001, 19(10): 962-964.

　　克隆技术与转基因技术、胚胎干细胞技术相结合，拓宽了利用范围。日本学者利用西伯利亚永久冻土中发现的 2.8 万年前的猛犸象开展猛犸象复活计划，这一行动具有开拓性意义。它若成功，将直接给出保种时间能以万年计量，就是对"可以长期保存"究竟是多长的直接诠释。1997 年，Schnieke 等[1]利用克隆技术获得转基因羊；2003 年，Ramsoondar 等[2]克隆出了敲除 α-1,3 半乳糖苷转移酶基因的克隆猪，标志着异种器官移植猪的培育研究工作迈出了关键的一步。2008 年，Tabar 等[3]用来自帕金森病小鼠模型的体细胞，通过核移植方法获得了胚胎干细胞系，然后通过体外定向分化与体内移植，使小鼠的病症得到缓解。这表明胚胎干细胞与核移植技术相结合，为疑难疾病提供了新的治疗手段。

（二）操作步骤

1. 供体核的分离技术

（1）供核细胞的类型

　　目前，体细胞克隆中采用的供核细胞种类较多，主要有 4 类：第一，来源于胎儿的细胞，如胎儿成纤维细胞；第二，来源于生殖系统的细胞，如颗粒细胞、子宫上皮细胞和睾丸支持细胞等；第三，来源于除生殖细胞外的成体细胞，如耳部成纤维细胞、肌肉组织细胞；第四，来源于终末分化的细胞，如神经细胞、B（或 T）淋巴细胞等。其中，胎儿成纤维细胞的效果较好，可能是因为胎儿成纤维细胞为未分化细胞，易于在细胞质中重新启动核编程。

　　体细胞可以经转染导入外源基因，经阳性筛选后作为核供体移植给受体后，就可获得转基因克隆动物，这给转基因动物的生产带来了生机。

（2）供体细胞的周期调控

　　常采用血清饥饿法处理供体细胞，使供体细胞处于 $G_0 \sim G_1$ 期。若处于 G_2 或 S 期，供体细胞会因 DNA 复制形成多倍体而死亡。

2. 受体细胞的去核技术

　　受体细胞一般为采用超数排卵回收的卵母细胞或体外培养成熟的卵母细胞（MII 期），将其置于含有细胞松弛素 B 和秋水仙胺的培养液中去核。去核是核移植的一个重要环节，直接影响核移植的效率。常采用的去核方法有盲吸法、透明

[1] Schnieke A E, Kind A J, Ritchie W A, et al. Human factor IX transgenic sheep produced by transfer of nuclei from transfected fetal fibroblasts. Science, 1997, 278(5346): 2130-2133.

[2] Ramsoondar J J, Macháty Z, Costa C, et al. Production of alpha 1,3-galactosyltransferase-knockout cloned pigs expressing human alpha 1,2-fucosylosyltransferase. Biology of Reproduction, 2003, 69(2): 437-445.

[3] Tabar V, Tomishima M, Panagiotakos G, et al. Therapeutic cloning in individual parkinsonian mice. Nature Medicine, 2008, 14(4): 379-381.

带切开法、微分干涉和极性显微镜去核法。

盲吸法：刚刚成熟的 MII 期卵母细胞的核总是处于第一极体附近，所以，以第一极体为指引，吸去第一极体和其下方的 1/4～1/3 的细胞质即可。盲吸法与 Hoehest 33342 染色法相结合能提高去核的效率，该方法主要应用于牛和羊。

透明带切开法：将卵母细胞置于工作液内并利用固定管吸住；利用切口针挑动，使第一极体位于时钟 12 点的位置，从上部刺入并经第一极体基部刺穿对侧透明带；利用固定针下缘来回摩擦 2～3 次，切开透明带，切开长度占整个透明带周长的 1/5～1/4。

去核有直接去核和挤压法去核。直接去核：利用平头细管从切口处插入，连同第一极体及其下方 1/4～1/3 细胞质被取代，适用于小鼠；挤压法去核：将第一极体重新固定于 12 点位置，利用平头细管自固定管对侧挤压卵母细胞，则第一极体及其下方部分细胞质被挤出，该方法适用于牛等。

微分干涉和极性显微镜去核法：对于脂肪颗粒含量较少的卵母细胞（小鼠），在微分干涉相差显微镜下可观察到染色体，进而去核；对于脂肪颗粒含量较多的卵母细胞（牛和猪），需在极性光学显微镜下，使用纺锤体图像观察系统，可直接观察到卵母细胞的纺锤体，从而可准确地对卵母细胞去核。

3. 核卵重组技术

核注射一般分为卵周隙注射和细胞质内注射。卵周隙注射：利用显微操作仪，利用去核细管吸取一枚分离出的完整卵裂球或体细胞，沿透明带切口插进，反吸一点细胞质，注入去核卵的卵周隙内；细胞质内注射：先将供体细胞的核膜捅破，形成核胞体，再将其注入去核卵的细胞质中，然后进行激活处理。

4. 重组胚的融合技术

卵周隙注射法必须进行重组胚的融合，主要有仙台病毒法和电融合法。仙台病毒法：将仙台病毒与核供体一起注入受体卵中，促进细胞融合。此法成功率高、发育良好，但该病毒很难在具备低毒性的同时保持融合力，现在很少采用。电融合法：将重组胚直接放在融合小室内，使核-质接触面与电流方向相垂直，在一定的电场强度下，给予一定时间的直流电脉冲，使细胞膜产生可逆性的微孔，进而导致融合，现在此方法常利用。

5. 重组胚的激活、培养和移植

重组胚的正常发育有赖于卵的充分激活，常利用的有化学激活法[常利用的激活剂有乙醇、A23187（钙离子载体）、离子霉素、6-DMAP（6-二甲基氨基嘌呤）、$SrCl_2$（氯化锶）]和电激活法。重组胚激活后，在体外培养至桑椹胚或囊胚阶段，移入与胚龄同期的受体动物子宫角内，即可获得克隆后代。获得的早期胚胎也可作为核供体重新克隆。显然，用克隆的方法得到个体或群体在技术上是没问题的[1]。但是，克隆羊多莉的结局又给人们留下了疑问：普通绵羊有12 年寿命，多莉从 1996 年出生算起，正常的话，可以活到 2008 年；实际上多莉在 2003 年就死了，寿命约为普通绵羊的一半。多莉自从成年之后就患上了各种疾病。它先患上了关节炎，之后病情恶化到不能正常行走。2003 年 2 月，多莉患上了严重的肺癌。为了减轻它的痛苦不得不将它"安乐死"[2]。多莉羊的一生，是一个兴奋和悲伤混杂的科学故事。它给予的提示很多，特别是对于想用克隆技术来恢复冷冻保存的种质群体时，并没有人们期望的那么轻松、乐观，实际上还有很多创新性的工作需要做。复活这些冰封在永久冻土中 3 万年的动物（猛犸象、洞狮和狼）一直是遗传资源学家的梦想与期盼[3]。那将证实现今冻存的这些生物在未来的价值和意义。

[1] 伊恩·威尔马特，基思·坎贝尔，科林·塔居. 第二次创造——多莉与生物控制的时代. 张尚宏，王金发，傅杰青，等译. 长沙: 湖南教育出版社, 2000.

[2] 杨照青，左仰贤. 克隆羊问世与辩证唯物主义思想. 医学与哲学, 1997, 18(7): 2-4.

[3] 郑文杰. 冰封 3 万年的食肉动物发现于永久冻土中保存完好的洞狮和狼. 科学世界, 2019, (12): 90-95.

第七章 遗传资源利用与保护

遗传资源利用（utilization of genetic resources）是将各个层次的遗传资源向着社会财富的方向转化的过程。目前，家畜遗传资源利用主要包含两个方面的基本内容：①野生动物在现代条件下的驯化和利用；②现有品种（系）、地方群体、生态型与特定变异类型等的开发和利用。我国是世界上遗传资源种类最为丰富的国家之一，但对这些遗传资源的利用程度在区域间、物种间差异较大。做好遗传资源的利用工作，对促进畜牧业可持续发展、保持生物多样性具有十分重要的意义。本章阐述了种质资源利用方法和我国重要家畜遗传资源利用的现状，旨在立足我国现状，实际推进我国家畜遗传资源保护和利用工作的发展。

第一节 现代野生动物的驯化与利用

为什么要驯化野生动物？野生动物的驯养与畜牧业的发展关系密切，家畜都是由野生动物驯化而来的。早在万年之前，为了生存，人类驯化了六畜（猪、马、牛、羊、鸡、犬），后来又驯化了驴、骆驼、家兔、猫、鸭等。自21世纪以来，为了适应社会发展的新需求，又先后驯养了鹿、麝、水貂、狐、貉等特种经济动物。由此可见，野生动物驯养在人类发展的历史长河中占据了重要的地位，它是人类利用自然资源的一种特殊手段，与劳动工具的改进、火的发现、语言文字的发展等一样，是人类文化和文明进步的体现。

现今，正在驯化的野生动物种类有百余种之多，包括哺乳类、鸟类和爬行类。驯化这些野生物种是由于现在对它们的需求量增大，而捕获野生动物不能满足需要或者受到动物保护有关规定的禁止。在这些驯养动物中，有的是人类从未驯养过的物种，而另一部分驯化实际上已持续逾千年，但是它们至今仍未成为通常意义上的家畜，如驼鹿、紫貂等；还有一些物种可能被远古先民家养过，但社会或自然原因造成了文化断代，如今进行重新驯化，如鸵鸟曾被古代非洲居民驯养过，非洲野水牛曾被古埃及人家养过。对野生动物进行现代驯养的理由是它们具有生态优势、经济优势或文化契合从而获得了发展当前市场的动力。

一、野生动物的生态优势

（一）能够适应干旱等恶劣生境

通常来说，野生动物能够更好地适应极端环境。家牛在热气候下繁殖率普遍降低,如瘤牛在热带非洲产犊间隔在 591~759d,在拉美热气候下繁殖率在 35%~ 60%;非洲野水牛在相同的热气候下繁殖率为 75%。

因饮水需要,家畜的放牧地限制在距离饮水点 5~8km 的范围内,致使有水源的草场放牧过度,而没有地面水源的地带,即使牧草繁茂也难以利用。但是,许多野生的羚亚科动物(如格兰特瞪羚、非洲直角羚、非洲旋角羚、汤姆森瞪羚)具有夜牧的习性(某些荒漠草场夜间水分含量比日间高 42%),可以从小灌木的鲜叶、嫩芽获得水分,所以它们可以在很大程度上不依赖地面水源。因而这些动物的驯养群比一般家畜有更大的放牧范围。同时,它们的额窦中有一个极精细的动脉网,体温可以在一定的范围内变化,依靠这个动脉网的调节,在体温高达 45℃ 时大脑也不会受损伤。同时,羚亚科动物的粪便高度浓缩。因此,家养的非洲旋角羚和非洲直角羚分别只消耗波伦瘤牛耗水量的 60% 和 25%。

由多种驯养野生动物群组成的放牧体系,可以充分利用距离地面不同高度的植被,从而可以更充分地利用植被资源。羚亚科动物采食树枝、树叶、多刺灌木;非洲野水牛等动物采食地面青草;疣猪等较小的哺乳类则以树根和块茎为食。显然,在具有多种高度生态位植被的生态系统中,若只是饲养牛就会失去牛无法利用的植被类型种类所带来的利益,而品种混搭就具有明显优势。

(二)抗病力强

野生的热带有蹄类动物比一般家畜抵抗不发达地区广泛蔓延的内、外寄生虫病和栖居地流行的各种疫病的能力更强。

二、野生动物的经济优势

(一)增重快

在中非和东非,牛和绵羊与野生有蹄类动物的平均生长速度比较如表 7-1-1 所示。

表 7-1-1 家畜和野生动物在中非、东非的日增重举例

物种	平均日增重(g)	月龄	成年活重（kg）	
			♂	♀
牛	136	38	453	359
非洲旋角羚	331	72	725	450
绵羊	54	10	60	45
格兰特瞪羚	118	10	60	45
汤姆森瞪羚	59	10	24	18

就上例来看，在当地特定条件下，野生种有明显优势。

（二）胴体品质好

将热带非洲的肉用瘤牛和几种驯化中的野生动物的胴体性状进行比较（表7-1-2），结果表明野生种的屠宰率不因性别、年龄、季节而变化。野生种的胴体脂肪率比瘤牛低。羚亚科物种几乎将全部饲料消耗转化成了肉，瘤牛却有相当部分转化成为脂肪。

表 7-1-2　非洲瘤牛和几种野生动物的胴体比较[1]

物种	平均活重（kg）	胴体重（kg）	屠宰率（%）	胴体脂肪率（%）
非洲瘤牛（♂）	484	280	58.0	13.7
非洲瘤牛（♀）	470	271	57.6	28.6
非洲野水牛	753	380	50.5	5.6
非洲旋角羚	508	301	59.1	4.2
非洲直角羚	176	101	57.0	2.9
格兰特瞪羚	60	36	60.5	2.8
汤姆森瞪羚	25	15	58.6	2.0
荒漠疣猪	88	48	54.7	1.8

（三）产品具有独特的品质和不可取代的利用价值

经过驯化的各种鹿科动物及其相关产品的独特品质，是其他家畜产品难以替代的。例如，赛加羚羊所产的羚角，无法通过一般家畜生产获得替代品，具有独特的药用价值。

驼鹿也是一种具有潜力的家畜。驼鹿奶含有丰富的营养成分，如蛋白质、脂肪、维生素和矿物质等，其口感和味道也不同于其他家畜的奶。驼鹿奶还可用于制作乳酪和乳粉等产品，具有一定的市场前景。

总之，驯化野生动物可以为人类提供新的动物遗传资源，带来更多的经济、社会和生态效益。同时，保护野生动物及其生态环境也至关重要，只有保持生物多样性，才能更好地利用这些资源。

三、野生动物的特殊功能

野生动物在生态系统中扮演着至关重要的角色。它们不仅是自然界的生态平衡者，还是各种生物之间相互依存和制约的关键环节。野生动物作为生物多样性

---

[1] Ledger H P. Body composition as a basis for a comparative study of some East Africa mammals. Symp Zool Soc Lond, 1968, 21(1968): 289-310.

的重要组成部分，具有内禀价值和利用价值。然而，随着人类社会的发展和科技进步，肉、奶、蛋等主要畜产品由家畜饲养获得，野生动物的直接利用价值逐渐降低，而它们的间接价值如生态价值、文化价值却在逐渐上升。

许多野生动物是维持生态系统平衡的关键物种，它们的存在和活动对生态系统的稳定与健康至关重要。例如，某些动物可以通过控制害虫的数量来维持生态平衡，而有些动物则是植物种子传播的重要途径。此外，野生动物在净化空气和水源、控制害虫等方面也发挥着重要作用。这些作用无法被人类所替代，对维护地球生态环境的平衡和稳定具有重要意义。

野生动物也是文化和精神领域中的重要元素。在许多国家和地区，野生动物是传统文化和信仰的重要组成部分。例如，一些地区的人们相信某种动物是他们的祖先或神灵的化身，而其他地区则将野生动物视为力量、勇气或智慧的象征。例如，鹰、狮子等经常出现在徽章、图腾上，这些文化和精神价值不仅对当地人民具有重要意义，也是人类文化多样性的重要组成部分。

在现代社会中，野生动物的间接价值越来越受到人们的关注。除生态价值和文化价值外，野生动物还具有经济价值、医学价值等其他价值。例如，一些野生动物被视为珍贵的药材或用于制作高档消费品，而有些动物的皮毛、羽毛等被用于制作服装和工艺品。这些价值使得野生动物在人类社会中具有广泛的用途和需求。

然而，随着人类活动的不断扩大和城市化进程的加速，野生动物的生存环境受到了严重威胁。为了保护野生动物及其生态环境，我们需要采取积极的措施。首先，需要加强对野生动物保护法律和政策的制定与执行，对非法狩猎、贩卖野生动物等行为进行严厉打击。其次，需要加强公众教育，提高公众对野生动物及其生态环境的认识和保护意识。同时，还需要开展科学研究，深入了解野生动物的生态学和生物学特性，为保护野生动物及其生态环境提供科学依据。

总之，需要加强对野生动物及其生态环境的保护和管理，通过法律、政策和教育等多方面的手段来维护野生动物的生存环境与生态系统平衡。只有这样，才能实现人类与自然和谐共生的目标，保护我们这个星球上的珍贵自然遗产。

（一）野生动物是自然生态系统的功能组分

野生动物在自然生态系统中扮演着不可或缺的角色，它们是生态系统的重要组成部分。有些野生动物，如藏羚羊、白唇鹿、牦牛、旱獭、大熊猫、竹鼠科动物等，作为初级消费者，通过食用植物为生态系统注入新的能量，维持着地区植物的物种多样性。同时，它们也为次级消费者如虎、云豹、黄鼠狼等，提供了必要的食物来源。这些次级消费者在捕食野生动物的同时，也维持了生态系统的平衡和稳定。

野生动物在生态系统中起着举足轻重的作用。它们的存在有利于维持甚至增加地区植物的物种多样性，使得生态系统中的生物类型更加丰富。同时，野生动物也是生态系统中的活跃部分，它们的活动使得生态系统中的能量流和物质循环更加活跃与有序。

因此，保护野生动物对维护生态平衡和生物多样性至关重要。我们应该采取积极措施，保护这些珍贵的自然资源，让生态系统能够健康、稳定地运转。

野生动物在生态系统中的作用有时会被忽视。例如，海獭（*Enhydra lutris*）的存在对美国加利福尼亚海岸生态系统造成了巨大的影响。由于海獭的皮毛价值很高，曾遭到肆意大量的捕杀而近乎灭绝。结果，加利福尼亚海岸的海藻也跟着几乎消失。这是因为海獭主要捕食海星，海星采食海藻。海獭消失后，海星的群体迅速扩大，数量无法控制，将该地区的海藻消耗殆尽。于是，人们不得不禁止捕杀海獭，才使加利福尼亚海岸生态系统逐渐恢复原貌。

人们往往等到一个物种从生态系统中绝灭了很长时间以后，才对这个物种在自然生态系统中的作用恍然大悟，如北美的旅鸽（*Ectopistes migratorius*）。欧洲人刚到达美洲大陆时，旅鸽可能是当时北美洲数量最多的鸟类，当时在北美洲有 2 亿～50 亿只。成千上万只旅鸽汇集成集群，这些旅鸽集群之大，使得当它们从空中飞过时，天空会变暗数分钟。但是，由于猎杀和生境破坏，旅鸽在 1914 年绝灭了。人们根本未料到一个曾经如此常见的物种会突然消失，更没有料到旅鸽绝灭会导致生态系统结构的变化。直到 1998 年，Blockstein 在 *Science* 上著文，推测莱姆病（Lyme disease）大暴发的根本原因是旅鸽的绝灭。Blockstein 认为莱姆病的暴发可能与大家鼠的种群暴发有关，大家鼠的种群暴发又与橡子的丰年有关[1]。旅鸽专门采食这种数量众多的植物籽实。旅鸽数量又是如此之多，以至于每当旅鸽在一个地点停留采食后，其他野生动物再难在该地找到足够的食物。当旅鸽绝灭后，橡子丰收导致大家鼠的种群数量暴发式增长，最终导致了莱姆病的大暴发[2]。

此外，人们也常常忽视动物在生态系统中的其他作用。例如，蝙蝠在生态系统中扮演着重要的角色。蝙蝠是夜行性的哺乳动物，以昆虫为食。蝙蝠的存在对控制昆虫的数量和分布有着重要的作用。此外，蝙蝠还是许多植物种子的传播者，它们在飞行中可以帮助植物繁殖和分布。

同样被忽视的还有鹿在生态系统中的作用。鹿是草食性动物，它们以森林中的树叶和草本植物为食。鹿的存在可以控制植物的数量和分布，同时它们的排泄物也可以为其他生物提供营养。此外，鹿还是森林中的重要"搬运工"，它们可以帮助植物种子在森林中传播，促进植物的繁殖和分布。

综上所述，野生动物在生态系统中扮演着重要的角色，它们的作用不容忽视。

[1] Blockstein D E. Lyme disease and the passenger pigeon? Science, 1998, 279(5358): 1831.

[2] Ogden N H, Tsao J I. Biodiversity and Lyme disease: dilution or amplification? Epidemics, 2009, 1(3): 196-206.

保护野生动物、维护生态平衡是我们在面对生态环境问题时应该重视的事情。只有这样，才能确保生态系统的稳定和健康，让地球成为一个更加美好的家园。

（二）野生动物的生态服务功能

1. 狩猎和垂钓

狩猎在西方文化中被视为一种传统和习俗。自 1930 年以来，狩猎和垂钓的性质在美国发生了根本性的变化，从以生产为目的转化为以娱乐为目的。这种变化对地区经济产生了显著的影响，主要体现在两个方面。首先，猎手购买狩猎和垂钓设备，如猎枪、弹药和钓具等，这为狩猎和垂钓设备的生产与销售带来了经济效益。其次，狩猎者和垂钓者的旅行开支也为当地经济作出了贡献。例如，狩猎鹿和马鹿是蒙大拿州地方经济的重要组成部分。该州每年有 6 周的猎期，猎手需要购买狩猎执照才能进行狩猎。对于猎获的每一只鹿，猎手需要支付 20 美元的狩猎执照费用，而对于每一只马鹿，则需要支付 50 美元的费用。此外，许多偏远地点的加油站、汽车旅店等设施在一年中只能依靠狩猎季节的营业收入来维持生计。

另外，鲑鱼垂钓对美国西海岸的经济发展也起到了巨大的推动作用。统计数据显示，人们每钓到一条鲑鱼可以产生 200 美元的价值，每钓到 1000 条鲑鱼可以创造 4 个人的就业机会。这些数据充分证明了狩猎和垂钓对地区经济的贡献。

近年来，一种特殊的狩猎活动——战利品狩猎在部分国家或地区兴起。战利品狩猎是指在严格保护野生动物的前提下，通过合法途径狩猎特定野生动物，并获取其身体部位作为战利品留存的活动。需要强调的是，这种狩猎活动在我国受到严格管控，在国际上，即便有些国家狩猎活动合法，但涉及我国保护动物的狩猎行为以及购买其身体部位并带回国的行为是被明确禁止的，这属于倒卖和走私野生动物的违法犯罪行为。

随着人们生活水平的提高和旅游业的兴起，越来越多的人选择前往合法合规的旅游目的地进行生态旅游等活动。在野生动物保护方面，我国始终坚定地履行保护职责，通过完善的法律法规和严格的执法力度，确保野生动物得到妥善保护。当地政府和相关部门积极采取措施，为野生动物营造安全的生存环境，同时也通过发展可持续的生态旅游等方式，为当地经济发展注入新动力，在保护野生动物与促进经济发展之间寻找平衡。

野生动物狩猎作为一种曾经存在的野生动物利用方式，曾经对某些地区的野生动物保护和经济发展产生过一定的影响。在我国，对于野生动物的保护和管理一直非常严格，以确保动物种群的健康和稳定。随着环境保护意识的提高和法律法规的完善，在我国野生动物狩猎活动已经不被允许，转而采取更加科学和人道的保护措施。例如，甘肃酒泉的肃北与阿克塞国际狩猎场在历史上曾经为当地创造了经济收益，但随着保护政策的加强，这些地区已经转向了更加可持续的生态旅游和野生动物观察活动，这些活动不仅保护了野生动物，也为当地带来了经济效益。

野生动物保护的关键在于制定和执行严格的法律法规，加强对野生动物栖息地的保护，以及提高公众对野生动物保护的意识。通过教育、科研和社区参与，可以促进野生动物保护与当地经济发展的和谐共存。

总之，随着社会的进步和环境保护意识的增强，野生动物保护已经成为全社会的共识。通过合法、科学和人道的方式，我们可以更好地保护野生动物，同时促进当地经济的可持续发展。

2. 野生动物观光

户外观光和欣赏、拍摄野生动物是美国人极为热衷的户外活动之一。在广袤的旷野中，他们沉醉于观察野生动物的独特魅力和大自然的壮丽景色。对于他们而言，这是一种与自然和谐共处的方式，也是一种体验大自然、了解自然生态的极佳途径。

在我国，由于对大多数野生动物的保护实行严格的政策，户外观光和欣赏、拍摄野生动物成为人们与野生动物接触的主要方式。随着人们生活水平的提高，越来越多的人选择参加户外活动，亲近自然，体验大自然的魅力。而野生动物观光便是其中最受欢迎的活动之一。

野生动物观光是非洲东部和南部的重要生态旅游资源。在这些地区，野生动物种群丰富，生态系统完整，为生态旅游提供了得天独厚的条件。随着全球对生态保护的关注度不断提高，生态旅游正在成为非洲生物多样性保护的重要手段。在非洲，许多国家依靠野生动物的生态系统服务功能来发展生态旅游，取得了显著的成效。安哥拉、博茨瓦纳、肯尼亚、马拉维、莫桑比克、纳米比亚和津巴布韦等国家，约有 18%的土地被作为野生动物保护区。这一面积在 20 年间大幅度增长。这是因为在干旱地区和湿地上，野生动物观光业比养牛这一传统产业的投资回报率要高 5%～10%。这种经济增长不仅带动了当地经济的发展，更促进了生态保护意识的提高。

近年来，我国参加观鸟活动的人数正在不断上升。人们纷纷前往河北北戴河观鸟、黑龙江扎龙保护区观鹤、新疆巴音布鲁克保护区观赏大天鹅等。然而，我国户外观光和欣赏、拍摄野生动物活动所带来的直接与间接经济效益缺乏统计资料。这主要是因为野生动物保护区的建立和管理需要大量的资金投入，同时野生动物观光业的开发也需要相应的配套设施和服务。

此外，我国还有很多与野生动物有关的户外活动，比如在自然保护区内的徒步旅行、露营和野餐等。这些活动不仅可以让人们亲近大自然，还可以让人们更好地了解和保护野生动物。在一些地区，当地政府也会组织与野生动物有关的旅游活动，比如东北地区的赏鸟旅游、西南地区的观兽旅游等。这些活动不仅可以让人们欣赏到野生动物的美丽和奇妙，还可以促进当地经济的发展。

综上所述，户外观光和欣赏、拍摄野生动物是一项非常有意义的户外活动。它不仅可以让人们亲近大自然，还可以促进生态保护和经济发展。在未来，随着人们对自然环境的认识和保护意识的提高，相信这项活动会更加受到人们的喜爱和关注。

四、野生动物的驯养历史

人类的起源可以追溯到 5000 多万年前，当时狩猎野生动物和采集野生植物是生存的主要策略。随着时间的推移，人类开始驯化动植物，这标志着人类生产方式的重大变革。在世界范围内，有考古学证据的早期动植物驯化主要发生在 9 个地区，包括肥沃的新月沃土地、中国、中美洲、安第斯/亚马孙河、美国东部、萨赫勒、热带西非、埃塞俄比亚和新几内亚。随着人口的迁移，这些驯化物种逐渐扩散到全球。

驯化是一个漫长而无止境的过程，关于什么是驯化物种目前还没有达成共识。大多数学者认为驯化物种是一类繁殖受到人为控制的动物。陆地动物驯化的三个主要途径包括共生途径、猎物途径和定向途径。共生途径是人类与动物最有可能的共同生活方式，一些驯养的物种也遵循了这条道路，如狗、猫和鸡。在猎物途径中，人类驯化野生动物是为了应对猎物数量的减少，以提高肉类或兽皮产量的可预测性。随着时间的推移，对狩猎进行的管理策略逐渐发展成为对动物群体的管理，并最终导致管理动物的受控繁殖。遵循这一途径的主要物种是绵羊、山羊和牛。在定向途径中，人类以某个特定目标对物种进行驯化，这个途径通常表现为直接捕捉野生动物，并有意控制它们的繁殖。这个途径发生得更快，并伴随着一个明显的遗传瓶颈，受到这种驯养的主要物种有马、驴和单峰骆驼。

在大多数驯养历史中，家畜都受到了持续不断的管理和强烈的人工选择，从而产生了数百种定义明确的品种。而在近几十年中，一些特化的高效率品种的出现和扩散导致了有些地方品种的迅速衰退。因此，在几十年内可能会有大量已经存在了几千年的极具价值的遗传资源面临丢失。为了保护这些珍贵的遗传资源，应当优先对边缘或稀有品种进行保护，恢复驯养品种的遗传多样性刻不容缓。

五、现代野生动物的驯养

目前，北欧各国、俄罗斯、美国和加拿大已经形成狐、紫貂、美洲水貂等毛皮动物饲养经营体系且比较成熟，关于这些动物遗传育种、饲养、生态、繁殖等多学科的研究成果颇丰，这些知识的成功应用大大提高了养殖技术含量，经济效益不比传统的畜产业逊色。我国从 20 世纪 70 年代末从国外引进这些动物的驯化原种，但是养殖水平和育种技术有待提高，其种质资源仍需依赖进口。

梅花鹿和马鹿饲养业在中国及东北亚其他国家和地区已形成新的产业。今后的国际竞争将集中在种畜遗传特性和产品加工技术两个方面。虽然我国有悠久的养鹿传统，但是目前在这两个方面的研究水平远远落后于韩国、日本和俄罗斯。

非洲热带地区的羚亚科动物驯养业是另一个形成规模的产业。早在 20 世纪 70 年代肯尼亚就设立了规模较大的驯养场。在那些驯养场里，格兰特瞪羚（*Gazella granti*）、非洲旋角羚（*Addax nasomaculatus*）和非洲直角羚（*Oryx gazella*）饲养业的经济效益非常好，在当地形成了从捕捉、驯化、饲养、放牧、繁殖、防疫和产品加工等一系列的生产规范。

中南美洲湿热地区的水豚驯养业也有一定规模，但受消费市场的波动影响曾几度兴衰。其他动物驯养业，如鳄鱼、鸵鸟等，也有一定的规模。

现代野生动物驯养的主要问题不在生物学领域，而主要在经济领域。多数野生动物的养殖不成问题，但是这些动物在形成畜产品后为市场所接受的程度是关键。若畜产品的价格高，由此对驯养的动力是巨大的；反之，说明驯养该类动物的市场条件尚不成熟。

现在多数野生物种的驯养试验和经营探索，得到了一定的社会（主要是政府）支持。但是最终由市场决定是否需要继续进行下去。驯化试验的进度受制于经济力量，其动力也仍然在于市场。目前驯养的部分野生动物见表 7-1-3。

表 7-1-3　目前驯养的野生动物

非洲野水牛（*Syncerus caffer*）	赛加羚羊（*Saiga tatarica*）
水豚（*Hydrochoerus hydrochaeris*）	非洲直角羚（*Oryx gazella*）
荒漠疣猪（*Phacochoerus aethiopicus*）	非洲旋角羚（*Addax nasomaculatus*）
赤狐（*Vulpes vulpes*）	格兰特瞪羚（*Gazella granti*）
北极狐（*Alopex lagopus*）	汤姆森瞪羚（*Gazella thomsoni*）
美洲水貂（*Mustela vison*）	南非小羚羊（*Antidorcas marsupialis*）
紫貂（sable）	驼鹿（moose）
水獭（otter）	梅花鹿（sika deer）
貉（*Nyctereutes procyonoides*）	马鹿（red deer）
非洲鸵鸟（*Struthio camelus*）	白尾鹿（*Odocoileus virginianus*）
麝（musk deer）	黇鹿（*Dama dama*）
林麝（forest musk deer）	

野生动物驯养从生态适应范围和社会对动物产品需求的多样性角度，可弥补传统家畜品种在性能上的不足，满足社会生活、人类生存和繁荣的紧迫需要，增

加家畜品种新成员和形成新的畜产业的可能性，促进发展中国家经济的发展。目前，驯化野生动物的主要原因有以下几点。

1）对野生动物产品价值认识的深入增加了市场需求。同时，驯养技术的研究和发展对这一事业的兴起不断地产生着催化效应。

2）在发展中国家，特别是非洲与拉丁美洲的干旱、半干旱和热带地区，蛋白质食物严重匮乏，而发展一般家畜在这些地区又受到生态条件（干旱或湿热）的限制。雨量700mm以上的牧场放牧过度，开发丛林和控制体外寄生虫的经济代价过高，旱季畜群能量和蛋白供应不足与疫病等，使得开发具有相对优势的野生草食动物资源成为一种合乎逻辑的趋势和客观的需要。

3）药材、毛皮等特色畜产品的需求日益增长。自然界现存的药用动物（如鹿科动物）和毛皮兽资源储备急剧下降，使驯养这些动物的相对经济效益日渐增高。自20世纪70年代以来有关的野生动物保护的法规、条例、国际公约进一步完善，逐渐使驯养这些动物成为唯一可行的办法。

基于以上原因，自20世纪70年代以来，外国对部分驯化中的野生动物在分布地特定条件下的生态优势和经济优势进行了比较深入的研究。研究涉及的多数动物在我国有近缘种，涉及的自然条件和我国一些地区较为类似。因此，这些研究成果值得参考。目前，野生动物驯化有两个热点：一是热带和干旱地区的野生草食动物驯化事业，主要地域范围是中美洲、南美洲北部和赤道非洲；二是温带边缘冻土带及其附近的鹿科动物驯养业，包括亚洲、欧洲、北美洲的北部和邻近地区，在这些区域一般家畜的发展受到生态条件的限制。

第二节　现有种质资源的提高与利用

尽管现存的一些家畜品种种质资源都曾经在畜牧生产中被不同程度地利用过，但大部分品种仍有巨大的潜在价值尚待发掘。目前除流行的少数欧美国家的近代培育品种之外，其余大部分在生产中没有得到充分利用。

现存家畜品种种质资源提高和利用的渠道有两个基本的方面：一是针对种质资源的固有优良特点，寻找新的畜产品消费和利用方式，开辟新的消费市场。二是种质资源本身的再育成，即根据社会需求的发展趋势，着重改进品种或群体的某些性状，使其适应市场需求。这主要是一个育种学问题。

畜产品利用方式和家畜品种特性实际上是相互影响的。这不仅取决于社会经济状况，而且也有深刻的文化背景。近代以来主导世界家畜生产的特点为：①主要品种起源于欧洲；②品种单调。在中国，以多民族的悠久文化为背景，形成了多种多样的畜产品利用方式，造就了丰富多彩的家畜品种和类型，如药补用的乌鸡、肥肝鸭，羔裘皮利用的湖羊，适宜腌制火腿的金华猪，吻合于当地烹调技艺的皮稍厚的成华猪、阿尔泰肥臀羊等。若是按现行品种的评价标准来说，这些品种无疑是低产低效的。然而，市场需求的发展变化和生活需要的多样性，为这些品种的特殊畜产品开拓市场提供了的巨大可能性。这一方面不仅是畜牧学问题，而且与商业和文化有关。

一、利用方式和原则

固有的地方品种（群）的利用方式有以下几种。

1）作为选择育种（本品种选育或纯种育种）的原材料，使品种适应新的长期或时代性的社会需求变化，其中包含种质特性的再塑。为了相同的目的，可作为新品种培育的亲本。

2）作为经济杂交的亲本，以适应短期或一时性的市场需求，着重于部分特性潜在优势的发挥。

3）直接利用，即品种/类群的一部分个体直接作为市场消费的畜产品。

固有的地方品种（群）利用时应遵循以下几个原则。

1）在一个固有的地方品种（群）以多种方式加以利用的情况下，最优秀的一部分应用于纯种育种。因为结果将决定未来以任何方式利用该品种的长期效果。

2）固有的地方品种（群）可以采取多种方式来利用，理想的顺位是：纯种育种、杂交育种、经济杂交、直接利用。但是任何方式的利用都不应导致原种的毁坏。作为可再生资源的家畜品种不应只利用一次。其中的纯种育种不存在毁坏问题。近代多数成功的杂交育种也没有毁灭原种。但是"杂交改良规划"之类的垄断性行政措施普遍存在这种危险。对此，我国应当高度重视。

二、品种内选择

本品种选育（纯种育种）是对品种特定性状进行大幅度迅速改进的有效措施。它实际上是品种/类群内的选种和选配。我国的优良畜禽品种，特别是黄河、长江中下游流域的猪、禽和黄牛品种，具有多方面的优良特性。目前，它们之所以受到严重的杂交冲击，是因为当前市场着重追求的两三个性状（如体重、日增重或产蛋量）不及欧美培育品种。若在各品种内针对这少数几个性状进行高强度选择，使其迅速改进，以便在国内外市场同国外品种竞争是可能的，也是必要的。采用品种内选择具有如下优点。

1）保持品种在（如肉质、风味、繁殖力等）其他生产性能方面的固有优势。

2）不破坏固有遗传共适应体系以保持抗性，避免欧美家畜中常见的各种遗传缺陷和疾病（如牛白血病）及其易感基因在我国畜群中扩散。

3）不存在杂交育种中难免的"固定"难题。

4）由于保持了中国家畜品种的特点，因此有助于增强我国在遗传资源领域内的国际竞争实力，同时也有益于世界范围内遗传多样性的保持。

国外的育种实践表明，品种内选择大幅度改进特定性状的成功先例是很多的。例如，韩国牛的纯种育种与我国黄牛当前面临的问题和背景极为相似，利用品种内选择的效果显著。联合国粮食及农业组织于 1990 年在约旦、叙利亚和土耳其开始的土种绵羊、山羊改良的基本措施是在群体内针对特定生产力性状进行高强度选择，结果在改进这些性状的同时，保持了羊群对炎热、季节性的饲料供应波动等地域条件的抗性。

我国地方畜禽品种在客观上存在巨大变异，可以在当前畜群规模的前提下提高选择差。同时，冷冻精液技术的普及和胚胎移植技术的成熟也为高强度的选择提供了技术条件。

品种内选择的多数是数量性状。这些性状在群体中的分布符合或近似地符合正态分布。Fisher[1]证明过，留种率，即以选择最低限为截点的正态曲线之下右侧的面积（P）、正态曲线在该截点处的纵高（Z）和选择强度（i）之间的关系，存在的关系如下。

$$i = \frac{Z}{P}$$

根据正态分布原理，

$$Z = e^{-\frac{\lambda^2}{2}} \frac{1}{\sqrt{2\pi}}$$

式中，Z 为选择强度，λ 是截点处的正态标准离差。
因而：

$$i = e^{-\frac{\lambda^2}{2}} \frac{1}{\sqrt{2\pi} \cdot p}$$

两截点右侧正态曲线下的面积为

$$P = \frac{1}{\sqrt{2\pi}} \int_\lambda^\infty e^{-\frac{\lambda^2}{2}} \, d\lambda$$

所以：

$$i = \frac{e^{-\frac{\lambda^2}{2}}}{\sqrt{2\pi} \frac{1}{\sqrt{2\pi}} \int_\lambda^\infty e^{-\frac{\lambda^2}{2}} \, d\lambda}$$

[1] Fisher R A, Corbet A S, Williams C B. The relation between the number of species and the number of individuals in a random sample of an animal population. J Anim Ecol, 1943, 12: 42-58.

$$= \frac{e^{-\frac{\lambda^2}{2}}}{\int_\lambda^\infty e^{-\frac{\lambda^2}{2}} d\lambda}$$

这就是说，选择强度是由留种率决定的，也可以说是由性状的最低留种标准决定的。因为选择强度是以表型标准差（σ_p）为单位，即：

$$i = \frac{S}{\sigma_p}$$

标准差与平均数（μ）、变异系数之间有 $\sigma_p = c.v.\mu$ 之关系，则：

$$S = ic.v.\mu = \frac{c.v.e^{-\frac{\lambda^2}{2}}}{\int_\lambda^\infty e^{-\frac{\lambda^2}{2}} \cdot d\lambda} \mu$$

式中，S 为选择差，$c.v.$ 为变异系数。在选择单个性状时，选择反应（R）为

$$R = Sh^2$$

$$= \frac{c.v.e^{-\frac{\lambda^2}{2}}}{\int_\lambda^\infty e^{-\frac{\lambda^2}{2}} d\lambda} \mu h^2$$

在性状遗传力（h^2）和表型标准差一定的情况下，应用现代繁殖技术，大幅度提高种畜（特别是种公畜）留种的表型标准，使留种率降低到最低限，有望获得较快的选择进展。

若同时选择多个性状，性状之间不存在遗传相关，那么单个性状的选择差和选择反应都将相应减小；在其他条件相同的情况下，选择 n 个性状的选择反应（R'）和只选一个性状时可能达到的选择反应（R）的关系是

$$R' = \frac{R}{\sqrt{n}}$$

例 7-2-1　若某个动物群体的某个性状的表型标准差相当于均数的 0.05 倍，性状遗传力 h^2=0.35 时，则选择强度、选择差和单个性状选择反应与同时选择 3 个性状时的选择进展如表 7-2-1 所示。

表 7-2-1　关于留种率、选择强度和选择反应的举例（与群体平均数 μ 之比）

留种率	选择强度	选择差/μ	选择反应/μ	n=3 时选择反应/μ
5×10^{-5}	4.13	0.21	0.0735	0.042
1×10^{-4}	4.09	0.20	0.0700	0.040
5×10^{-4}	3.68	0.18	0.0630	0.036
1×10^{-3}	3.37	0.17	0.0595	0.034
5×10^{-3}	2.94	0.15	0.0525	0.030

在上述条件下，当留种率为 1‰时，单个性状的选择会获得大约相当于均数 6%的改进量；同时选择 3 个性状时每个性状的改进量相当于均数的 3.4%。这是很高的选择进度。设定的条件标准差相当于均数的 5%，性状遗传力为 0.35，是较普通的水准。留种率在 1‰以上，在目前的繁育制度下是容易办到的。

品种因市场价值的下降所导致的规模锐减，从遗传资源角度来看具有二重性。规模锐减常见的后果可能是"瓶颈效应"或逆向选择导致退化以至品种衰亡；规模锐减同时也为超常的高强度选择提供了机会。因而，另一种可能结果是品种某些性状向着市场需求的方向获得大幅度改进。必要的条件是组织工作适时和一定的资金支持。在品种规模锐减的前夕，在普查的基础上征集其中最优异的一部分是这种开发途径的关键。选择越早越有利。

三、品种间杂交

品种间杂交（intervarietal cross）指的是异种生物体通过杂交产生杂种子代的手段，是远缘杂交的一种，常用于高等动植物的育种。杂交的遗传学效应是：①提高各位点的平均杂合子频率，增加群体的杂合性；②掩盖隐性基因的作用，提高群体的显性效应值；③增加互作内容，破坏群体固有的基因组合与遗传共适应体系；④使不同的亚群趋同，减少孟德尔式群体内体现于亚群的、固定的变异类型。因而，杂交的直接表型效应是产生杂种优势，可在一定世代提高部分性状的表型水平。但是不能期望以杂交来使群体平均数产生任何永久性的变化[1]。也就是说，由杂交导致的性状的提高是不能稳定遗传的，同时杂交打破了对于在长期选择中逐渐形成的决定品种优良特性的纯合子、遗传共适应体系。

尽管杂交是充分应用动物遗传资源的有力方法，但是在我国过去的生产实践中的一些做法还是值得再讨论的，尤其是关于品种利用和保护的关系问题，在杂交实践中实际上曾经一度受到轻视。

品种间杂交作为一种育种手段是有一定的适用范围的。在遗传学领域，杂交改良和横交固定是常见术语。然而，在我国以及一些欧美国家，利用家畜地方品种（群）与外来品种进行杂交改良的做法，已经超出合理利用品种间杂交的范围。实际上，自 20 世纪 50 年代以来，杂交改良和横交固定等概念在专业文献中流行，甚至成为行政口号。然而，对这些概念的过高期望实际上破坏了品种资源，干扰了家畜遗传资源的开发。在大多数实践中，杂交改良难以实现，横交固定也难以实现。

对"杂交改良"作用的过度强调和滥用源于两个核心错误：①忽视了我国深厚的家畜遗传资源和固有的地方品种（群）；②对"杂交"产生的遗传学效果缺乏科

[1] Falconer D S. Introduction to Quantitative Genetics. Essex: Longman Scientific & Technical, 1989.

学的评估。这些错误源于历史或现实的影响，例如，历史上主要受到苏联以李森科为首的"米丘林学派"的影响，导致在我国畜牧界中广泛存在一些错误的观念，这些观念在理论上无法经受轻微的质疑，并且阻碍了家畜遗传资源开发事业的正常发展。现实中一些项目的影子也投射到杂交改良的影响之中，挥之不去。"品种改良"被错误地等同于"杂交"，甚至被误解为"与欧美品种杂交"。这种错误理解导致"杂交改良"一词被滥用，使得"改良"一词成为以外来品种进行"杂交"的同义语，并常常与"选育"相对应。然而，从畜牧学角度来看，品种改良并非仅仅局限于杂交手段，而是针对特定生产方向和性状的遗传特性进行改进的有关畜牧学活动。实际上，品种内选择是改进品种遗传特性的主要和经常手段。因此，对于"品种改良"的正确理解应该是：根据特定的生产方向，通过选择和育种等手段针对特定性状改进既有品种的遗传特性。

错误地将"杂交改良"视为推动地方畜禽品种生产力方向转变的基本途径，此观点既不符合学术逻辑，也与动物育种史的客观事实相违背。杂交是聚合所选用品种的部分基因的手段，特定生产力方向品种的育成必须以群体内的选择为主。众多动物育种实例表明，品种内选择（往往结合一定程度的近交）才是推动品种生产力方向转变的有效途径。例如，役用牛向肉用牛的转变在一个世纪内基本由品种内选择育成，这包括短角牛（Shorthorn）、安格斯牛（Angus）、利木赞牛（Limousin）和韩国牛等。猪由脂肪型向瘦肉型的转变更能说明这一点，它们几乎是在 20 世纪不到 60 年的时间内从本品种中选育而成的。

将家畜遗传资源开发等同于转变地方畜禽品种的生产力方向是过于简化和片面的。虽然地方家畜品种生产力方向的转变有助于其更充分地利用，是家畜遗传资源开发的一部分内容，但并非是充分且唯一的利用种质资源的手段，更不能等同于家畜遗传资源开发的全部内容。因此，这种观念是片面且有害的。

四、基因聚合育种

基因聚合（gene pyramiding）是分子育种的主要方法之一，在植物育种中取得了巨大成效，而由于动物育种的特殊性和复杂性，基因聚合育种在动物育种中进展缓慢，急需在理论和技术上进行突破。所谓基因聚合，是指将分散在不同品种或品系中的优良个体的优良基因通过重组、转染、杂交、回交、复合杂交等手段聚合到同一个个体中，聚集形成由具多个优良基因的个体组成的新品系或新品种群，从而达到快速培育动物新品种的目的。动物大部分经济性状具有加性效应，基因表达呈累加作用，即集中到一个品种中的同效基因越多就表达得越充分，生产水平也就越高，而对社会的贡献就越大。

（一）基因重组

遗传学上的重组是指 DNA 片段断裂并且转移位置的现象，也称为遗传重组或基因重组。其发生在减数分裂时期非姐妹染色单体上。对原核生物（如细菌）来说，个体之间可以通过交接或是经由病毒（如噬菌体）的传送，来交换彼此的基因，并且利用基因重组将这些基因组合到本身原有的遗传物质中。对于较复杂的生物来说，重组通常是因为同源染色体配对时发生互换，使得同源染色体上的基因在遗传到子代时，经常有不完全的连锁。由于重组现象的存在，科学家可以利用重组率来定出基因之间的相对位置，描绘出基因图谱。

自然界不同物种或个体之间的基因转移和重组是经常发生的，它是基因变异和物种进化的基础。自然界基因转移的方式有以下多种。

1. 接合作用

当细胞与细胞，或细菌通过菌毛相互接触时，质粒 DNA 就可从一个细胞（细菌）转移至另一细胞（细菌），这种类型的 DNA 转移称为接合作用（conjugation）。

2. 转化作用

通过自动获取或人为地供给外源 DNA，使细胞或培养的受体细胞获得新遗传表型即为转化作用（transformation）。

3. 转导作用

当病毒从被感染的（供体）细胞释放出来，再次感染另一个（受体）细胞时，发生在供体细胞与受体细胞之间的 DNA 转移及基因重组即为转导作用（transduction）。

4. 转座

大多数基因在基因组内的位置是固定的，但有些基因可以从一个位置移动到另一个位置。这些可移动的 DNA 序列包括插入序列和转座子。由插入序列和转座子介导的基因移位或重排称为转座（transposition）。

5. 基因重组

在接合、转化、转导或转座过程中，不同 DNA 分子间发生的共价连接称为基因重组。基因重组包括位点特异性的重组和同源重组两种类型（图 7-2-1）。由整合酶催化的在两个 DNA 序列特异位点间发生的整合，产生位点特异性的重组。位点特异性重组依赖的特异 DNA 序列，如 λ 噬菌体的整合酶可识别噬菌体 DNA 和宿主染色体的特异靶位点，并进行选择性整合；反转录病毒整合酶识别整合反转录病毒 cDNA 的长末端重复序列等。另外，有发生在同源序列间的同源重组，又称基本重组。同源重组依赖两分子间序列的相同或相似性，将外源 DNA 整合进宿主染色体。

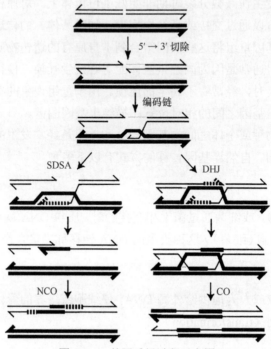

图 7-2-1　基因重组过程示意图

SDSA 为合成依赖链退火（synthesis-dependent strand annealing）模型，即一侧的 3′端首先发生链的侵入，当其侵入同源序列后，开始合成新的 DNA 链，最终与被侵入链的 3′端连接。两条新合成的 DNA 链结合，模板链则回到初始的状态。DHJ 为双重霍利迪连接体（double Holliday-junction）结构，即两条 DNA 双链之间各自交换了一段单链。NCO 为染色体侧翼区域未被交换的"非交叉"型产物。CO 为染色体侧翼区域被交换的"交叉"型产物

（二）转染

转染（transfection）是人为地将外源遗传物质（DNA 或 RNA）植入真核细胞的一种过程，常用来描述非病毒入侵的基因克隆方式。相较于转化（transformation，又称转型）用于植物、细菌及癌细胞的扩散，转染则常被用来形容外源基因植入动物细胞，而病毒入侵的基因克隆方式则称为转导（transduction），专指感受态的大肠杆菌细胞捕获和表达噬菌体 DNA 分子的生命过程。

动物细胞的转染作用方式如下。在细胞膜上开出一个暂时性的小孔，使细胞较容易摄取外源基因（可经由磷酸钙携带进入细胞），借由电穿孔法、细胞挤压法即可制造孔洞，或将细胞及外源基因浸泡在充满脂质体的液体中，脂质体将会包住外源基因，然后融入细胞膜，并将外源基因释放到细胞内部。

（三）杂交

杂交（hybridization）是一个涉及有性繁殖的过程，是指二倍体或多倍体染色体在减数分裂后，与另一组分裂后的同源染色体重新配对，形成新的染色体称为杂交种，一般可以含有以下含义。

1）新的染色体在一些在相同的基因片段上具有不同的等位基因。

2）新的染色体中有一条或多条单倍体上的基因片段与其他单倍体的不同。

3）新的染色体中有一条或多条单倍体上的基因结构与其他单倍体的不同。

4）生命体中的染色体都符合第一条，因为纯合子是难以生存的。

（四）回交

子一代和两个亲本的任一个进行杂交的方法叫作回交（backcross）。在育种工作中，常利用回交的方法来加强杂种个体中某一亲本的性状表现。利用回交方法所产生的后代称为回交杂种。被用来回交的亲本称为轮回亲本，未被用来回交的亲本称为非轮回亲本。

（五）复合杂交

动物杂交育种的亲本选择通常考虑以下原则：第一，选用的亲本要优点多、缺点少。第二，亲本之间的优缺点能够互补。第三，亲本间的生态类型相近或亲缘关系较远。第四，亲本具有较好的一般配合力。第五，一般以当地推广品种为基础。利用复合杂交能兼顾上述原则，最大限度地发挥多个亲本品种的优势，选育出繁殖性能好、产肉性能好等综合性状优良的新品种。

（六）分子标记聚合育种

分子标记辅助选择育种（molecular marker assistant selection breeding，MAS）是借助与目标基因紧密连锁的标记基因分析，选择分离群体中含有目标基因的个体，从而加速育种过程，是动物基因组研究在常规育种中的应用。目前其主要应用于三个方面。其一，在转移外源种质有利基因、改良现有品种的育种计划中，MAS多应用于回交育种。从长远角度来看，利用分子标记检测来自外源种质的基因，可能会成为该技术对动物育种的重要贡献之一，因为对某些性状（如抗病性、抗逆性）而言，野生种质似乎是基因的唯一来源，将外源基因回交导入该品种的基因库，并作标记分析，有可能改良一些过去由于缺乏足够遗传变异而很难改良的性状。其二，利用与目标基因共分离或紧密连锁的分子标记可进行基因聚合，将数个基因聚合到一个品种中。这些基因可以是与产量、品质或抗性等相关的不同基因或数量性状基因座（QTL），因而基因聚合可以突破回交育种改良个别缺点或某个性状的局限，使品种在多个方面同时得到改良，产生更有价值的育种材料。其三，MAS 应用于数量性状改良时可大大提高选择的效率。尽管影响数量性状的 MAS 的因素很多，MAS 在数量性状的改良中存在很多困难，但还是取得了一些成绩。

MAS 应用于基因聚合育种有以下三个基本要求：一是必须找到与目标性状共分离或至少是紧密连锁（遗传图距 5cM）的分子标记；二是应该建立应用分子标记筛选大群体的有效方法，如基于 PCR 技术的分子标记分析方法；三是这些筛选技术应具有高度可重复性，而且要简便低耗、安全有效。

1. 从分子生物学的发展看分子标记聚合育种的可行性

分子标记技术的发展，尤其是建立在 PCR 基础上的分子标记技术的开发和应用，使得该技术对仪器设备和试剂的要求日趋减小，操作程序不断简化，越来越易于为育种者所掌握，而且使得分子标记辅助选择育种的成本大大降低。从最初的限制性片段长度多态性（RFLP），到如今广泛应用的简单重复序列（SSR）标记和下一步可能普遍应用的表达序列标签（EST）及更新的技术，都朝着简化和实用的方向飞快发展。此外，分子生物学家和育种家的合作也加快了实用型标记技术的开发。越来越多的控制重要经济性状的基因被定位或分离，大大提高了基因聚合育种的实用价值。

在分子标记辅助选择进行基因聚合分子育种方面：①到目前为止，真正可用于分子标记的基因有限，还需构建和整合更多较饱和的分子标记连锁图谱，寻找与目标基因紧密连锁的分子标记；②加大力度进行受体亲本与多供体亲本间的传统育种聚合方法研究，从中筛选出一套最有效的杂交途径；③有必要寻找新型的分子标记，以实现检测过程的自动化、规模化。

2. 分子标记聚合育种技术存在的问题及展望

分子标记聚合育种技术已经得到了很大的发展，在许多动物中已定位了很多控制重要经济性状的基因，但育成的能在生产上大面积应用的品种相对较少，绝大多数的研究仍停留在标记鉴定、定位、作图等基础环节上，究其原因主要有以下几方面。

1）已经定位的控制重要经济性状的主效基因不是很多，可用于 MAS 的基因有限，许多已定位的基因与其连锁的分子标记的图距太大而无法用于 MAS。

2）标记的鉴定技术有待提高。尽管近几年来标记鉴定技术在实用性及降低成本等方面都得到了很大的发展，但效率还是太低。对于质量性状标记的鉴定，技术上是成熟的，但仍然是个耗资费力的过程；对于数量性状标记的鉴定，技术难度还很大。考虑到研究成本和工作量而产生的参考群体大小和结构、环境重复、标记数目等因素的限制，QTL 定位的准确性和精确度达不到 MAS 的要求；多数研究者为了更好地检测 QTL 而利用两个极端亲本构建参考群体，但后来的应用往往因亲本的不良经济性状而无法实现。另外，由于大多数实验室只是为了研究方便而选择试验材料，未能与育种有机结合，因此，大量的基因定位工作仅是对目标基因进行定位，没有进一步走向育种应用。

3）目前 DNA 分子标记的分析鉴定技术要求较高，成本也相对较高。

为了解决以上问题，进一步将分子标记聚合育种实用化，仍需要进行以下工作。

1）加强对重要经济性状基因的定位，构建更为饱和的分子标记连锁图谱，寻找与目标基因紧密连锁的两侧的分子标记，提高基因型与表型的一致性。

2）对控制数量性状的 QTL 进行精细定位，包括 QTL 的数目、位置、效应，以及 QTL 之间的互作、QTL 与环境的互作、QTL 的一因多效等，充分发掘 QTL 的信息，选择最佳组合进行分子标记辅助选择。此外，在聚合分散于多个育种材料中的有利基因时，最好以一个优良品种为共同杂交亲本，以便在基因聚合时，也使优良品种在抗性上得到改良，可直接应用于育种或生产。在实际育种过程中，最好在进行目标基因选择的同时，连续对经济性状进行选择。在改良目标性状的同时，也能够将轮回亲本和受体亲本的其他优良性状结合在一起。

3）寻找新型的分子标记，简化分子标记技术，降低成本，实现检测过程的自动化、规模化。

4）将分子标记技术与传统育种手段结合，将大大加速动物遗传改良进程，以更快的速度培育出具有优良抗病性的高产优质动物新品种，尽快产生较大的经济效益和社会效益。

3. 奶山羊多羔基因聚合育种方法实例

西北农林科技大学对奶山羊多羔基因聚合育种方法有较系统的研究[1]。以连续产 3 羔及以上的奶山羊多羔个体为研究对象，应用 PCR-单链构象多态性（PCR-SSCP）将 SSCP 用于检查 PCR 扩增产物的基因突变，从而建立了 PCR-SSCP 技术，进一步提高了检测突变方法的简便性和灵敏性。其基本过程是：①PCR 扩增靶 DNA；②将特异的 PCR 扩增产物变性，而后快速复性，使之成为具有一定空间结构的单链 DNA 分子；③将适量的单链 DNA 进行非变性聚丙烯酰胺凝胶电泳；④最后通过放射性自显影、银染或溴化乙锭显色分析结果。若发现单链 DNA 迁移率与正常对照的相比发生改变，就可以判定该链的构象发生改变，进而推断该 DNA 片段中有碱基突变和 DNA 测序技术检测的被检个体单链的碱基突变，如控制奶山羊产羔性状的多胎基因，在分析多态性与多羔性状的关系以确定适宜的分子标记后，应用

[1] 李耀坤，杨新月，刘德武，等. 一种提高山羊产羔数的多基因聚合效应分析的育种方法: 中国, 2018, CN108950009A.

以上分子标记技术筛选的多羔个体与群体系谱记录资料,以优秀多羔奶山羊个体为研究起点,上溯亲代、跟踪子代,检测典型优秀母山羊个体的基因型及其基因型组合与产羔数的关系→确定基因型及其基因型组合的聚合效应→通过系谱追溯分析这些高产个体基因型组合形成的选配方式→应用这些选配方式繁育出奶山羊多羔的多基因聚合良种选育群→在大群中验证这些选育的多羔多基因聚合个体或高产家系的产羔效果→组建多羔多基因聚合个体的品系选育核心群[1]。利用分子标记技术筛选的多羔多基因聚合的个体,结合生长发育表现,组建具有生产多羔遗传基础的多羔羔羊和青年羊选育基础群,通过产羔性状的验证(第 1 胎产羔率 200%及以上),最终筛选和组建奶山羊多羔基因选育核心群。同时,根据多羔基因聚合的选配方式,在大群中进行选配与利用,形成了 192 只产羔率平均到达 230%的多羔基因聚合选育核心群,加快了形成多羔奶山羊新品系的育种步伐。

曹斌云课题组集成创新的奶山羊多羔基因聚合育种技术是将催乳素受体基因(PRLR)和促黄体素 β 亚基基因聚合在一起,具体实施步骤为:①从多羔个体和高产个体中筛选具有催乳素受体基因的 GG 和 CC 基因型与促黄体素 β 亚基基因的PP 和 LL 基因型的优秀高产个体。②对这些具有以上 4 个或 2 个基因型的个体进行生产性能的检测或验证。③将从羊群中筛选具有催乳素受体基因的 GG 和 CC 基因型与促黄体素 β 亚基基因的 PP 和 LL 基因型的优秀个体进行杂交或者协同交配。④在杂交后代中筛选同时具有以上 4 个或者 2 个基因型的个体进行横交固定。⑤在横交固定的个体中检测基因型聚合在一起的个体组群。⑥采用基因型协同交配方法稳定基因型,从而形成多性状多基因聚合的优质高产奶山羊的新品种或新品系。

五、基因编辑

在家畜育种领域,选择性育种发挥着重要作用。传统的家畜育种方法主要从遗传物质的变异及重组产生的各种类型中选择适宜的类型进行育种,现在大多数品种都是这种方法培育出来的。但是,这种方法的育种周期较长,性状选择偏少,难以满足快速发展的社会需求。进入 21 世纪以来,随着基因编辑技术的快速发展,应用基因编辑技术对家畜基因组进行编辑,能够人为地控制遗传物质的变异,快速构建满足人类需求的种质资源,选育进程也随之加快。人们研究的重点也聚焦在挖掘与家畜经济性状关联的关键基因,为下游的基因编辑技术提供候选基因(表 7-2-2)。

[1] 曹斌云, 安小鹏, 李广, 等. 一种良种奶山羊多基因聚合的选育方法: 中国, 2012, CN102605064A.

表 7-2-2　与生产性能相关的候选功能基因

物种	基因	性状	参考文献
绵羊	IFNGR2、MAPK4、NOX4、SLC2A4、PDK1、SOCS2	高海拔适应性	[1]
	BMP14、GDF9、LTBP-1、BMPR1B、B4GALNT2、INHBA、MTNR1B	繁殖力	[2]
			[3]
			[4]
			[5]
	RXFP2	角型	[6]
	LCE7A、MOGAT2、MOGAT3	绒毛生长	[7]
	ASIP	毛色	[8]
	MSTN	肌肉发育	[9]
牛	SILGLEC5、ZNF577	产犊数、寿命	[10]
	SMC2、KRT27、AGPAT6	胚胎、卷毛、乳脂	[11]
	MSTN	肌肉发育	[12]
猪	IGF2	肉质	[13]
	PLAG1、LCORL	体长	[14]
			[15]
	KIT、MAPK1、PPP1R1B	毛色、肌肉发育	[16]

注：[1] Yang J, Li W R, Lv F H, et al. Whole-Genome sequencing of native sheep provides insights into rapid adaptations to extreme environments. Molecular Biology and Evolution, 2016, 33(10): 2576-2592.

[2] Hu X, Pokharel K, Peippo J, et al. Identification and characterization of miRNAs in the ovaries of a highly prolific sheep breed. Animal Genetics, 2016, 47(2): 234-239.

[3] Chen L, Liu K, Zhao Z, et al. Identification of sheep ovary genes potentially associated with off-season reproduction. Journal of Genetics and Genomics = Yi Chuan Xue Bao, 2012, 39(4): 181-190.

[4] Davis G H, Galloway S M, Ross I K, et al. DNA tests in prolific sheep from eight countries provide new evidence on origin of the Booroola (FecB) mutation. Biology of Reproduction, 2002, 66(6): 1869-1874.

[5] Miao X, Qin Q L. Genome-wide transcriptome analysis of mRNAs and microRNAs in Dorset and Small Tail Han sheep to explore the regulation of fecundity. Molecular and Cellular Endocrinology, 2015, 402: 32-42.

[6] Kardos M, Luikart G, Bunch R, et al. Whole-genome resequencing uncovers molecular signatures of natural and sexual selection in wild bighorn sheep. Molecular Ecology, 2015, 24(22): 5616-5632.

[7] Jiang Y, Xie M, Chen W, et al. The sheep genome illuminates biology of the rumen and lipid metabolism. Science, 2014, 344(6188): 1168-1173.

[8] Kijas J W, Lenstra J A, Hayes B, et al. Genome-wide analysis of the world's sheep breeds reveals high levels of historic mixture and strong recent selection. PLoS Biology, 2012, 10(2): e1001258.

[9] Clop A, Marcq F, Takeda H, et al. A mutation creating a potential illegitimate microRNA target site in the myostatin gene affects muscularity in sheep. Nature Genetics, 2006, 38(7): 813-818.

[10] Cole J B, VanRaden P M, O'Connell J R, et al. Distribution and location of genetic effects for dairy traits. Journal of Dairy Science, 2009, 92(6): 2931-2946.

[11] Daetwyler H D, Capitan A, Pausch H, et al. Whole-genome sequencing of 234 bulls facilitates mapping of monogenic and complex traits in cattle. Nature Genetics, 2014, 46(8): 858-865.

[12] Hosokawa D, Ishii A, Yamaji K, et al. Identification of divergently selected regions between Japanese Black and Holstein cattle using bovine 50k SNP array. Animal Science Journal = Nihon Chikusan Gakkaiho, 2012, 83(1): 7-13.

[13] Thomsen H, Lee H K, Rothschild M F, et al. Characterization of quantitative trait loci for growth and meat quality in a cross between commercial breeds of swine. Journal of Animal Science, 2004, 82(8): 2213-2228.

[14] Li L Y, Xiao S J, Tu J M, et al. A further survey of the quantitative trait loci affecting swine body size and carcass traits in five related pig populations. Animal Genetics, 2021, 52(5): 621-632.

[15] Silva F A, Souza É M S, Ramos E, et al. The molecular evolution of genes previously associated with large sizes reveals possible pathways to cetacean gigantism. Scientific Reports, 2023, 13(1): 67.

[16] Amaral A J, Ferretti L, Megens H J, et al. Genome-wide footprints of pig domestication and selection revealed through massive parallel sequencing of pooled DNA. PLoS One, 2011, 6(4): e14782.

（一）CRISPR/Cas9 基因编辑技术的原理

CRISPR/Cas9 技术面世以后弥补了传统基因编辑技术的诸多不足，使得基因的"任意编辑"变得越来越容易。

CRISPR（成簇规律间隔短回文重复，clustered regularly interspaced short palindromic repeat）是一种来自细菌降解入侵的病毒 DNA 或其他外源 DNA 的免疫机制。在细菌及古细菌中，CRISPR 系统共分成 3 类，其中Ⅰ类和Ⅲ类需要多种 CRISPR 相关蛋白（Cas 蛋白）共同发挥作用，而Ⅱ类系统只需要一种 Cas 蛋白即可，这为其能够广泛应用提供了便利条件。目前，来自酿脓链球菌（*Streptococcus pyogenes*）的 CRISPR/Cas9 系统应用最为广泛。

Cas9 蛋白（含有两个核酸酶结构域）可以分别切割 DNA 两条单链。Cas9 首先与 crRNA 及 tracrRNA 结合成复合物，然后通过与前间隔序列邻近基序（protospacer adjacent motif，PAM）序列结合并侵入 DNA，形成 RNA-DNA 复合结构，进而对目的 DNA 双链进行切割，使 DNA 双链断裂。

同时，为了将 CRISPR/Cas9 技术发展成高效的基因打靶工具，研究人员对 CRISPR/Cas9 技术进行了优化和改造。在不影响系统效率的情况下，将 crRNA（CRISPR-derived RNA）和 tracrRNA（trans-activating RNA）融合为一条 RNA。通过这种简化，CRISPR/Cas9 系统现仅包括两个元素：Cas9 蛋白和 sgRNA（single guide RNA）。因此现在人们也将 CRISPR/Cas9 技术称为 Cas9/sgRNA 技术。

CRISPR/Cas9 系统的工作原理是利用 crRNA 通过碱基配对与 tracrRNA 结合形成 tracrRNA/crRNA 复合物，此复合物引导核酸酶 Cas9 蛋白在与 crRNA 配对的序列靶位点处剪切双链 DNA，从而实现对基因组 DNA 序列进行编辑；通过人工设计这两种 RNA，可以改造形成具有引导作用的 gRNA（guide RNA），足以引导 Cas9 对 DNA 进行定点切割（图 7-2-2）。

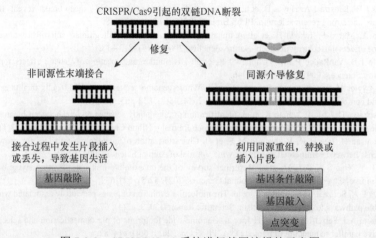

图 7-2-2　CRISPR/Cas9 系统进行基因编辑的示意图

（二）CRISPR/Cas9 基因编辑技术的应用

1. 山羊和绵羊

山羊和绵羊作为重要的经济动物，一直以来在满足人类日常生活的肉、奶、毛皮等需求方面发挥着不可或缺的作用。近年来，基因编辑技术在山羊和绵羊生产中的应用取得了显著的进展，为改善这些家畜的生产性能提供了新的途径。

利用基因编辑技术，能够针对山羊和绵羊的特定基因进行精确的编辑，如肌生成抑制蛋白（myostatin，MSTN）、成纤维细胞生长因子 5（FGF5）和胸腺素 β4（Tβ4）的基因等。这些基因的编辑可以显著提高山羊和绵羊的生长速度、产奶量和毛皮质量等。经过基因编辑的家畜品种不仅可以提高生产效率，还能够为人类提供更为优质的肉、奶和毛皮等产品。

除在生产方面的应用外，基因编辑技术还为生物医学研究提供了新的工具和可能性。制作具有人类疾病模型的动物模型，可以更好地研究疾病的发病机制和治疗方法，这将为人类的健康事业作出重要的贡献。

基因编辑技术在山羊和绵羊生产中的应用为改善家畜生产性能、提高生产效率和推动生物医学研究提供了新的可能性。随着技术的不断发展和应用领域的扩大，我们有理由相信，基因编辑技术将在未来的畜牧业中发挥越来越重要的作用。

利用基因编辑技术还可以实现 FGF5 基因的精准编辑，进而影响动物毛发的长度、拉伸长度和脂质毛重。这一发现也为动物育种提供了新的思路，可以通过对 FGF5 基因的精准编辑，培育出具有特定毛发特征的动物品种。

通过基因编辑技术将 Tβ4 基因特异性地插入山羊 G 蛋白偶联因子超家族（CCR5）基因座进行育种，可以在不影响羊绒细度和质量的前提下，显著提高其产量。这一发现不仅为山羊育种提供了新的方向，也为其他动物的育种提供了借鉴和参考。

2. 牛

基因组编辑技术，如转录激活因子样效应物核酸酶（transcription activator-like effector nuclease，TALEN）、锌指核酸酶（zinc-finger nuclease，ZFN）和成簇规律间隔短回文重复（clustered regulatory interspaced short palindromic repeat，CRISPR），已广泛应用于牛的基因组工程，取得了显著的成果。这些技术的应用主要集中在以下三个方面。

基因组编辑技术可用于研究与疾病相关的基因功能。利用 TALEN 和带有人朊病毒基因（human prion gene，PRNP）突变的 CRISPR/Cas9 等技术，可以生产出缺失病毒的牛，用作了解病毒功能的细胞模型。这为研究病毒性疾病的传播和防治提供了新的途径。

基因组编辑技术还可以用于改善牛的遗传特性。科学家已经成功获得了肌肉生长抑制素失活和具有无角变异的个体，这些个体将用于培育肌肉更丰满、没有角的新型品种。这为提高牛的育种质量和生产效益提供了有力支持。

基因组编辑技术还可应用于"超级"牛奶或药物蛋白的生产。牛奶具有生产技术成熟、产量高、纯化过程相对简单等优点，通过编辑牛奶蛋白质相关的基因，可对牛奶进行改造，改变其蛋白质组成或增加一些营养物质，使其营养更全面，甚至具有药用价值。这为开发新型药物和保健品提供了新的可能性。

总之，基因组编辑技术在牛的基因组工程中具有广泛的应用前景，不仅可以提高牛的生产效率和质量，还可以改善牛的健康状况和繁殖性能等。随着技术的不断进步和应用成本的降低，基因组编辑技术在牛中的应用将会越来越广泛。

3. 猪

研究者进一步探索了这种基因编辑技术在猪育种中的应用。他们发现通过敲除 *CD163* 基因，不仅可以提高猪对繁殖与呼吸综合征病毒的抗性，还可以改善猪的其他健康状况。

在另一项研究中，研究者成功地使用了 CRISPR/Cas9 技术来敲除猪的胰高血糖素受体（GIPR）的基因。胰高血糖素受体是一种调节血糖的激素受体，它的缺失会导致血糖水平异常升高。这可能会提高猪的能量利用效率，提高猪肉的质量和口感。

通过结合这种基因编辑技术，研究者成功地开发出了一种新型的猪育种方法。他们将敲除 *CD163* 和 *GIPR* 基因的猪胚胎移植到代孕母猪体内，并在出生后对仔猪进行严格的健康检查和筛选。

经过多代繁殖和筛选，研究者成功地培育出了一种具有高度抗生殖和呼吸综合征病毒能力、能量利用效率高、猪肉质量优良的新型猪种。这种新型猪种在欧洲和其他地区的养猪业中引起了人们广泛的关注和兴趣。

研究者表示，这种基因编辑技术不仅可以应用于猪育种，还可以推广到其他家畜和动物的育种中。他们呼吁相关部门加强对基因编辑技术的监管和规范，以确保其在动物育种中的应用符合伦理和法律规定。

研究者深入探究了基因编辑技术在猪育种中的运用。结果发现，通过敲除 *CD163* 基因，不仅能够增强猪对生殖和呼吸综合征病毒的抵抗力，还使其整体健康状况有所改善。

（三）CRISPR/Cas9 基因编辑技术的问题

随着基因编辑技术的不断发展，经过基因编辑的动物在展现出一些理想表型（如双肌表型、快的生长率等）的同时，也产生了一系列副作用。以欧洲猪种为例，通过编辑其 *MSTN* 基因，获得的杂合个体展现出瘦肉率增加和背膘厚度减少的性状。然而，几乎所有纯合子敲除个体都出现了与健康有关的问题，并在出生后不久死亡。这主要是因为每个基因通过与转录网络相互作用来发挥其独特功能，调控多个生理过程。敲除内源基因可能会改变多个表型，导致复杂的副作用，如先天发育不良、患病风险增加和寿命缩短等。因此，在基因编辑前，选取合适的编辑靶标并提高其精准靶向性，同时确保育种工作的生物安全标准显得尤为重要。一种可靠的方法是选择自然界曾经或正在受到正选择的基因进行编辑。这种方法可以有效地提高基因编辑的精准性和成功率，同时保证育种工作的生物安全。

在自然界中，许多基因都曾经或正在受到正选择的影响，这些基因往往与生物的生存和繁殖密切相关。因此，选择这些基因进行编辑，可以保证编辑后的基因更符合生物的需求，提高其适应性和生存能力。

同时，选择自然界曾经或正在受到正选择的基因进行编辑，还可以保证编辑后的基因不会引入新的突变或不良效应，从而保证育种工作的生物安全。

因此，选取合适的编辑靶标并提高其精准靶向性，同时确保育种工作的生物安全标准，是基因编辑工作中不可或缺的重要步骤。

第三节　动物遗传资源利用与保护

一、动物遗传资源保护的意义

动物遗传资源保护是人类赖以生存的物质基础，对动物遗传资源进行科学合理的保护具有重大意义。动物遗传多样性保护是指人类管理和利用这些现有资源以获得最大的持续利益，并保持满足未来需求的潜力，它是对自然资源进行保存、维持、持续利用、恢复和改善的积极措施。

（一）经济意义

动物遗传资源保护是指人类管理和利用这些现有资源以获得最大的持续利益，并且保持满足未来需求的潜力，它是对自然资源进行保持、维持、持续利用、恢复和改善的积极措施。这些措施对人类有着直接的经济意义，主要在于：第一，保护畜禽遗传资源，有利于保持生物多样性，实现可持续发展战略；第二，保护畜禽遗传资源，有利于促进畜牧业的发展，增加人民收入；第三，保护畜禽遗传资源，有利于培养畜禽优良品种，提高畜牧生产水平和畜产品市场竞争力；第四，保护畜禽遗传资源，有利于满足人民对畜禽产品需求的多样性。

（二）科学意义

动物遗传多样性是动物遗传育种研究的基础，可以利用群体间和个体间的遗传变异来研究动物的发育与生理机制，深入了解动物驯化、迁徙、进化、品种形成过程和其他一些生物学基础问题，因而遗传多样性保护对科学研究是很有价值的。

多洛于 1893 年提出一个进化法则，称为多洛法则（Dollo's law），大意是说生物演化不可逆，这个品种要是灭绝就不能再次培育出来[1]。动物遗传资源保护的必要性在于维护生物多样性和生态平衡，以及保障人类的生存和发展。进化不可逆法则是其中一个重要的论述，它强调了生物进化的不可逆性和复杂性状损失的不可逆性。

生物进化的不可逆原意是指在相对大的时间尺度上，进化史不可能原路返回祖先状态。这是因为生物进化是一个漫长的过程，受到多种因素的影响，包括基因变异、自然选择、环境变化等。这些因素相互作用，使得生物种群逐渐适应环境并发生演化。一旦生物种群发生了演化，就很难回到原来的状态。因此，保护动物遗传资源对维护生物多样性和生态平衡至关重要。

复杂性状损失的不可逆则是另外一回事。在自然状态下，基因变异和环境变化都是随机的。性状可遗传的变异必须要记录到 DNA 序列上，而 DNA 突变回去就相当于随机状态自发变到一个指定的状态，概率极低。虽然忽略这样微乎其微的小概率事件更合理，但从数学意义上讲仍然存在这样的可能性。因此，保护动物遗传资源可以防止复杂性状的损失，从而维护生物多样性和生态平衡。

在畜牧学上，"品种灭绝"不是动物学上的"种灭绝"，某个品种灭绝了实际上是在说某个基因型丢了，很难在短时间内育成具有相似表型的群体。保护动物遗传资源有益于保障畜牧业的发展和人类的食品安全。

（三）文化和历史意义

遗传资源的保护也为研究一个国家的文化历史遗产提供了活的见证，与建筑物和地理遗址具有历史价值一样，动物品种资源也同样具有一定的历史价值。

二、动物遗传资源利用的经济学理论

动物遗传资源的持续利用的理论问题是当今世界日益关注和深入研究的领域，并已提出了一些基本理论。虽然这些理论还不够完善，但这些理论在指导动

---

[1] Britannica, The Editors of Encyclopaedia. Dollo's law. 2022. https://www.britannica.com/science/Dollos-law [2022-12-21].

物资源的持续利用方面具有重要的意义。

(一）最大持续产量理论

最大持续产量（maximum sustainable yield，MSY）理论是生态学和经济学中的一个重要概念，它描述的是在可持续的条件下，一个种群或资源从理论上可以无限期获取的最大产量或捕获量。这一理论的核心思想是收获那些原本会添加到种群中的个体，从而将种群规模维持在其最大增长率附近，并确保种群能够无限期生产。

MSY 理论为可持续收获提供了理论基础，强调了在最大限度地开发和利用可再生资源的同时，需要关注资源保护和环境改善。生物及其环境被视为一项整体资源，只要适当利用，这项资源就可以不断自我更新，持续向人类提供所需产量。然而，如果在一定时间和空间内，人类过度攫取和利用可再生资源，就会破坏资源的再生能力，导致资源衰竭。过度放牧或长期禁牧常常导致草原资源的自我更新能力受阻，这种退化有时还会引发火灾或沙暴。

为了保证社会发展的需求，首先应提高品种的资源利用率，尽量减少过度开发；其次是保护和改善品种资源的环境条件，增加再生力和减少灾害性损失；最后是营造、培植品种资源，因为单靠品种资源的自然恢复力已不能满足数量如此巨大的人口的需要了。

MSY 理论的要点包括：种群增长的速度受到密度制约，当种群数量接近 1/2 容纳量时，种群增长开始加速；当种群数量达到 1/2 容纳量后，种群增长的速度放缓；当种群数量达到容纳量时，种群增长速度为零（图 7-3-1）。因此，采用狩猎或其他方式利用野生动物，使它们的种群数量始终保持在 1/2 容纳量的水平，不仅可以使种群增长速度始终保持在最高点上，也可以实现最大限度地持续利用动物资源的目的。

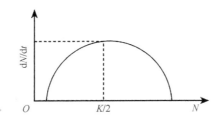

图 7-3-1 种群密度与种群增长速度的关系

dN/dt 为种群的增长速度，N 为单位面积内种群的数量，K 为容纳量

(二）资源经济学原理

资源经济学原理的要点是在收获野生动物产品时，监测成本的支出。当种群数量大于 1/2 容纳量时，此时收益和成本比达到最高值；当种群数量低于 1/2 容纳

量时，收益和成本比降低。考虑到资源储备，当收益和成本的比值下降时，即应停止收获野生动物的活动，才能获得持续性的最大收益，否则，将会出现对资源利用过度而损害持续利用的长远利益的现象[1]。

资源经济学原理在动物遗传资源利用中具有重要的应用价值。首先，它可以帮助我们确定最佳的收获策略。通过监测成本和收益的变化，我们可以确定何时开始收获、何时停止收获以及收获的数量。其次，资源经济学原理还可以帮助我们评估不同管理措施的效果。对不同管理措施下的成本和收益进行比较，可以选择出最优的管理方案。最后，资源经济学原理还可以为政策制定者提供决策依据。通过分析成本和收益的变化趋势，政策制定者可以制定相应的政策措施，以保护和合理利用动物遗传资源。

MSY 理论是动物遗传资源管理中常用的一种方法，它主要考虑了资源的收获量问题，不考虑获得资源所付出的成本和得到的收益。因此，为了更好地指导动物遗传资源的利用和管理，出现了将经济成本和收益一起加以考虑的资源经济学原理。

（三）最适产量理论

最适产量（optimal stock yield，OSY）理论是资源经济学中的一个重要理论模型，它既考虑了最大持续收获量，又强调了在追求经济收益的同时，要权衡当前利益与未来收益的重要性。该理论的主要内容是根据环境容纳量、种群内自然生长率、经济成本、经济收入和未来的经济利益来确定资源利用的最适量。

最早提出最适产量理论的是 Gordon，他认为资源的最优利用应该是在保证最大持续产量的前提下，使得经济收益最大化。然而，这个理论并没有考虑到种群数量波动和容纳量变化等问题，因此不是动态模型[2]。为了解决这个问题，Fisher于 1973 年提出了一种改进的最适产量理论，他引入了种群数量波动和容纳量变化等因素，使得这个理论更加符合实际情况[3]。然而，尽管最适产量理论吸收了最大持续产量理论和资源经济学原理的长处，但是它仍然有一些局限性。例如，它假设资源的经济效益是恒定的，而实际上，由于市场供求关系的变化，资源的经济效益可能会发生大幅度的波动。此外，最适产量理论也没有考虑到环境保护的问题。

总之，最适产量理论是一种较好的理论模型，但是在实际应用中，需要根据具体情况进行修正和改进。

[1] Pulhin J. Environmental economics: principles and policy options for sustainable development. London: Earthscan Publications Ltd, 2000.

[2] Gordon H S. The economic theory of a common-property resource: the fishery. Journal of Political Economy, 1954. 62(2): 124-142.

[3] Fisher J R. Optimal control of fishing effort in a stochastic environment. Canadian Journal of Economics and Political Science, 1973, 29(2): 180-193.

三、动物遗传资源利用途径

(一)直接利用

动物遗传资源可以直接用作食物、药物、能源、工业原料。一些地方良种及新育成的品种,一般都具有较高的生产性能,或者在某一方面具有较高的生产性能,或者在某一性能方面具有突出的生产用途,它们对当地的自然生态条件及饲养管理方式有良好的适应性,因此,可以直接用于生产畜产品。一些引入的外来良种,生产性能一般较高,有些良种适应性也较好,可以直接利用。

(二)间接利用

对于家养动物的大多数地方品种,由于生产性能较低,作为商品生产的经济效益较差,可以在保存的同时,创造条件来间接利用这些资源。主要有两种形式。

一是杂种优势利用的原始材料。在杂种优势利用中,对母本的要求主要是繁殖性能好、母性强、泌乳力高、对当地条件的适应性强,许多地方良种都具备这些优点。对父本的要求主要是有较高的增重速度和饲料利用率,外来品种一般可用作父本。由于不同品种的杂交效果不同,因此应推广使用杂交试验以确定最好的杂交组合和配套系统。这种利用方式应该注意保持原种的连续性,在地方品种杂交利用中尤其要注意不能无计划地杂交。

二是作为培育新品种的原始材料。在培育新品种时,为了使培育的新品种对当地的气候条件和饲养管理条件具有良好的适应性,通常都需要利用当地优良品种或类型与外来品种杂交,进行系统选育。

第四节　重要动物遗传资源利用与保护

一、猪资源的利用与保护

中国拥有丰富的养猪历史和地方猪品种资源,共有 48 个地方猪种,分为六大类型,具有许多优良特性,为中国的养猪业和世界优良猪种的选育作出了很大贡献。然而,现代家畜育种技术的发展使得地方良种面临保种和淘汰的选择。中国为保护和利用优良地方猪遗传资源,建立了保种场并每年提供大量保种经费,但近交衰退问题仍然存在,因此更有效地保护和利用地方猪遗传资源是一个重大课题。

中国作为世界上最大的猪肉生产国,同时也是猪肉消费大国,大多数自产猪肉均供应国内市场,导致出口量相对较低,但这并不意味着国内猪肉产品的质量不符合国际标准。实际上,中国正积极提升猪肉产品的质量和安全标准,以满足更广泛的国际市场需求。同时，中国也在努力通过品种改良和饲养管理的优化，发挥地方猪种在肉质上的优势，以期在国际市场上获得更大的竞争力。

随着中国社会经济发展和消费者生活水平的提高，人们对猪肉及其相关产品的需求已向质量型、营养型和多功能方向发展。肉类加工行业应充分发挥地方猪的特色，确保肉食的卫生安全与质量，并满足不同消费层次人群的需要。重点发展的产品包括熟肉制品、肉肠类制品和乳猪制品。虽然我国居民熟肉制品的消费量与发达国家相比还有很大差距，但这也还有发展和提升的空间。

（一）开发绿色猪肉

绿色猪肉有两个方面的要求：一是猪肉品质优良，包括颜色、pH、肌内脂肪含量、嫩度、系水力、肌纤维粗细和瘦肉风味等指标；二是猪肉中有毒有害物质残留要控制在一定限度内。绿色猪肉生产要求更高，需更严格遵守食品安全法规和遵循绿色食品相关规定。21世纪，绿色肉食品将成为消费主流，满足健康和安全需求，也将成为一种时尚。我国地方猪生产绿色肉食品具有优势，如劳动力成本较低，部分地区种植饲料而很少使用化肥和农药。在这些地区，按照绿色食品要求进行规范并采取强化措施，经批准即可生产合格的绿色肉食品。发展绿色猪肉食品可以增加出口创汇。为了提高我国绿色食品出口贸易，需要优化产业结构和出口结构，提高生产技术，积极应对绿色贸易壁垒，以促进出口。

（二）猪骨

猪骨含有钙、磷、铁、钠等矿物元素、微量元素和蛋白质，具有医疗保健作用。经过加工制成的猪骨食品可以治疗缺血性贫血、佝偻病和骨质疏松等疾病。目前已经开发出多种猪骨食品，通过现代化技术处理，制成调味品、馅料、糖果、糕点等，保留了95%以上的营养成分，味道鲜美，方便食用，有利于人体吸收。然而，目前国内猪骨食品加工制作相对较少，猪骨资源未得到充分利用，因此开发猪骨食品的市场前景广阔。

（三）猪皮

猪皮含有胶原蛋白、脂肪和糖等成分，可制成明胶。明胶含有18种以上的必需氨基酸，不含脂肪和胆固醇。它对产妇缺乳、儿童发育及体弱者有补益功效。此外，猪皮可以加工成皮冻或膨化食品，这些产品具有保健功能和调味作用。

（四）猪血

猪血是一种具有高营养价值和保健功能的食品，其蛋白质含量与猪肉相当。

传统医学认为，猪血具有利肠补血、清除肠浊垢的功效。现代医学证实，猪血中的血浆蛋白分解后产生的物质具有解毒、润肠作用。长期以来，我国人民有食用猪血的习惯，但因过去在血源和加工方面的卫生问题，导致猪血的品质和卫生状况不佳。为了解决这一问题，可以采用定点屠宰、检疫、真空采血、科学配料等措施，加工制成清洁卫生的盒装猪血。这种盒装猪血受到了消费者的广泛欢迎，具有很大的市场潜力。

（五）猪鬃

猪鬃是猪颈部和背部的长而硬的鬃毛，具有适中的硬度、良好的弹性、耐热、耐湿、耐酸、耐磨等特性。猪鬃的毛纤维有鳞片，吸附性强，适合用于各种民用、军事和工业刷的制造。此外，猪鬃毛也是提取 L-胱氨酸、谷氨酸的好原料。我国猪鬃产量高、质量优，享有国际盛誉，开发鬃毛生产的前景广阔。

（六）猪肠衣

猪肠衣是我国传统的出口畜产品，由新鲜肠管加工制成，只剩下薄膜黏膜下层。其除用来灌制香肠外，还可以制作弓弦、琴弦和球拍等。在收购猪原肠时，要求色泽新鲜、气味正常、两端完整、大小齐全、不带破伤、每根长度在 14m 以上，不沾泥沙、杂质，无腐烂、无污染。不能收购无商业价值的死猪肠、虫肠、粉肠等。收购的原肠要浸泡于清水中，然后经过刮制、盐腌制成半成品。

二、牛资源的利用与保护

（一）牛遗传资源概况

联合国粮食及农业组织曾在全球范围内进行了动物遗传资源调查，结果显示全球共有牛品种 824 个。在中国，主要的牛遗传资源包括黄牛、水牛、牦牛和独龙牛（大额牛），共有 107 个品种，占全球牛品种的 12.99%。其中，地方品种有 88 个（占 82.24%），引入品种有 14 个（占 13.08%），培育品种有 5 个（占 4.67%）。野牛主要分布在云南西双版纳的雨林地区，而牦牛则主要分布于青藏地区。中国的黄牛分布广泛，分布于各个生态区，全国约有 1 亿头。独角牛主要分布在秦岭以南的长江流域和淮河以南的广大水稻产区，属于沼泽型水牛，有 2000 多万头。

（二）分割牛肉

分割牛肉是牛肉加工行业中最简单的一种形式，也是我国民众常见的牛肉产品之一。所谓的分割牛肉，是指屠宰后的牛肉经过初级处理后，直接进入销售环节，根据消费者的需求进行分割销售。随着包装材料的普及和加工技术的进步，现在已出现了多种新型包装形式的分割肉，如真空包装、气调包装、贴体包装等，这些新型包装形式的分割肉为运输、贮存、销售等环节创造了便利的条件。此外，这些新型包装形式的分割肉还最大限度地降低了营养损失，延长了货架寿命，同时也杜绝了销售过程中的二次污染。

（三）牛肉干制品

传统的牛肉干制品主要包括牛肉干和牛肉松。这些干制品均经过调味加工，属于即食性干制品，具有耐贮藏、风味独特、营养丰富和食用方便等特点。近代的牛肉干制品中，有一种以新鲜牛肉为原料制成的脱水牛肉干。这种牛肉干不仅重量轻、质地优良、运输方便、贮存时间长，还能完好地保持其营养成分，在复水后可以恢复到脱水前的状态。这对将其开发为军需和方便食品的配料具有重要的意义。

（四）血液利用

牛的血液通常占其体重的 4.2%。这种血液富含血红素，从中分离出的血红素对人类缺铁性贫血的治疗效果非常显著。此外，凝血酶和过氧化物歧化酶是血液中的重要酶类，它们在动物自身免疫、抵御外来细菌入侵、维持细胞新生态和延缓衰老方面发挥着重要作用。目前，这两类酶已被分离出来，并用于临床治疗贫血等疾病。

（五）牛胰脏利用

胰脏在牛体内所占的比例相对较小，其数量远不如血液，但它含有丰富的酶，对物质代谢、消化解毒具有至关重要的生理作用。胰脏中包含胰酶、胰蛋白酶和胰蛋白酶抑制剂等，这些酶已被广泛应用于促进消化、消肿、解蛇毒、促进伤口愈合，治疗急性胰腺炎、烧伤后休克和产后大出血等。此外，从胰脏中还可以提取出一种名为胰岛素的物质，其主要功能是调节糖的代谢以及促进脂肪和蛋白质的合成代谢。当胰岛素分泌不足时，便可能引发糖尿病。

（六）牛胆利用

牛黄是从牛的胆囊或胆囊管中提取出的天然结石，是中国传统名贵中药材之一。许多古代文献中都对其进行了详细描述。牛黄具有消炎、解热、镇静和安神等多种功效，被广泛用于制药行业。然而，我国每年需要 70～80t 的牛黄作为原料，而天然牛黄的供应远远无法满足这一需求。因此，寻找合适的替代品或通过人工合成的方法生产牛黄是当前亟待解决的问题。

（七）肝脏、肺脏利用

肝素是一种从牛的肺脏和肝脏中提取的物质，其钠盐在医学上具有广泛的应用价值。除能够有效防止癌细胞的转移外，肝素钠对肾病、皮肤病等也具有很好的治疗效果。此外，肝素钠还有降低体内胆固醇、预防和治疗动脉硬化的作用。

三、羊资源利用与保护

羊（山羊、绵羊）是最早被人类驯养利用的家畜品种之一，也是适应性强、分布广、经济价值较高，又不需要较多精饲料的节粮型家畜品种，是比较容易饲养的草食性小家畜。羊为人类提供羊肉、羊奶、羊毛、山羊绒、羊皮等产品，还有有机肥料和羊骨等。

近年来，随着社会的发展和人民生活水平的提高，人们的保健意识加强，对营养丰富、肉质细嫩、容易消化、高蛋白、低脂肪、含磷脂多、胆固醇少的羊肉倍加喜爱。所以，发展农区、山区养羊业，是增加农民收入、为市场提供羊产品的可靠的开发项目。

（一）山羊肉

与绵羊肉相比，山羊肉色泽较红，脂肪含量主要沉积于皮下和内脏器官周围。山羊肉由于品种、年龄、营养状况、体躯部分等不同而有差异。以瘦肉为例，每100g 含蛋白质 19.79%，脂肪 10.60%，碳水化合物 0.5%，钙 15mg，碳 168mg，铁 3mg；此外还含有硫胺素（维生素 B_1）0.07mg，核黄素（维生素 B_2）0.13mg，尼克酸（烟酸）4.9mg，胆固醇 70mg。其营养价值与牛肉相似。山羊肉胆固醇含量在各种肉类中最低，是少数民族喜食的一种较理想的肉食品。

（二）羊肝

据《千金·食治》记载：羊肝能益气、补肝、明目，能治血虚黄羸瘦、肝虚目昏花等病。取样分析证明：羊肝中含有 18.5% 的蛋白质、7.2% 的脂肪、4% 的碳水化合物，每 100g 羊肝中含钙 9mg、磷 414mg、铁 606mg、硫胺素 0.42mg、尼克酸 3.57mg、抗坏血酸 18.9mg、维生素 A 29 900IU。所以，羊肝是一种易于老人、儿童及患者食用，并有较高药用价值的肉食品。

（三）山羊乳

测定证明：山羊乳与牛乳相比，富含蛋白质与脂肪。鲜羊乳中含有 3.7% 的蛋白质、4.1%的脂肪、4.6%的乳糖；每100g山羊乳含钙140mg、尼克酸0.3mg、抗坏血酸1mg、维生素A 80IU，营养价值高于牛乳。常饮羊乳能温润补虚，适宜男女老幼食用。高产奶山羊每个泌乳期产奶可达629kg，经济效益十分可观。

（四）羊血、羊肚、羊肾、羊肺

羊血除水分外，主要是多种蛋白质。此外，羊血还含有少量的脂肪、葡萄糖和无机盐等。羊血中含有16.4%的蛋白质、0.5%的脂肪、0.1%的碳水化合物。其主要用于止血、祛瘀。羊血熟食止血，患肠风痔血者宜之，也是全羊宴中不可缺少的配料。羊肚能补虚、健脾胃，能治疗虚劳、厌食和消渴、盗汗、尿频。测试证明，羊肚中含有7.1%的蛋白质、7.1%的脂肪、1.2%的碳水化合物，并富含钙、磷、铁等多种矿物质，是一种养胃、治胃的好补药。羊肾能补肾气、益精髓，治肾虚劳损、腰脊疼痛、足膝痿弱、耳聋、消渴、阳痿、尿频等症。测试证明，羊肾中含有16.3%的蛋白质、3.2%的脂肪，每100g羊肾中含钙48mg、磷279mg、铁11.7mg、硫胺素0.49mg、核黄素1.78mg、尼克酸8.2mg、抗坏血酸7mg、维生素A 140IU，药用营养价值较高。

（五）山羊绒

山羊绒是我国重要的毛纺出口商品，以发展的眼光来看，山羊绒将成为21世纪最有开发前景的毛纺原料。山羊绒在国际市场上被称为"开司米"，具有其他天然纤维不可比拟的轻、柔、暖、滑的特点，是毛纺工业的高级原料，被誉为"毛中之王"。我国能产山羊绒的山羊品种有：辽宁绒毛羊、内蒙古白绒山羊、河西绒山羊、山东蒙山羊、藏西北白绒山羊和国外品种开司米山羊、普里顿山羊等。我国疆域辽阔，地跨寒、温、热三带，而且境内自然条件相当复杂，有高原、高山、平原、荒漠、草原及森林等，这些多样的自然条件为动物区系的多样性提供了基础。所产绒质量高、纤维细，纤维直径一般为14～17μm，绒长3～9cm，强度408～566，具有明亮的丝光。山羊绒有白色、青色和紫色，但以白色绒价值最高，成年公、母羊的产绒量分别为500g和340g左右。

（六）山羊皮

山羊皮可分为羔皮和板皮。羔皮是将出生后的羔羊在1～3d内宰杀剥皮。山东省所产的青山羊（也叫滑羊）羔皮有行云流水的波纹，图案和色泽十分美观，主要用于做女式翻皮大衣。这种羔皮每年出口量可达500万～1000万张，能换回大量外汇。山羊板皮是指从宰杀后的山羊身上剥取的皮张，是制革的原料皮，主要用于加工制作男女皮夹克、长短大衣等。近几年其产品价格一直上扬，现在一张羊皮的价格平均为 40～50 元，而且供不应求。

四、马资源的利用与保护

以科技为先导，开展技术创新和科学研究，为马产业的发展奠定牢固的技术基础和科技支撑，充分利用牧区内外科研教学单位、技术推广单位、种马场、规模养殖户、马产品加工生产企业等相关机构和单位的优势力量，统一目标，形成合力，加大资金投入，建设马属动物实验室、马业生物技术工程中心、马产业技术创新联盟、马业科技培训中心、马业科技示范基地、良种马繁育基地、马产品加工销售基地，打造一个集研发、培训、示范、繁育、产品加工、质量检测、产品销售、市场开拓功能于一体的、完善的马业科技创新平台，依托这个平台，加强马资源评价和保护开发技术研究，不断引进保护开发的新技术、新成果，建立马资源保护开发技术体系，走上依靠科技进步进行保护与开发的轨道。

（一）马奶和马肉

马奶和马肉独特的营养价值正逐渐被人们认识，而且在有些地方很受欢迎。马肉有独特定的营养价值，瘦肉多，脂肪少，含有丰富的氨基酸、不饱和脂肪酸、维生素及矿物质元素，已被认为是最安全的肉食品。因为其含有的不饱和脂肪酸可溶解掉胆固醇，使其不能在血管壁上沉积，对预防动脉硬化有特殊的作用。马奶不饱和脂肪酸含量高，维生素和矿物质含量丰富，易被人体所吸收，有很好的强身、保健作用。马奶分为生熟两种：生马奶为鲜马奶，熟马奶为酸马奶。酸马奶由鲜马奶发酵制成，对高血压、冠心病、肺结核、慢性胃炎、肠炎、糖尿病等疾病的预防和治疗作用非常明显。由此可知，马产品有很好的市场前景。

（二）开展马文化活动

马产业是畜牧业的重要组成部分，同时也是一项文化产业。抓住这个行业特点，利用每年的各种草原牧区群众性聚会，组织开展叼羊、马上技巧、马球赛、绕桶比赛、耐力赛、速度赛、马匹展示、马匹拍卖等传统或现代的各种马业活动，可促进马业发展。推进基层协会和俱乐部建设，扶持各地发展马业协会，扶持发展马术俱乐部。充分发挥马业协会的作用，广泛开展牧区内外经济技术协作、信息交流、咨询服务及学术研讨等活动，全面提高马业社会认知度和影响力。

（三）推进产业化进程

加强产品加工技术创新，依托现有资源，引进新技术、新产品、新工艺，研究开发新产品，延伸、延长产业链，增加马产品的附加值。特别是扶持生产马具、兽药、马肉、马奶等产品的企业发展，鼓励生产雌激素、孕马血清促性腺激素、精炼马脂等的生物技术企业发展。

五、鹿资源的利用与保护

（一）加强组织领导，扩大鹿驯养群体规模

主管部门对鹿的驯养群体进行组织和领导，出台鹿相关的保护和利用规划，鼓励各养殖场扩大鹿驯养群体规模，把鹿作为一个特有的固有地方畜禽遗传资源加以保护及利用。

（二）出台有效的鹿保种激励机制

目前，鹿养殖场缺乏饲养鹿及扩大鹿群体规模的积极性，缺乏相关的鹿保种的意识和保种的相关知识。政府部门应出台相应的鹿保种激励机制，采取补贴或奖励等措施，鼓励养殖场采取积极有效的措施扩大鹿的养殖规模。利用宣传和组织各鹿场进行技术交流等形式，对鹿养殖场管理人员进行技术培训，提高养殖场饲养鹿的技术共享和提高鹿保种意识。

（三）开展鹿种质资源标准化整理、整合及共享工作

通过对不同分布地区鹿的考察、观测和种质资源的保存、整理与技术交流，根据鹿的特点与生物学要求，制订科学的养殖技术标准，实现血统更新与资源整合，完成鹿资源保存及共享利用。政府应该支持建立鹿共享平台工作机制，让鹿饲养单位能够通过鹿共享平台，达到鹿资源共享。通过平台，各鹿场之间可以做到活体种鹿的交换，各鹿场鹿的血源可以得到更新，保证不出现因鹿场封闭而近亲繁殖的现象。

（四）建立鹿育种核心群，开展鹿选育工作和人工授精技术的研究

目前，鹿养殖场养殖模式和饲养方法都较为粗放，种群繁殖都在盲目进行，个体登记档案缺乏。为了做好鹿的保种工作，保证鹿资源能够保存下去，应该在各鹿场活体保护的基础上，建立鹿育种核心群，有计划地开展鹿育种工作，选育出能够适应市场需求和鹿茸产量高的鹿种群；避免因盲目地饲养和扩群而导致该资源的退化。在建立鹿育种核心群的同时，应该开展鹿人工授精技术的研究工作，争取在较短的时间内取得突破并推广。利用人工授精技术，使得优秀个体基因能够在较短的时间内扩散到鹿群中，达到保种和用种的目的。

（五）开发鹿产品，增加养殖效益

在开展资源保护的同时，要研究开发以保健、医疗、休闲娱乐等多种方式为目的的产品，提高鹿产品在国内外市场的竞争力，增加养殖的效益，使得鹿养殖场在饲养鹿的过程中增加收入。例如，海南通过对水鹿产品的利用，增加鹿养殖效益，达到鹿的合理利用，促进了资源的保护[1]。

六、驴资源的利用与保护

在我国农村，特别是北方地区，饲养的驴比较多，以役用和肉用为主。驴品种比较多，遗传资源丰富。我国驴品种资源的开发利用较少，少有品种间杂交，经过自然驯化而具有明显的地方特色，利用前景广阔，具有明显的资源优势。这是与马、牛、猪、鸡等在利用上的不同之处。

驴有极高的种用价值，至今仍用驴改良马繁殖骡子，同时于经济相对落后和交通不便的偏远山区与丘陵地区役用。驴浑身是宝，驴肉、驴奶、驴皮、孕驴血清和驴骨等产品都有较高的产业价值，其中以驴皮炼制的阿胶为代表，驴皮开发的产品价值最高。

（一）驴肉

驴肉的蛋白质、氨基酸含量高，脂肪的胆固醇含量低；富含亚油酸和亚麻酸这两种必需脂肪酸，具有较高的营养价值。驴有很好的食用价值和保健作用。驴肉有着鲜嫩、美味、营养价值高的特点，民间谚语"天上龙肉，地下驴肉"。随着社会经济的快速发展，人民生活水平的提高，消费需求也不断攀升，驴肉备受越来越多的消费者的青睐。相对于牛、羊而言，我国的肉驴产业还很小，培育与养殖、加工和销售并没有形成体系，规模小、产品少。

（二）驴奶

文献记载，驴乳味甘、冷利、无毒，热频饮之可治气郁，解小儿热毒，不生痘疹[2]。秘鲁人也把驴奶当成一种"万灵仙丹"，用来治疗气喘、支气管炎、糖尿病、结核、溃疡等。驴奶的基本成分与牛奶接近，但其维生素 C 含量高，为牛奶的 4.75 倍；必需氨基酸含量比牛乳、人乳高；微量元素充足，钙、硒丰富，属于富硒食品。在国内市场上，"疆岳"西域龙奶（驴奶）是我国仅有的生产驴奶的

---

[1] 陈斌玺, 李义书, 刘仙喜. 海南水鹿资源保护、开发与利用对策探讨. 首届中国鹿业发展大会暨中国畜牧业协会鹿业分会成立大会, 2010.

[2] 李时珍. 本草纲目. 江苏: 江苏人民出版社, 2011.

一家乳品厂，日加工鲜奶能力达 10t。全国每年可繁母驴约 200 万头，可产驴奶 $3.0 \times 10^5 t$，产值达 30 亿元。

（三）驴皮

驴皮具有很高的医药价值，是制作"国药瑰宝"——阿胶的主要原料。阿胶是有 2000 多年历史的传统中药，有补血、止血、滋阴润燥之功效，能促进血中红细胞和血红蛋白的合成。从驴肉、驴皮目前的市场需求情况看，其都具有极大的市场空间。目前，全国各类阿胶企业达 30 余家，驴皮产值达近 50 亿元。一些阿胶公司先后分别在新疆、甘肃、内蒙古、辽宁等完成原料基地的建设；并在辽宁阜新市、新疆喀什地区、内蒙古赤峰市等地投资建设了多条活驴屠宰及深加工生产线，推进了我国的驴皮、驴肉产业的集约化发展。

回顾驴品种保护和产业开发，应先制定我国驴品种保护和利用的战略性的方案，加强驴品种遗传资源的保护和开发；要重视驴产业的发展，发展集约化、规模化的商品驴养殖，在加大保护力度的同时，开展驴产业科技攻关，提高产业技术支撑水平，壮大产业规模，提高产业水平。

后　记

　　白驹过隙，都说指缝太宽，时光太瘦。本书交稿时是 2022 年中秋，而初稿已有 15 岁。都说来日方长，可谢教之期的确很短了！千言万语，执教过往历历在目。感谢所有选修家畜遗传资源学的研究生。三尺讲台，十载春秋，授人以鱼，更授人以渔，满满地激动与感动。在这门课程中，很多研究生都有独到而深刻的见解，他们通过论文、讨论、PPT、微信和面对面的交流，与我分享。其中，薄东东博士、种玉晴博士、刘晨晖博士的贡献尤为突出。本书的内容也得到了赵宗胜博士（石河子大学）、刘桂琼博士（华中农业大学）和薄东东博士（郑州大学）的审阅与建议。写书是个有起点没有终点的活儿，在这里只能是抛砖引玉，相信不久的将来会有人把它写得更精彩！家畜遗传资源也是进化的，从事家畜遗传资源研究和保护工作的同行对这一点十分肯定。

　　感谢所有的相关资助项目，包括国家现代农业产业技术体系项目、中华农业科教基金会项目、新疆维吾尔自治区农业重大科技专项和华中农业大学教改项目，为行业抱薪，为产业育人。

作者于武汉

2022 年 9 月 11 日